环境与发展

（第2版）

主 编　王焕校　常学秀　徐晓勇　文传浩

编 者（按姓氏笔画排序）

王焕校　文传浩　付登高　代云川

刘嫦娥　苏 源　侯秀丽　袁嘉丽

钱 昱　徐晓勇　徐润冰　高 洁

郭 涛　唐中林　常学秀　熊永灏

滕祥河

中国教育出版传媒集团

高等教育出版社·北京

内容提要

本书以新时期中国生态文明建设和发展理论为指导,论述了环境与社会发展的互动关系,经济社会发展中的主要环境问题及其解决方案等。全书首先介绍了环境保护与可持续发展;之后是当前主要环境问题及对策,介绍了人口、森林、资源、生物多样性、环境污染与人体健康、大气环境、水体环境、土壤环境八个主要环境问题及其解决对策;最后介绍我国经济－社会－环境协调发展的现状及展望未来。

本书适用于高等学校本(专)科生通识课教材、硕士研究生环境素质教育和创新教育的选修课教材,也可作为环境科学、生态学等专业相应课程的教学参考书,以及公众的普及性读物。

图书在版编目（CIP）数据

环境与发展／王焕校等主编 . --2 版 . -- 北京：高等教育出版社，2022.12

ISBN 978-7-04-059415-7

Ⅰ. ①环⋯ Ⅱ. ①王⋯ Ⅲ. ①环境教育－高等学校－教材 Ⅳ. ① X-4

中国版本图书馆 CIP 数据核字（2022）第 176431 号

HUANJING YU FAZHAN

策划编辑	高新景	责任编辑	高新景	封面摄影	沈海斌	封面设计	贺雅馨
责任印制	刁　毅						

出版发行	高等教育出版社	网　址	http://www.hep.edu.cn	
社　址	北京市西城区德外大街4号		http://www.hep.com.cn	
邮政编码	100120	网上订购	http://www.hepmall.com.cn	
印　刷	山东临沂新华印刷物流集团有限责任公司		http://www.hepmall.com	
开　本	787mm×1092mm　1/16		http://www.hepmall.cn	
印　张	15.25	版　次	2003 年 9 月第 1 版	
字　数	350 千字		2022 年 12 月第 2 版	
购书热线	010-58581118	印　次	2022 年 12 月第 1 次印刷	
咨询电话	400-810-0598	定　价	45.00元	

本教材由

云南大学环境科学与工程国家级一流本科专业建设项目（2020 年度）

云南大学经济学国家级一流本科专业建设项目（2020 年度）

国家社会科学基金项目"长江上游生态大保护政策可持续性与机制构建研究"（20&ZD095）

教育部人文社会科学重点研究基地重大项目"长江上游地区生态文明建设体系研究"

（18JJD790018）

云南大学哲学社会科学创新团队项目"长江上游绿色发展创新团队"

云南大学"双一流"生态学学科建设项目（CY2162110209）

资助出版

前　言

　　人类是环境的产物，也是环境诸要素中最"积极"、最"活跃"的一员，人既能促进、推动环境与经济、社会的协同发展，也可能成为破坏、阻碍经济社会发展的消极因素，这关键取决于人对环境与发展关系的深层认知。环境与发展是一对既矛盾又统一，且相互依存的复合体。对它的认知受时代、科技发展水平以及政治、意识形态的影响和制约。在历史发展长河中，两者经常发生矛盾。在发展经济的同时，环境遭到破坏；当环境被破坏到一定程度，又会阻碍经济社会的发展，此时，人类不得不付出惨痛的代价。如何处理好这对矛盾，成为全球最关心的热点问题。

　　中国是发展中的大国。新中国成立初期，因为历经长期的战争等，中国经济已濒于崩溃，一穷二白，百业待兴。人民渴望有一个和平、富足、生活有保障的新时代，国家更是需要提高人民生活水平，实现强国富民。发展经济是振兴中华的唯一选择，也符合党和政府为国为民的宗旨。在全国都强烈要求发展生产、发展工业的背景下，经济迅速发展，但是由于缺乏经验、科学技术水平落后，经济发展的同时，污染也相应产生并在之后的发展中不断恶化，人居环境和人民健康受到伤害。有个别人曾认为，我们虽然有污染，但并非主流，而只是在经济发展过程中应付出的代价，群众愿意接受。在这种思想支配下，在"唯GDP论"的错误引导下，环境相关公共健康损害事件频发，并引发工农业矛盾，也引起人民群众的恐慌和不安。该怎么办？当时一些地方提出先污染后治理的发展思路。当经济发展了，国家有钱了，再来治理污染；同时也采取了部分应急措施，比如将城市里污染严重的企业搬到小城市或农村，以解决中心城市污染的压力。然而，这种"污染搬家"并不解决问题。虽然城市污染减轻，但污染从点扩大到面，治理难度更大了，同时农村污染不断加剧，市郊工业"三废"直逼城市，受污染的农产品返销回城市，将进一步危害城市居民的身体健康。对此，人们开始反思，开始觉悟。广大群众开始提出要天蓝、地绿、空气洁净、水和食品安全，过舒适、安宁、健康的生活要求，提出了"要钱还是要命"的问题。正如费孝通在1983年第二次全国环境会议上强调："没有健康的身体，口袋里有再多钱有何用？不敢吃，不能玩，整天病歪歪的，钱管什么用？"随着环境形势越来越严峻，慢慢地形成了"要金山银山，也要绿水青山"的观念。这种思想无疑是正确的，但还不够。"也要绿水青山"中"也要"的底气远比"要金山银山"中的"要"弱得多；"也要"表明有时也可以不要。那如何解决群众生存需要，国家发展需要呢？习近平总书记在浙江工作时明确、响亮地提出"绿水青山就是金山银山"的科学论断，"我们要金山银山，同时要绿水青山"，这就解决了环境与发展这对久争不决的矛盾对立统一问题。实际上绿水青山就是资源，就是生产力，保护、改善生态环境就是发展生产力。凡是绿水青山，没有污染，就是发展生态旅游、发展特色农产品、生态工业的圣地，也可以发展高科技无污染、且对生态环境要求较高的企业。这样既保护环境，保障人民健康，又能发展经济，带动群众致富。这就是"绿水青山就是金山银山"的例证之一。同时这还说明了，发展是硬道理，但不能片面理解为"经济发展是硬道理"，而应是环境、经济、社会共同协调发展才是硬道理。只有三者和谐协调发展，才是可持续的，才能使中国富民强国。

本书第 1 版于 2003 年出版，很受读者欢迎，至今已近 20 年了。随着环境的变迁，社会的发展进步，人们对环境质量的要求和期盼越来越高，高校相应专业人才培养与课程建设也提出了新的要求。本书的修订再版既是满足读者的需求，也符合新时代的需要。第 2 版由我、常学秀、徐晓勇、文传浩任主编，付登高、高洁、郭涛、苏源、袁嘉丽、刘嫦娥、徐润冰、侯秀丽、钱昱、唐中林、滕祥河、代云川、熊永灏任编委。我对第 2 版提出具体修订意见，希望该版能反映当前环境与发展的实情，预测今后发展趋势，要有科学性、预见性、可行性。某些内容可能有不同观点、看法，可能引起争论，可以各抒己见，不一言堂。但最后要有结论，可以是几种不同的结论，但要有倾向性。此外，付会敏、孟繁兴等同志也全程参与本书的修订编撰辅助工作，在此一并致谢。

第 2 版在第 1 版的基础上做适当调整，全书共十章。第一章是全书的基础部分，主要讲述环境保护与可持续发展；从第二章到第九章是当前主要环境问题及对策，分别是人口问题、森林问题、资源问题、生物多样性、环境污染与人体健康、大气环境问题、水体环境问题、土壤环境问题；第十章是我国经济 – 社会 – 环境协调发展的现状及未来展望，主要包括三方面的内容：我国环境制度建设，我国生态环境工程建设实践，以及环境与发展未来展望。

中国环境问题错综复杂，必须从中找出影响社会、经济发展的关键问题及原因，以便对症下药。解决问题是关键，但难度非常大，要根据我国国情和可操作性，逐步妥善解决，要有实效，切忌空谈，要能看到希望。

环境与发展是永恒的主题，本书仅作为探讨这个问题的一个起点。由于我自身身体原因，第 2 版由文传浩具体负责组织、安排、统稿，最后由我定稿。本次修订依然还存在诸多缺点和不足，甚至谬误，请读者随时联系我们，便于下次修订和完善。同时本书修订过程中得到大量同行的文献资料支撑和帮助，在此向所有文献作者和没有来得及标注的文献作者致以崇高谢意和敬意！

王焕校

2022 年 2 月

目　录

001　**第一章　环境保护与可持续发展**
001　**第一节　化解环境与发展矛盾的科学选择**
003　**第二节　环境及其相关概念**
003　一、环境概述
003　二、环境要素
004　三、环境问题
007　**第三节　环境保护发展历程**
008　一、国际环境保护发展历程
012　二、可持续发展
012　三、我国环境保护发展历程
016　**第四节　生态文明建设**
016　一、生态文明内涵及其发展
017　二、我国生态文明建设的战略措施
020　**第五节　可持续发展的生态学基础**
020　一、生态学科及其研究内容
020　二、生态系统的结构与功能

026　**第二章　人口问题**
026　**第一节　人口数量与环境**
026　一、人口数量变动及其影响因素
028　二、人口环境容量
030　三、人口数量变动对环境的影响
033　**第二节　人口质量与环境**
033　一、人口素质内容
034　二、影响人口素质的因素
035　三、人口素质变动对环境的影响
036　**第三节　人口结构与环境**
036　一、人口年龄结构变动的环境影响
039　二、人口城市化的环境影响

042　**第四节　面向未来环境的中国人口发展**
042　一、中国环境发展的新特征与目标
043　二、中国人口的新特征和新政策
044　三、人口在未来中国发展中作用的再认识

048　**第三章　森林问题**
048　**第一节　森林及其问题概述**
048　一、森林资源及类型
051　二、目前森林存在的主要问题
054　三、森林破坏原因分析
054　**第二节　森林破坏的后果**
054　一、水土流失
058　二、自然灾害增加
060　三、生物多样性锐减
060　四、加速温室效应
061　**第三节　森林的生态作用和生态效益**
061　一、生态作用
071　二、生态效益
074　**第四节　保护森林的对策措施**
074　一、缔结国际森林公约
074　二、改变生产和消费方式
075　三、重建森林屏障

076　**第四章　资源问题**
076　**第一节　概述**
076　一、自然资源
076　二、我国自然资源的主要特点

078 　第二节　矿产资源

078 　一、中国矿产资源概况

080 　二、矿产开发对环境的影响

081 　三、对策及措施

082 　第三节　能源

082 　一、概况

083 　二、中国的能源特点

088 　三、解决能源短缺的措施

090 　第四节　土地资源

090 　一、概况

092 　二、耕地减少原因分析

094 　三、保护土地资源的措施

095 　第五节　水资源

095 　一、概况

095 　二、中国水资源特点

098 　三、水资源亏缺的严重后果

099 　四、解决水资源亏缺的措施

102 　**第五章　生物多样性**

102 　第一节　生物多样性及生物多样性
　　　　　　科学

102 　一、生物多样性

103 　二、生物多样性等级

103 　三、生物多样性的分布

104 　四、中国生物多样性的特点

105 　第二节　生物多样性的价值

105 　一、经济价值

106 　二、生态价值

106 　三、社会价值

107 　四、生物多样性价值的经济估算

108 　第三节　生物多样性下降及其原因

108 　一、生物多样性下降

109 　二、生物多样性下降原因分析

111 　第四节　生物多样性保护

111 　一、生物多样性保护的意义

112 　二、生物多样性保护的现状

113 　三、生物多样性保护的措施

115 　四、生物多样性保护的成果

119 　五、生物多样性保护的未来展望

120 　**第六章　环境污染与人体健康**

120 　第一节　环境污染概述

120 　一、污染物概述

121 　二、污染物影响人体健康的一般
　　　　　规律

121 　三、环境污染对人体健康的危害

122 　第二节　化学污染物对人体健康的
　　　　　　影响

122 　一、无机污染物与人体健康

123 　二、有机污染物与人体健康

124 　三、化学污染物对人群健康风险的
　　　　　评估

126 　第三节　物理污染对人体健康的影响

126 　一、噪声污染

128 　二、电磁辐射污染

128 　三、光污染及热污染

129 　第四节　生物污染物对人体健康的
　　　　　　影响

129 　一、微生物污染

130 　二、微生物污染与疾病

137 　**第七章　大气环境问题**

137 　第一节　大气污染概述

137 　一、大气污染概念

138 　二、大气污染物和大气污染的分类

138 　三、大气污染的现状

139 　四、大气污染的危害

143 　第二节　大气环境问题

143 　一、温室效应

147 　二、酸雨

149 　三、臭氧层破坏

152 　四、雾霾

155 　第三节　大气污染综合防治与控制

155 　一、大气污染综合防治

156 　二、大气污染控制技术

157 　三、大气污染控制与管理

161 　**第八章　水体环境问题**

161 　第一节　水体污染概述

161 　一、我国水体污染现状

163　二、水环境主要污染物

166　三、水污染的主要来源

168　四、我国地表水体常用水质指标与
　　　水质标准

174　五、水体富营养化

177　**第二节　全球气候变化对水体环境
　　　　　　的影响**

178　一、气候变化对水量的影响

178　二、气候变化对水温的影响

179　三、气候变化对水体污染的影响

181　四、气候变化对水体生物的影响

183　**第九章　土壤环境问题**

183　**第一节　社会发展与土壤演变过程
　　　　　　的关系**

183　一、土壤演变与人类活动的关系

186　二、农业发展与土壤的关系

188　**第二节　土壤退化**

188　一、土壤退化的概念及内涵

192　二、土壤退化的类型及原因

196　**第三节　土壤污染及其治理**

196　一、土壤污染概念及判定依据

197　二、土壤污染的类型、特点及其驱
　　　动力

199　三、土壤中主要污染物及其危害

200　四、土壤污染对社会发展的制约

201　五、解决土壤污染问题的措施

204　**第十章　我国生态环境建设理
　　　　　　论与实践**

204　**第一节　我国生态环境建设理论**

204　一、正式环境制度

209　二、非正式环境制度

212　三、正式制度与非正式制度的冲突
　　　和调和

213　**第二节　我国生态环境工程建设实践**

213　一、生态环境工程的概念及分类

217　二、生态环境工程的影响

220　三、典型区域生态环境工程建设
　　　案例

224　**第三节　环境与发展未来展望**

224　一、讲好中国故事，提升中国在全
　　　球影响的理论话语权

224　二、加快构建新型环境治理体系，
　　　形成政府 - 企业 - 公众三方齐
　　　发力新局面

226　**主要参考文献**

世界四大文明古国可持续发展案例专栏

　　人类发展的历史说明绝对不能以牺牲环境为代价去换取经济和社会的发展，这种发展是不能持久的。人类本来是环境的产物，人类社会健康发展也应是人与环境之间相互依存、不断协调、共同发展的结果。这就要求人类走一条人与环境协调的可持续发展的道路。

第一节　化解环境与发展矛盾的科学选择

　　环境与发展是目前人类最关注的问题。是继续原来的发展模式，把人类带进毁灭，还是走可持续发展的新路子，把人类引向光明的未来？这是摆在我们面前的重要选择。我们曾经存在两种错误观念：一是认为发展必然导致环境的破坏，这构成了"唯 GDP 论"的思想基础；二是认为注重保护就是要以牺牲甚至放弃发展为代价，这又成为不作为的借口。

　　经济要发展，但不能以破坏生态环境为代价。发展必须是遵循自然规律的可持续发展。生态环境保护和经济发展是辩证统一、相辅相成的。早在 2005 年，时任浙江省委书记的习近平在浙江安吉余村调研时，首次提出"绿水青山就是金山银山"的重要科学论断，他指出"追求人与自然的和谐，经济与社会的和谐，通俗地讲，就是既要绿水青山，又要金山银山。""绿水青山就是金山银山"理论从根本上打破了把发展和保护对立的简单思维束缚，指明了实现经济发展和生态保护内在统一、相互促进和协调共生的方法。

　　在建设中国特色社会主义的伟大实践中，党中央带领着全国各族人民在环境与发展问题上不断探索，不断前进，形成了一系列重要方针、重要思想和先进理念。尤其是党的十八大以来，以习近平同志为核心的党中央立足于中国经济社会发展和生态环境实际，扎实推进社会主义生态文明建设，形成了习近平生态文明思想。习近平生态文明思想是习近平新时代中国特色社会主义思想的重要组成部分，深刻地蕴含着"发展与保护"观、"生态与文明"观、"人道主义与自然主义"观。2012 年，习近平在广东考察时指出："走老路，去消耗资源，去污染环境，难以为继！"2013 年，习近平在十八届中央政治局第六次集体学习时强调："要正确处理好经济发展同生态环境保护的关系，牢固树立保护生态环境就是保护生产力、改善生态环境就是发展生产力的理念，更加自觉地推动绿色发展、循环发展、低碳发展，决不以牺牲环境为代价去换取一时的经济增长。"2013年，习近平在哈萨克斯坦纳扎尔巴耶夫大学发表演讲时指出："中国明确把生态环境保护摆在更加突出的位置。我们既要绿水青山，也要金山银山。宁要绿水青山，不要金山银山，而且绿水青山就是金山银山。"2015年，习近平在参加江西代表团审议时强调："要着力推动生态环境保护，像保护眼睛一样保护生态环境，像对待生命一样对待生态环境，把不损害生态环境作为发展的底线。"2015年，中共中央、国务院《关于加快推进生态文明建设的意见》提出，必须协同推进新型工业化、信息化、城镇化、农业现代化和绿色化，加快推动生产方式绿色化和生活方式绿色化。同年，党的十八届五中全会提出创新、协调、绿色、开放、共享的新发展理念，明确将"绿色发展"确定为生态文明建设的现实途径。2017年，党的十九大将"坚持人与自然和谐共生"作为新时代坚持和发展中国特色社会主义的十四条基本方略之一。习近平在党的十九大报告中指出："必须树立和践行绿水青山就是金山银山的理念，坚持节约资源和保护环境的基本国策。"习近平生态文明思想是新时代生态文明工作的思想新解放，是凝心聚力形成建设美丽中国、走向现代化强国的全社会思想共识和统一行动，是推动新时代环保工作再上新台阶、生态文明建设取得新成就的思想引领和价值导向。

习近平生态文明思想主要包括美丽中国论、美好生活论、绿色发展论、生态生命论、绿色制度论等，其核心思想是"既要绿水青山，也要金山银山""宁要绿水青山，不要金山银山""绿水青山就是金山银山"等重要论断。"两山"论强调人与自然、生态与经济的内在关系。作为金山银山的根本来源，绿水青山是人类赖以可持续生存发展的基础，必须坚决守护，坚守底线和环境保护不动摇。2013年，习近平在十八届中央政治局第六次集体学习时指出："在生态环境保护问题上，就是要不能越雷池一步。"一旦经济发展与生态保护发生冲突矛盾时，必须毫不犹豫地把保护生态放在首位，而绝不可再走用绿水青山去换金山银山的老路。2013年，习近平在十八届中央政治局常委会会议上深刻指出："如果仍是粗放发展，即使实现了国内生产总值翻一番的目标，那污染又会是一种什么情况？届时资源环境恐怕完全承载不了。"这充分表明，对待环境与发展问题，既不是要回到原始的生产生活方式，也不是继续工业文明追求利润最大化的发展模式，是要达到包括生态价值在内的经济、生态、社会价值的最大化，要遵循自然规律，尊重自然、顺应自然、保护自然，以资源环境承载能力为基础，建设生产发展、生活富裕、生态良好的文明社会，谋求可持续发展。

第二节　环境及其相关概念

一、环境概述

1. 环境的定义

《中华人民共和国环境保护法》指出，环境是指"影响人类生存和发展的各种天然的和经过人工改造的自然因素的总体，包括大气、水、海洋、土地、矿藏、森林、草原、湿地、野生生物、自然遗迹、人文遗迹、自然保护区、风景名胜区、城市和乡村等"。

环境是相对于某一中心事物的存在而存在的，与中心事物相关的周围事物，就是这个事物的环境。我们平常所称的环境主要是指围绕在人类周围的各种外部条件和要素的总和，包括土地、空气、山、水等自然景观和人文景观。

2. 环境的分类

环境是一个复杂的体系，一般以环境要素的属性作为分类标准，将环境分为自然环境和社会环境两大类。

自然环境是人类生存和发展的物质基础，它可分为大气环境，水环境（海洋环境、湖泊环境、河流环境等），土壤环境，生物环境（植物、动物、微生物以及它们相互结合形成的生态系统如森林、草原、荒漠植被等），地质环境等。

社会环境是由社会经济、政治、文化、艺术等要素组成，是在人类社会长期发展中形成的。其中经济是基础，政治是经济的集中表现，文化艺术则是政治和经济的反映。社会环境是人类活动的产物，反过来它又能够作用于人类社会，成为制约或促进人类活动，影响人类与自然环境对立统一关系的决定因素。社会环境、自然环境在人的作用下，共同组成了人类生存的各种环境单元，如聚落环境（院落环境、村落环境、城市环境），生产环境（工厂环境、矿山环境、农场环境等），交通环境（机场环境、码头环境、车站环境等），文化环境（学校及文化教育区、文物古迹保护区、风景游览区和自然保护区）等。

二、环境要素

1. 环境要素的定义

环境要素又称环境基质。《环境科学大辞典》指出，"环境要素是环境系统的基本环节，环境结构的基本单元"。《中国百科大辞典》指出，环境要素为"构成人类环境整体的各个独立的、性质不同的而又服从整体演化规律的基本物质成分"。

2. 环境要素的功能

由环境要素构成的环境是一个完整的复合体，各种环境要素有空间和时间上的变化，而且彼此间有着复杂的联系。而每一环境要素与周围其他要素之间的联系恰好是其功能的体现，因此，环境要素的功能主要包含以下几个方面：

（1）综合功能。任何环境要素间都互相联系、互相作用依赖，不可能独立于环境之外而单独地发挥作用。

（2）补偿功能。一种要素的不足常常以其他要素的增强而得到补偿，从而不明显降低环境的生态效应。

（3）主导因子功能。在构成环境的众多环境因子中，必然会有一种或一种以上的因子对环境的特征起决定性作用。

（4）触发因子功能。某一环境下，能激发起一系列事物变化的因子称为激发因子。

3. 环境要素的属性

环境要素有非常重要的属性，各个环境要素之间的联系和作用是由这些属性决定的，是人类认识环境、利用环境的基础。

（1）等值性。不同类别的环境要素都不可缺少，只要是独立的要素，无论其在量上是否相同，一种环境要素不能代替另一种环境要素的作用。

（2）最小限制律。整个环境的质量，不是由各因子的平均质量决定，而是由环境要素中某个与最优要素差距最大的要素所控制。

（3）相互依赖性。环境要素之间是相互联系、相互依赖的。

三、环境问题

1. 环境问题的概念

环境问题，是指当人类的生产或生活活动对周围环境产生的不利影响超过了环境的承载力，从而不利于人类生存和发展的情况。环境问题按照产生原因的不同，分为自然因素和人为因素。自然因素产生的环境问题称为原生环境问题，人为因素产生的环境问题称为次生环境问题。

（1）原生环境问题，也称第一类环境问题，是由自然因素引起的环境问题。如火山喷发引起的大气污染，地震、风暴、海啸等产生的自然灾害。

（2）次生环境问题，又称第二类环境问题或人为环境问题，是人为因素造成的环境污染和自然资源与生态环境的破坏。此类环境问题还可按发生的机制分类，分为环境破坏、环境污染与干扰两种类型。如森林生态系统被破坏、水土流失和沙漠化、振动及电磁波干扰等。

2. 环境问题的产生和发展

（1）环境问题的产生

尽管在人类社会产生之前就存在原生环境问题，但由于人类不合理利用自然资源与生态服务产生的次生环境问题才是当前环境问题的重点与难点。草原过牧、盲目开荒、农田上山、围湖造田等违背自然规律的行为，容易造成水土流失、江河湖泊泥沙淤积、旱涝灾害等，从而出现沙漠扩大、绿洲缩小、沙漠紧逼大城市等现象，并最终导致自然环境系统功能遭到严重破坏。矿产采选中弃"贫"、留"富"，在冶炼中采取低水平高污染的技术，结果大量排污造成环境污染。20 世纪以来，全球范围内工业化迅速发展，由于工农业污染排放而出现的"公害病"使得环境问题日益凸显并受到极大关注。20 世纪 40 年代以来全球出现的"公害病"主要有：马斯河谷烟雾事件、洛杉矶光化学烟雾事件、多诺拉烟雾事件、伦敦烟雾事件、水俣病事件、四日事件（哮喘病）、米糠油事件、富山事件（骨痛病）、莱茵河水污染事件。

八大公害事件

（2）环境问题的发展与应对

从人类出现到产业革命，人类的生存完全依赖大自然的恩赐，在接受大自然恩赐的同时面临着其对人类的考验。地震、洪涝、干旱、台风、崩塌、滑坡、自然环境质量恶劣引起的地方病等环境问题源于自然因素，一般不能预见和预防。随着种植业、养殖和渔业的发展，人类生活资料的稳定来源增加，人类种群开始迅速扩大。人类社会需要更多的资源来扩大物质生产规模，便开始出现烧荒、垦荒、兴修水利工程等社会活动，因此而引起水土流失、土地盐渍化等环境问题。工业革命之后，能源消耗、污染排放水平的快速飙升以及工农业、城市建设用地对生态空间的巨大挤占，使环境问题日趋复杂。当前环境问题主要具有如下五个特征。

第一，工业化加剧环境问题的影响。

工业革命后，蒸汽机的发明和广泛使用，使生产力得到了很大发展，也促进了城市化的进程和科学技术的进步，人类文明又进入一个前所未有的高度。然而，工业革命给人类带来欣喜的同时还有诸多意想不到的后果，甚至埋下了人类生存和发展的潜在威胁。一些工业发达的城市和工矿区，工矿企业排出的废弃物污染环境，使污染事件不断发生。1873 年 12 月、1880 年 1 月、1882 年 2 月、1891 年 12 月和 1892 年 2 月英国伦敦多次发生可怕的有毒烟雾事件，造成数千人死亡。19 世纪后期日本足尾铜矿区排出的废水毁坏了大片农田。1934 年 5 月美国发生席卷半个国家的特大尘暴，这次风暴刮走西部草原 3 亿多吨土壤。尘暴过后，美国各地开展了大规模的农业环境保护运动。

第二，"二战"后环境问题已经成为全球性的普遍问题。

第二次世界大战以后，科学技术在工业、交通等各领域的广泛应用，社会生产力突飞猛进，工业生产规模不断扩大，能源消耗猛增，同时环境污染问题日益严重。尤其在工业发达国家出现范围更大、情况更加严重的环境污染问题，直接威胁到人们的生命和安全。美国洛杉矶市随着汽车数量的日益增多，自 20 世纪 40 年代后经常在夏季出现光化学烟雾，危害人体健康，数百人死亡。1952 年 12 月英国伦敦出现另一种类型严重的烟雾事件，短短四天内比常年同期死亡人数多 4 000 人。日本接连查明水俣病、痛痛病、四日市哮喘病等震惊世界的源于工业污染的公害事件。环境问题的不断发生，及其逐渐向全球扩展的态势，引起了全球的重视，1972 年在斯德哥尔摩召开了全球环境会议，通过了《人类环境宣言》；工业发达国家把环境问题摆上了国家议事日程。

第三，全球性环境问题引发人类自救探索。

20 世纪 70 年代，人们又进一步认识到除了环境污染问题外，地球上人类生存所必需的生态条件正在日趋恶化。人口大幅度增长，森林过度采伐，沙漠化面积扩大，水土流失加剧，加上许多不可再生资源过度消耗，都向当代社会和世界经济提出严重的挑战。无论是环境污染还是环境破坏，目前已经日趋严重，呈现出全球性环境问题。人们已经认识到人类的发展对环境的破坏会受到大自然的惩罚，并且开始重视解决环境问题。联合国及其有关机构召开了一系列会议，探讨人类面临的环境问题。1972 年通过的《人类环境宣言》，呼吁世界各国政府和人民为维护和改善人类环境共同努力，为子孙后代造福。1977 年在马德普拉塔召开世界气候会议，在斯德哥尔摩召开资源、环境、人口和发展相互关系学术讨论会。

第四，日趋严峻的环境问题推动全球共治。

20世纪80年代以后，环境问题日趋严重，主要表现在"温室效应"、臭氧层破坏、酸雨和荒漠化，突发性的严重环境污染事件频繁发生。与此同时，在发展中国家，城市环境问题和生态破坏、贫困愈演愈烈，全球普遍出现水资源短缺问题等。这些问题已经严重威胁着人类的生存和发展，受到全球各国各阶层的广泛关注。在这种社会背景下，1992年联合国在巴西里约热内卢召开环境与发展大会，并签署了联合国《气候变化框架公约》（防治地球变暖）和《生物多样化公约》（制止动植物濒危和灭绝）两个公约，在这次会议中，人类正式提出向环境污染宣战，成为解决环境问题的一个重要的里程碑。

第五，可持续发展思想为环境保护指明了方向。

20世纪后半叶，环境公害频发不仅使得人们对于如何在经济发展中保护好环境充满悲观情绪，而且引发了全社会深入思考经济发展与环境保护之间的关系，以及人类社会长期持续发展的可行之路，直接催生了可持续发展思想，并成为了当代社会环境保护思想指南。在可持续发展思想形成过程中，《寂静的春天》和《增长的极限》两部著作起到了重要作用。《寂静的春天》的作者卡森是美国一个知名的海洋生物学家，曾著有《我们周围的海》《海洋的边缘》等。她写到在被农药严重污染的大地上，春天到了，但大地没有鸟叫，没有蛙鸣，似乎生命已绝迹。该书唤起人们反思污染，特别是杀虫剂污染带来的危害，启迪人们提高环保意识；《增长的极限》是悲观论的另一代表作，其作者梅多斯等受罗马俱乐部的委托，研究了世界人口、工业发展、污染、粮食生产和资源消耗五种因素之间的变动与联系，在1972年正式发表了《增长的极限》。他们的结论是如果维持现有人口增长率和资源消耗速度不变，那么由于世界粮食短缺，或者由于资源耗竭，或者由于污染严重，世界人口和工业生产能力将会发生非常突出和无法控制的崩溃，"早在公元2100年来到之前，增长就会停止"。唯一可行的解决办法就是在1975年停止人口的增长，到1985年停止工业投资的增长，以达到"增长为零"的"全球性的均衡"。作者还进一步指出：在2100年前，由于资源迅速耗竭，迫使工业增长慢下来。工业化高峰过后，由于系统中的自然时延，人口和污染还会增长一个时期。但由于食物和医药的减少引起死亡率提高，最终导致人口增长的停止。这个系统由于资源危机而告崩溃。由于米多斯等人对世界未来作出悲观的评估，因此，有人把这个模型称为"世界末日"模型。《增长的极限》的发表引起了世界各国对全球未来趋势的关注，促使人们认真地思考人类发展过程中人与环境的不协调问题，提醒人们要重视环境和可持续发展。

3. 当代全球主要环境问题

（1）人口超载。地球的承载力是有限的，资源正在枯竭。人口超载与环境退化的关系密不可分。联合国经济和社会事务部人口司发布的第26版《世界人口展望报告》显示，2019年全球人口为77亿，预计到2050年增至97亿。而从生物圈能够提供的生物量出发，地球能承载的人口容量为80亿左右（赵志刚，1996）。

（2）能源危机。目前世界三大化石能源占全球使用能源总量的 90%，发达国家消耗量每 5～10 年翻一番，有人预计到 2050 年世界三大化石能源将基本耗竭。

（3）森林锐减。森林锐减是指人类过度采伐森林或由自然灾害造成的森林大量减少的现象。受人类活动的影响，森林面积正逐年递减，森林面积锐减造成生态系统失衡，全球气候变化等问题。

（4）土地荒漠化。土地荒漠化是由于全球气候变化、人类不合理的利用开发等原因造成的植被退化、养分流失、生产力下降等的土地退化过程。干旱土地占全球的 40%，土地荒漠化造成经济损失，荒漠化与贫困交织，危害人类生存与发展。

（5）自然灾害频发。世界范围内重大的突发性自然灾害包括：旱灾、洪涝、台风、火山、海啸、地震、泥石流等。自然灾害成为阻碍人类社会发展的最重要的自然因素之一。

（6）淡水资源日益枯竭。地球上 96.5% 以上的水是海水，淡水量不足 3.5%。随着人口剧增、工业活动不断扩张以及农业生产规模的扩大，全球淡水消耗速度快速增长，有限的淡水资源日趋枯竭，人类社会的发展将面临淡水危机。

（7）温室效应加剧。由于世界人口增加和人类生产活动剧烈，大气中的二氧化碳、甲烷、一氧化碳等温室气体不断增加。此外，由于森林植被破坏和海洋污染，大气中温室气体吸收的空间越来越小。随着温室效应的不断加剧，全球温度不断升高，如果气温上升幅度超过 1.5℃，全球 20%～30% 的动植物面临灭绝。如果气温上升 3.5 ℃以上，40%～70% 的物种将面临灭绝。

（8）臭氧层破坏。大气中的臭氧层能吸收太阳的紫外线，有效避免地球上的生物遭受过量紫外线的伤害，并将能量储存在上层大气，起到调节气候的作用。但在 1985 年，人类在南极上空首次观察到"臭氧空洞"，面积约 2 400 万 km^2，随后在北极上空也观察到"臭氧空洞"。

（9）酸雨出现频繁。酸雨是指大气降水中酸碱度低于 5.6 的雨雪或其他形式的降水，主要是因为人类活动产生大量的 SO_2 和 NO_x 引起的。目前酸雨污染在北欧、北美和我国西南地区比较严重。酸雨对人类环境的影响是多方面的。酸雨影响水生生物的生存，还会导致土壤酸化、建筑物被腐蚀等。

（10）污染物排放量剧增。目前主要的污染物有工业生产中排放的化学废物，包括有毒、有害和危害物；农业生产中的化肥、农药；生活污水、生活垃圾等。污染物过量排放且不处理会造成环境污染，进而导致环境质量恶化。

当代全球主要环境
问题案例

第三节　环境保护发展历程

《中国大百科全书·环境科学》中把环境保护定义为："采取行政的、法律的、经济的、科学技术的多方面措施，合理地利用自然资源，防止污染和破坏，以求保持和发展生态平衡，扩大有用自然资源的再生产，保障人类社会的发展。"在我国环境保护法中规定：环境保护包括"保护环境和自然资源，防治污染和其他公害"。

从上述定义可以看出，环境保护是一种政府行为，它必须依靠政府的力量采取行政的、法律的、经济的、科学技术的等措施来合理利用自然资源，保护环境免受破坏。但这里缺少群众参与的内涵。实践已经证明，单靠政府行为，仅仅凭借技术、经济和科技手段而没有群众自觉参与是不可能保护好环境的。

环境保护的任务是："保证在社会主义现代化建设中，合理利用自然资源，防止环境污染和生态破坏，为人民创造一个清洁、适宜的生活和劳动环境，保护人民健康，促进经济发展。"这里已包含有可持续发展的内容。

环境保护综合功能强弱主要由以下几个因素决定：① 社会公众的环境保护意识水平和环境道德的高低。环境保护意识高，群众就能够自觉参加环境保护活动并监督政府、企业做好环境保护的工作。② 环境保护法规的完善程度。有了完善的环境保护法规，才能够有法可依。③ 环境保护机构的结构、规模与效率。工作效率决定于执法者的水平和公正程度，这样才能够执法必严。④ 环境保护的投资能力。这是完成环境保护工作的重要条件，而投资强度不仅决定于国家的财力水平，也决定于各级政府对环境保护的认识和政策的倾向性。⑤ 环境保护产业的发育状况。要搞好环境保护，必须是领导重视、群众参与、政策完备、投入加重。

一、国际环境保护发展历程

环境污染和自然环境的严重破坏，引起世界各国极大关注。1968 年，国际科学联合会理事会首次设立了"环境问题科学委员会"，研究环境问题及对策。1968 年由意大利帕塞伊等 30 多人组成非正式国际协会——罗马俱乐部，该俱乐部的宗旨是研究人类目前和将来的处境，并拟定了研究计划，这是一项积极行动。尽管罗马俱乐部发表了《增长的极限》等悲观论调，但起码他正在提醒人们要注意环境恶化的危害。

1972 年 6 月 5 日，113 个国家和地区在斯德哥尔摩召开了人类历史上第一次环境会议——联合国人类环境会议。会议通过著名的《人类环境宣言》。宣言指出："保护和改善人类环境是关系到全世界各国人民的幸福和经济发展的重要问题，也是世界各国人民的迫切希望和各国政府的责任""现代人类改造其环境的能力，如果明智地加以利用的话，可以给各国人民带来开发的利益和提高生活质量的机会；但如果使用不当或轻率地使用，这种能力就会给人类和人类环境造成无法估计的损害"。为此，宣言向全世界呼吁"为在自然界里取得自由，人类必须利用知识在与自然合作的情况下，为这一代和未来的世世代代建设较好的环境。保护和改善人类环境已经成为人类的一个紧迫目标"。会议通过了以英国经济学家沃德和美国微生物学家杜博斯为首的，由 100 多位科学家联合撰写《只有一个地球》的小册子，副标题是"对一个小小行星的关怀和维护"。该书指出："在这个宇宙中，只有一个地球在独自孕育着全部生命体系。地球的整个体系由一个巨大的能量来赋予活力，这种能量通过最精密的调节而供给了人类。尽管地球是不易控制的，捉摸不定的，也是难以预测的，但是它最大限度地滋养着、激发着和丰富着万物。这个地球难道不是我们人类的宝贵家园吗？难道它不值得我们热爱吗？难道人类的全部才智、勇气和宽容不应当都倾注给它，使它免于退化和破坏吗？我们难道不明白，只有这样，人类自身才能够继续生存下去吗？"该书同时提出："目前人类生活在两个世界——他所继承的生物圈和他所创造的技术圈业已失去平衡，正处在潜在深刻的矛盾中，而人类正好生活在这样矛盾的中间，这就是我们所面临的历史转折。"

斯德哥尔摩环境会议是世界环境保护的一个重要里程碑。它的重要功绩在于提出环境保护的重要性和唤起世人环境意识的觉醒。主要缺点是仅就环境污染谈环境污染，没有把环境问题与社会和经济发展联系起来，因此没有提出解决当前环境问题的办法和措施。

斯德哥尔摩会议后，从世界范围看，环境污染和生态破坏问题没有得到有效控制，广大发展中国家的环境破坏仍在继续、加剧，环境问题仍制约着经济发展和社会进步。

1974年，美国的梅萨罗维克和德国的佩斯特尔等人发表了《人类处于转折点》，同时委托英国生态学家戈德史密斯等人发表《生存战略》；1976年，第一届诺贝尔经济学奖得主——荷兰经济学家丁伯根发表了《重建国际秩序》的报告。上述报告都比《增长的极限》较客观地分析当前环境形势和对策，尽管仍带有不同程度的悲观色调，但正走出"困境"。

1979年欧洲经济合作发展组织发表了《不久的将来》，1981年美国政府发表了《公元2000年的地球》。上述两篇文章的主要内容是：全球人口在增加（主要在发展中国家），经济在发展，但粮食和农产品的生产没有相应增加，价格更为昂贵，能源总消耗量在增加，资源逐步减少，水的问题（质和量）更为严重，环境压力逐步加重，人类正面临着经济发展和环境恶化的恶性循环。如何对待这个问题？越来越多的有识之士对环境持续恶化表示震惊，纷纷呼吁人们重视环境、保护环境。

1982年8月5日，在内罗毕召开了人类环境特别会议。会议认为，斯德哥尔摩《人类环境宣言》仅部分得到执行，结果也不能令人满意，全球环境恶化仍然是有增无减：沙漠蔓延，森林锐减，物种灭绝，水源污染，酸雨肆虐，臭氧层破坏，温室效应加剧。会议重申各国对斯德哥尔摩宣言和行动计划所承担的义务。

1992年6月3日，在巴西里约热内卢召开主题为"环境与发展"的联合国环境与发展会议。会议通过《关于环境与发展的里约热内卢宣言》《21世纪议程》和《关于森林问题的原则声明》3项文件，这些文件和公约对保护全球环境和生态资源有积极作用。此次会议的召开，在人类环境保护与持续发展进程上迈出了重要的一步。

2002年8月26日，以"拯救地球、重在行动"为宗旨的可持续发展世界首脑会议在约翰内斯堡召开。会议强调，面对贫穷、落后、不平等和日益恶化的全球生态环境，要运用人类社会拥有的消除贫困、战胜落后、改善生态环境的能力，实现可持续发展。可持续发展世界首脑会议的召开对于人类进入21世纪所面临和解决的环境与发展问题有着重要的意义。

2014年6月24日，第一届联合国环境大会在肯尼亚首都内罗毕召开，会议讨论2015年后的环境保护和发展、非法野生动植物贸易、绿色经济融资等议题。

全球面临的环境问题越来越严重，像气候变化、海平面上升以及生态系统的恶化，不是一个国家或地区就能解决的，国际社会应当共同努力解决可持续发展在环境层面上的问题，创造可持续发展的未来。

2016 年，《2030 年可持续发展议程》在"联合国可持续发展峰会"通过，议程中提出的 17 项可持续发展目标是人类的共同愿景，也是世界各国领导人与各国人民之间达成的社会契约。它们既是一份造福人类和地球的行动清单，也是谋求取得成功的一幅蓝图。议程涉及可持续发展的多个层面：社会、环境、经济、和平、正义和高效机构相关的重要方面。

2017 年 5 月 14 日，"一带一路"国际合作高峰论坛在中国北京召开。论坛强调中国将践行绿色发展的新理念，倡导绿色、低碳、循环、可持续的生产生活方式，加强生态环保合作，建设生态文明，与其他国家一起实现 2030 年可持续发展目标。同时设立生态环保大数据服务平台，倡议建立"一带一路"绿色发展国际联盟，为相关国家应对气候变化提供援助。

2018 年，欧盟呼吁创建碳中性欧洲。欧盟委员会通过了"给所有人一个清洁星球"的战略性长期愿景，旨在到 2050 年建成一个繁荣、现代、有竞争力和气候中性的经济体。

2021 年 10 月，联合国《生物多样性公约》第十五次缔约方大会暨 2020 年联合国生物多样性大会（第一阶段）高级别会议在云南昆明召开，会议正式通过《昆明宣言》。宣言承诺：第一，确保制定、通过和实施一个有效的"2020 年后全球生物多样性框架"，以扭转当前生物多样性丧失趋势并确保最迟在 2030 年使生物多样性走上恢复之路，进而全面实现人与自然和谐共生的 2050 年愿景；第二，加强和建立有效的保护地体系，积极完善全球环境法律框架，增加为发展中国家提供实施"2020 年后全球生物多样性框架"所需的资金、技术和能力建设支持等承诺。

随着环境问题在人类发展中影响日益扩大，为了强化环境保护意识，推动环境保护持续、深入发展，联合国在 1972 年 10 月的第 27 届联合国大会上将每年的 6 月 5 日定为"世界环境日"。在每年的世界环境日，各国围绕当年主题开展活动，号召全世界人民动起来保护世界，保护地球母亲。表 1-1 是 1974 年以来历年世界环境日的主题。从历年主题的变化，可以看出环境保护已经深度嵌入越来越多的社会经济生活领域。

表 1-1 世界环境日主题

	年份	主题
世界环境日 70 年代	1974	只有一个地球
	1975	人类居住
	1976	水，生命的重要源泉
	1977	关注臭氧层破坏、水土流失、土壤退化和滥伐森林
	1978	没有破坏的发展
	1979	为了儿童的未来——没有破坏的发展

年份	主题
1980	新的十年,新的挑战——没有破坏的发展
1981	保护地下水和人类食物链,防治有毒化学品污染
1982	纪念斯德哥尔摩人类环境会议 10 周年——提高环保意识
1983	管理和处置有害废弃物,防治酸雨破坏和提高能源利用率
1984	沙漠化
1985	青年、人口、环境
1986	环境与和平
1987	环境与居住
1988	保护环境、持续发展、公众参与
1989	警惕全球变暖
1990	儿童与环境
1991	气候变化——需要全球合作
1992	只有一个地球——关心与共享
1993	贫穷与环境——摆脱恶性循环
1994	同一个地球,同一个家庭
1995	各国人民联合起来,创造更加美好的世界
1996	我们的地球、居住地、家园
1997	为了地球上的生命
1998	为了地球上的生命,拯救我们的海洋
1999	拯救地球就是拯救未来
2000	环境千年,行动起来
2001	世间万物,生命之网
2002	让地球充满生机
2003	水——二十亿人生于它!二十亿人生命之所系
2004	海洋存亡,匹夫有责
2005	营造绿色城市,呵护地球家园
2006	莫使旱地变为沙漠
2007	冰川消融,后果堪忧
2008	促进低碳经济
2009	地球需要你:团结起来应对气候变化
2010	多样的物种,唯一的地球,共同的未来
2011	森林:大自然为您效劳
2012	绿色经济,你参与了吗?
2013	思前,食后,厉行节约
2014	提高你的呼声,而不是海平面
2015	可持续消费和生产
2016	为生命呐喊

世界环境日 80 年代 (1980–1989)

世界环境日 90 年代 (1990–1999)

世界环境日 21 世纪 (2000–2016)

年份	主题
2017	人与自然，相联相生
2018	塑战速决
2019	蓝天保卫者，我是行动者
2020	关爱自然，刻不容缓
2021	人与自然和谐共生
2022	只有一个地球

世界环境日

二、可持续发展

最早明确提出可持续发展概念是在 1980 年，在世界自然保护联盟发表的《世界自然资源保护大纲》中首次提出：发展经济，以满足人类需要和改善人民生活质量，同时要合理利用生物圈。既要现代人得到最大且持久的利益，又要保持其潜力，以满足后代人的需要和愿望。

可持续发展是中国现代化建设的必由之路。中国国情是人口多，人均资源少，经济和技术发展相对滞后，环境破坏严重。这就要求我们要处理好人口、资源、环境之间的关系，决定了我们不可能再走高投入、低产出、高污染的老路，只能走可持续发展的路。

中国为实现可持续发展，1994 年 3 月 25 日在国务院第 16 次常务会议上通过了《中国 21 世纪议程》。议程是从中国具体国情和人口、环境与发展总体出发，提出人口、经济、社会、资源和环境相互协调总体战略、对策和行动方案。在议程中强调："中国是发展中国家，要毫不动摇地把发展国民经济放在第一位，各项工作都要紧紧围绕经济建设这个中心来开展。同时，中国是在人口基数大，人均资源少，经济和科技都比较落后的条件下实现经济快速发展的。在这种形势下，只有遵循可持续发展的战略思路，才能够实现国家长期、稳定的发展。"中国政府决定"将《中国 21 世纪议程》作为各级政府制定国民经济和社会发展计划的指导文件。"

在可持续发展框架下，国际社会先后提出了循环经济、绿色经济、低碳经济等理念。党的十八大以来，在借鉴国内外相关理论的基础上，我国提出并逐步丰富和完善了"绿色发展（以绿色为抓手推动环境友好发展）、循环发展（对资源实行循环利用）、低碳发展（采用低碳排放量的经济模式）"三者并举的理念，这是就环境污染、资源短缺及气候变化三大全球环境问题和我国资源环境现状提出的重大战略思想，对缓解全球环境问题和建设美丽中国具有深刻内涵和深远的现实意义。

三、我国环境保护发展历程

1. 中国环保事业的起步（1970—1978 年）

20 世纪 70 年代初，周恩来总理就已觉察到环境问题的严重性，于 1970 年 8 月提出："要消灭废水、废气对城市的危害，并使其变成有利的东西。"1971 年

2月周恩来在接见全国计划会议部分代表时又提出："我们一定能解决工业污染，因为我们社会主义计划经济是为人民服务的。我们在搞经济建设的同时，就应该抓紧解决这个问题，绝对不能作贻害子孙后代的事。"

1972年我国派代表参加了斯德哥尔摩联合国人类环境会议。自此，环境保护工作列入我国正式议程。1973年8月5日，国家计委召开全国环境保护会议。这是具有深远历史意义的会议：从思想上唤起全国人民对环境保护重要性的认识；从政策上明确了环境保护工作的方针政策；从组织上开始筹建中央和地方的环保管理机构——成立"工业三废"治理领导小组，各省相继成立"三废"治理办公室。会上确定我国环境保护32字方针："全面规划、合理布局、综合治理、化害为利、依靠群众、大家动手、保护环境、造福人民。"

1974年12月，国务院环境保护领导小组正式成立，各省也相继成立环境保护领导小组和办公室。当时工作重点是解决工业污染：废气、废水、废渣，没有注意自然环境破坏所造成的环境问题，如1974年开展了北京西郊环境质量评价研究，蓟运河和白洋淀污染调查，1976年开展了湖北鸭儿湖调查，1977年开展了渤海、黄海污染调查等。

1978年3月5日，五届人大一次会议通过的《中华人民共和国宪法》明确指出："国家保护和改善生活环境和生态环境，防治污染和其他公害""国家保护自然资源的合理利用，保护珍贵的动物和植物""国家保护名胜古迹、珍贵文物和其他重要历史文化遗产"等。

2. 改革开放时期环保事业的发展（1979—1992年）

1979年3月，在成都召开的全国环境保护会议上提出了"全面加强环境管理，以管促治，管治并举"的方针。同年9月国家颁布的《中华人民共和国环境保护法（试行）》，为我国环境保护提供了法律依据，初步明确了环境保护在社会主义经济发展中的地位和作用。

1983年12月31日，国务院在北京召开了第二次全国环境保护会议，会议指出"环境保护作为我国的一项基本国策"，并把环境保护提到很重要的位置。这次会议在总结过去十年环境保护工作经验和教训的基础上，提出了到20世纪末我国环境保护工作的战略目标、重点、步骤和技术政策。会上还确定了"三同步""三统一"的方针，即经济建设、城乡建设、环境建设同步规划、同步实施、同步发展，实现经济效益、社会效益和环境效益的统一。

1988年国家环境保护局从城乡建设环境保护部独立出来，成立国务院直属机构。

1989年国务院召开了第三次环境保护会议，这次会议上制定的方针政策更具体，可操作性强。会议提出了全国推行新、老八项环境管理制度，即"建设项目环境影响评价制度""三同时制度""排污收费制度""环境保护目标责任制""城市环境综合整治定量考核制度""排污许可证制度""污染集中控制制度""限期治理制度"。

3. 可持续发展时代的中国环境保护（1992—2004年）

1992年8月在联合国"环境与发展"会议后，党中央和国务院批准了我国环境与发展的十大政策。这十大政策总结了我国环境保护工作20年的实践经验，吸取了国际社会的经验，集中反映了当前和今后相当长时期我国的环境政策。这十大政策是：① 实行可持续发展战略；② 采取有效措施，防治工业污染；③ 深入开展城市环境综合整治，认真治理城市"四害"（水、气、渣、噪）；④ 提高能源利用效率，改善能源结构；⑤ 推广生态农业，坚持不懈地植树造林，切实加强生物多样性保护；⑥ 大力推进科技进步，加强环境科学研究，积极发展环境保护产业；⑦ 运用经济手段保护环境；⑧ 加强环境教育，不断提高全民族环境意识；⑨ 健全环境法制，强化环境管理；⑩ 参照环境与发展大会精神制定中国行动计划。

在环境与发展大会后，我国就制定《中国 21 世纪议程》。在这一阶段，我国环境管理思想进一步深化，表现在：一是由浓度控制转变为总量控制；二是由排污口管理开始转变为全过程管理；三是从实际出发，发挥政府在环境保护工作中的作用，强化环境管理，推行八项制度。

1996 年 7 月 15 日，第四次全国环境保护会议在北京召开，会议提出了保护环境的实质就是保护生产力，要坚持污染防治和生态保护并举，全面推进环保工作。

1998 年长江、松花江、嫩江洪水，1999 年、2000 年、2001 年连续沙尘暴天气引起了党和国家领导人对自然环境的高度重视。江泽民强调："西部大开发要坚持预防为主，保护优先，搞好开发建设的环境监督、管理，切实避免先污染后治理、先破坏后恢复的老路。""必须要造林种草，增加植被、涵养水源，才能够从根本上解决干旱缺水问题，不然就永远难以摆脱靠天吃饭的被动局面。"朱镕基说："改善环境是西部大开发的根本，改善生态环境是大题目。具体措施是退耕还林，以粮代赈，以粮换草。西部地区生态环境如不改善，必将成为中华民族繁衍生息的心腹之患，将极大地阻碍现代化。"

为此，国家已批准实施六大林业重点工程和《全国生态环境建设规划》（2000 年至 2050 年）。我国已开始把生态环境治理与污染治理列为同等重要地位。

2002 年 1 月 8 日，第五次全国环境保护会议在北京召开，要求把环境保护工作摆到同发展生产力同样重要的位置，按照经济规律发展环保事业，将市场化和产业化相结合。会议还提出将环境保护作为政府的一项重要职能，汇聚全社会力量做好环境保护工作。国务院总理朱镕基在会上指出，要明确保护环境重点任务，加大控制污染物排放量的力度，继续推进重点区域环境综合整治，抓好饮用水源的建设保护，进一步加强退耕还林的工作力度。

2003 年 1 月，新的《排污费征收使用管理条例》由国务院第 369 号令公布，于 2003 年 7 月 1 日起正式实行。管理条例强调要加强排污管理，严格执行收费制度。重视污水等对环境的影响，逐步完善防排减排制度，进一步改善人居环境。

4. 全面落实科学发展观，加快建设环境友好型、资源节约型社会的环境保护（2005 年至今）

2005 年 10 月 8 日在北京召开的党的十六届五中全会首次提出要全面贯彻落实科学发展观，加快建设资源节约型、环境友好型社会，大力发展循环经济，加大环境保护力度，切实保护好自然生态，修复生态环境。重视影响经济社会发展，特别是严重危害人民健康的环境问题，尽快解决突出的环境问题，并在全社会倡议形成资源节约、健康文明的生活方式。

2006年4月17日，在北京召开以"全面落实科学发展观，加快建设环境友好型社会"为主题的第六次全国环境保护大会。会议指出，"十一五"时期环境保护的主要目标是：到2010年，在保持国民经济平稳较快增长的同时，使重点地区和城市的环境得到改善，生态环境恶化趋势基本得到遏制；单位国内生产总值能源消耗比"十五"期末降低20%左右；主要污染物排放总量减少10%；森林覆盖率由18.2%提高到20%。这些目标体现了党中央对生态环境保护、防治环境污染的治理决心，通过加大生态环境保护力度，落实环境保护责任，创新生产方式，将科技引入生态环境修复等措施，努力遏制生态环境进一步恶化，保护现有生态环境。

2011年12月19日，第七次全国环境保护大会在北京召开。发展与保护，是本次大会的关键词，大会深刻阐释了环境保护与经济发展的关系。会议指出，正确的经济政策就是正确的环境政策，科学的环境保护道路，也必然是科学的经济发展道路。"十二五"时期，要积极探索代价小、效益好、排放低、可持续的环保新道路，实现经济发展与环境保护协调发展。

党的十八大首次把"美丽中国"作为未来生态文明建设的宏伟目标，把生态文明提高到"五位一体"建设的高度，是一大进步。把生态文明建设放在突出位置，融入经济建设、政治建设、文化建设、社会建设各方面和全过程，守住"绿水青山"，着力推进绿色发展、循环发展、低碳发展，努力建设美丽中国。另外报告中提出，要大力推进生态文明建设，坚持节约资源和保护环境，加快建设资源节约型、环境友好型社会。

2014年4月24日，第十二届全国人大常委会第八次会议审议通过了修订后的《中华人民共和国环境保护法》，它是现阶段最有力度的环保法律，为环境保护、修复提供有力保障，对破坏生态环境行为有威慑力。

党的十九大提出，建设生态文明是中华民族永续发展的千年大计，建设美丽中国是全面建设社会主义现代化强国的重大目标，把生态文明建设和生态环境保护提升到前所未有的战略高度，充分体现了习近平总书记生态文明建设重要战略思想。在习近平总书记生态文明建设重要战略思想指引下，我国生态环境保护从认识到实践发生了历史性、转折性、全局性变化，生态文明建设成效显著，向美丽中国建设迈出重要步伐。

2018年5月，党中央、国务院组织召开全国生态环境保护大会，提出要加大力度推进生态文明建设、解决生态环境问题，坚决打好污染防治攻坚战，推动我国生态文明建设迈上新台阶。先后出台了一系列重大决策部署，陆续印发了《"十三五"控制温室气体排放工作方案》《"十三五"生态环境保护规划》《国家综合防灾减灾规划（2016—2020年）》和《"十三五"节能减排综合工作方案》等重要文件，修订了《中华人民共和国环境保护法》。

"共抓大保护，不搞大开发""探索出一条生态优先、绿色发展新路子"，2016年1月、2018年4月，习近平总书记在长江上游的重庆和中游的武汉召开两次推动长江经济带发展座谈会，深刻阐明推动长江经济带发展需要正确把握的重大问题并作出工作部署。指出推动长江经济带发展，当务之急是"止血"，抓好长江生态环境的保护和修复。要求沿江省市坚持以持续改善长江水质为中心，重拳出击，解决突出生态环境问题。

2019 年 9 月 18 日，习近平总书记在郑州主持召开黄河流域生态保护和高质量发展座谈会并发表重要讲话。黄河流域在我国经济社会发展和生态安全方面具有十分重要地位，黄河流域构成我国重要生态屏障，是我国重要经济地带，也是打赢脱贫攻坚战的重要区域，要加强对黄河流域生态保护和高质量发展的引领。

第四节　生态文明建设

一、生态文明内涵及其发展

生态文明是工业文明后人类文明发展新阶段。18 世纪 60 年代工业革命浪潮掀起以来，蒸汽机、内燃机等机械以及化石能源的使用在促进工业革命技术加速发展的同时也加速全球生态环境恶化，严重制约人类生活和经济可持续发展，而生态环境问题引起的全世界广泛关注又催生了生态文明思想。1962 年，美国海洋学家蕾切尔·卡森在《寂静的春天》一书中揭示出生态环境问题，引发人与自然关系大讨论。随着人们对生态环境问题认识逐步深化，生态文明理论和实践不断发展。因此，以倡导人与自然和谐的生态文明观念应运而生。

进入 20 世纪 80 年代，生态文明这一术语才正式作为一种科学理性的概念出现。苏联学术界在《莫斯科大学学报·科学共产主义》1984 年第 2 期文章《在成熟社会主义条件下培养个人生态文明的途径》中，首次使用生态文明的概念。莫里森 1995 年在《生态民主》一书中率先将生态文明作为工业文明之后的一种文明形式，其本人也被认为是"生态文明"的最早提出者。

1987 年全国生态农业研讨会上，著名生态学家叶谦吉教授提出"大力提倡生态文明建设"的主张，并指出"生态文明，就是人类既获利于自然，又还利于自然，在改造自然的同时又保护自然，人与自然之间保持着和谐统一的关系"，这一定义强调了人与自然关系的文明状态属性。叶谦吉教授被认为是中国学术界首次明确定义生态文明概念的学者。1994 年申曙光在《生态文明及其理论与现实基础》一文中指出，现代工业文明正走向衰退，生态危机是工业文明走向衰亡的基本标志，生态文明作为一种新文明将逐渐取代工业文明，成为未来社会的主要形态。此后，不少国内学者从不同角度提出了生态文明的概念（谢光前和王杏玲，1994；邱耕田，1997）。

2003 年后，生态文明这一术语被纳入官方话语体系。2003 年 6 月 25 日发布的《中共中央关于加快林业发展的决定》提出"建设山川秀美生态文明社会"，这是"生态文明"第一次进入国家正式政治文件。2007 年 10 月，党的十七大报告把建设生态文明列入全面建设小康社会奋斗目标的新要求，并作出生态文明建设的战略部署，强调"要坚持生产发展、生活富裕、生态良好的文明发展道路，建设资源节约型、环境友好型社会，实现速度和结构质量相统一、经济发展与人口资源环境相协调，人民安居乐业，使人民在良好生态环境中生产生活，实现经济社会永续发展"，这是生态文明这一概念首次进入政府工作报告文件。2012年11月，党的十八大报告进一步提升生态文明在中国社会主义现代化事业及其总布局中的地位，提出"建设生态文明，是关系人民福祉、关乎民族未来的长远大计，要把生态文明建设放在突出地位，融入经济建设、政治建设、文化建设、社会建设各方面和全过程"。2015年，中共中央、国务院印发《关于加快推进生态文明建设的意见》，该文件是自党的十八大报告重点提及生态文明建设内容后，中央全面专题部署生态文明建设的第一个文件，生态文明建设的政治高度进一步凸显。党的十九大报告明确指出，"建设生态文明是中华民族永续发展的千年大计"，生态文明建设已上升为新时代中国特色社会主义的重要组成部分。2018年3月11日，十三届全国人大一次会议第三次全体会议通过宪法修正案，"生态文明"有关内容首次写入宪法。

目前生态文明的内涵没有统一界定，但强调资源节约、环境保护的生态文明核心理念得到普遍认可。随着生态文明实践的不断推进，生态文明的内涵和外延将会不断丰富扩展，值得进一步研究。

二、我国生态文明建设的战略措施

生态文明是人与自然和谐共生的反映，体现一个国家的发展程度和文明程度。中国作为全球最大的发展中国家，改革开放以来，长期实行主要依赖增加投资和物质投入的粗放型经济增长方式，导致资源和能源的大量消耗和浪费，同时也让中国的生态环境面临非常严峻的挑战。因此，我国政府采取了一系列政策措施积极推进生态文明建设。

1. 国家层面生态文明建设战略措施

2007年10月15日，党的十七大报告正式提出建设生态文明，并把建设生态文明列为全面建设小康社会目标之一，作为一项战略任务确定下来。

2007年12月26日，国家环保总局发布《生态县、生态市、生态省建设指标》，从经济发展、生态环境保护、社会进步3个方面建立了生态县、市、省的建设指标。

2009年9月，党的十七届四中全会把生态文明建设提升到与经济建设、政治建设、文化建设、社会建设并列的战略高度，作为中国特色社会主义事业总体布局的有机组成部分。

2010年10月，党的十七届五中全会提出要把"绿色发展，建设资源节约型、环境友好型社会""提高生态文明水平"作为"十二五"时期的重要战略任务。

2012年11月8日，党的十八大做出"大力推进生态文明建设"的战略决策。胡锦涛总书记在十八大报告中提出，建设生态文明是关系人民福祉、关乎民族未来的长远大计。把生态文明建设放在突出地位，融入经济建设、政治建设、文化建设、社会建设各方面和全过程。

2013年5月23日，为以生态文明建设试点示范推进生态文明建设，环保部制定《国家生态文明建设试点示范区指标（试行）》，从生态经济、生态环境、生态人居、生态制度、生态文化5个方面构建生态文明试点示范县（含县级市、区）、示范市（含地级行政区）建设指标。

2013年12月2日，根据《国务院关于加快发展节能环保产业的意见》中关于在全国范围内选择代表性地区开展国家生态文明先行示范区建设，探索符合我国国情的生态文明建设模式的要求，国家发展改革委联合财政部、国土资源部、水利部、农业部、国家林业局制定了《国家生态文明先行示范区建设方案（试行）》，并建立了相应的建设目标体系。

2013年1月4日，水利部提出了水生态文明建设，发布了《关于加快推进水生态文明建设工作的意见》，并开展全国水生态文明建设试点工作。

2015年5月5日，中共中央、国务院印发《关于加快推进生态文明建设的意见》，该文件是自党的十八大报告重点提及生态文明建设内容后，中央全面专题部署生态文明建设的第一个文件，生态文明建设的政治高度进一步凸显。

2015年10月29日，党的十八届五中全会审议通过了《中共中央关于制定国民经济和社会发展第十三个五年规划的建议》，增强生态文明建设首度被写入国家五年规划，并在该建议中首次提出了创新、协调、绿色、开放、共享的发展理念。

2016年12月2日，中共中央办公厅、国务院办公厅发布了《生态文明建设目标评价考核办法》，主要评估各地区资源利用、环境治理、环境质量、生态保护、增长质量、绿色生活、公众满意程度等方面的变化趋势和动态进展，国家发展改革委、国家统计局、环境保护部、中央组织部依此制定了《绿色发展指标体系》和《生态文明建设考核目标体系》，作为生态文明建设评价考核的依据。

2016年4月11日，水利部发布《水生态文明城市建设评价导则》，全国通用指标包括水安全、水生态、水环境、水节约、水监管和水文化六个方面。

2017年10月，党的十九大提出加快生态文明体制改革、建设美丽中国。党的十九大报告中指出关于生态文明建设的目标要求，将主要指标归纳为国土空间优化、资源环境友好、发展质量和文化制度建设四个方面。

2018年3月11日，第十三届全国人民代表大会第一次会议通过的宪法修正案，将宪法第八十九条"国务院行使下列职权"中第六项"（六）领导和管理经济工作和城乡建设"修改为"（六）领导和管理经济工作和城乡建设、生态文明建设"。自此，"生态文明"被写入宪法，为我国下一步制定更为具体有效的生态环境保护法规提供法律基础。

2. 重点流域的生态文明建设战略措施

我国在生态文明建设总体战略下尤为重视流域生态文明建设，长江和黄河是我国最大的两条河流，流域面积广大，覆盖大部分城市和人口，因此，其生态文明程度是影响我国整体生态文明进程的重要基础。

（1）长江流域生态文明建设的战略措施

根据中央的定位，长江经济带要成为生态文明建设的先行示范带，近年来长江流域生态文明建设的相关规划和战略措施如下：

2016年3月25日，中共中央政治局召开会议，审议通过《长江经济带发展规划纲要》。纲要从规划背景、总体要求、大力保护长江生态环境、加快构建综合立体交通走廊、创新驱动产业转型升级、积极推进新型城镇化、创新区域协调发展体制机制等方面描绘了长江经济带发展的宏伟蓝图，是推动长江经济带发展重大国家战略的纲领性文件。

2017年7月17日，为切实保护和改善长江生态环境，环保部发布《长江经济带生态环境保护规划》。

2018年10月15日，为加强长江水生生物保护工作，国务院发布《国务院办公厅关于加强长江水生生物保护工作的意见》。

2018年6月12日，江苏省环保厅出台《江苏省长江经济带生态环境保护实施规划》，规划明确了主要目标：到2020年，全省生态环境明显改善，生态系统稳定性全面提升，河湖、湿地生态功能基本恢复，生态环境保护体制机制进一步完善。到2030年，水环境质量、空气质量和水生态质量全面改善，生态系统服务功能显著增强，生态环境更加美好。

2020年6月18日，上海、江苏、安徽三省（市）发布《长三角生态绿色一体化发展示范区国土空间总体规划草案》，示范区总规划是国内首个省级行政主体共同编制的跨省域国土空间规划，是一体化制度创新的重要成果，对"两区一县"的国土空间规划具有指导约束作用，对长三角和全国具有示范引领作用。

（2）黄河流域生态文明建设的战略措施

黄河是中华民族的母亲河，黄河流域生态文明建设是我国生态文明建设总体布局的重要组成部分和基础保障，黄河流域相关规划和战略措施如下：

1955年7月30日第一届全国人民代表大会通过了《关于根治黄河水害和开发黄河水利的综合规划的决议》，主要任务是采取综合治理措施，缓解黄河下游洪水威胁；防治水土流失，逐步减少输入黄河的泥沙，改善黄土高原生态环境；合理利用水沙和水能资源，促进工农业生产的发展。

2013年3月，国务院正式批复《黄河流域综合规划（2012—2030年）》，这意味着于2007年启动的黄河流域综合规划修编工作圆满结束，开始进入组织实施阶段。按照规划，到2020年，黄河水沙调控和防洪减淤体系将初步建成，以确保下游在防御花园口洪峰流量达到22 000立方米每秒时堤防不决口，重要河段和重点城市基本达到防洪标准；到2030年，黄河水沙调控和防洪减淤体系基本建成，洪水和泥沙得到有效控制，水资源利用效率接近全国先进水平，流域综合管理现代化基本实现。

2019年9月18日，习近平总书记在郑州主持召开黄河流域生态保护和高质量发展座谈会并发表重要讲话，强调黄河流域是我国重要的生态屏障和重要的经济地带，是打赢脱贫攻坚战的重要区域，在我国经济社会发展和生态安全方面具有十分重要的地位。黄河流域生态保护和高质量发展，同京津冀协同发展、长江经济带发展、粤港澳大湾区建设、长三角一体化发展一样，是重大国家战略。

2020年3月1日，河南省印发《2020年河南省黄河流域生态保护和高质量发展工作要点》，提出要抓实抓细抓落地，把握沿黄地区生态特点和资源禀赋，从过去的立足"要"向立足"干"转变、向先行先试转变，引领沿黄生态文明建设，在全流域率先树立河南标杆。

第五节　可持续发展的生态学基础

人类是自然生态系统的组成部分，要理解人类社会发展与自然环境的互动关系，并找到人与自然和谐之道，需要从生态学和生态原理入手。

一、生态学科及其研究内容

生态学是研究有机体与环境间相互关系的科学。该定义由德国动物学家Haeckel（1866）首次给出，并一直沿用至今。生态学中的生物包括植物、动物、微生物三大类，环境因素包括非生物因素和生物因素。非生物因素包括：光、温度、水、空气、土壤等；生物因素是指环境中影响某种生物个体生活的其他所有生物，包括同种和不同种的生物个体（孙儒泳等，2002）。生态学的研究内涵主要体现两个方面的问题：第一，研究生物之间的复杂生态关系；第二，研究环境与生物之间的互动关系，包括环境对生物的影响、生物对环境的适应，以及生物对环境的改造。

早期的生态学主要研究生物与生物之间、生物与环境之间的关系，是隶属于生物学下的二级学科。随着人类行为对自然生态环境的影响越来越大，生态学开始关注人类行为与自然生态系统的互动关系，并由此产生了城市生态学、经济生态学、工程生态学、艺术生态学、人类生态学等研究领域和分支学科。广义的生态学研究内涵已经突破生物学的范围，并与经济学、管理学、人类学等学科广泛交叉，已经成为与生物学平行的一级学科。

二、生态系统的结构与功能

1. 生态系统的概念

生态系统指在一定地区和特定的范围内，生物系统和环境系统之间通过能量流动、物质循环、信息传递而形成的具有一定结构和特定功能的整体（孙儒泳等，2002）。该定义由英国生态学家Tansley于1935年首次提出，经过一定发展后形成较完整的理论体系。他们把生物和环境作为一个相互依存、紧密不可分割的完整体系来对待，因此，特别强调整个体系的完整性及相互依赖性。

生态系统的定义包括以下内涵：

第一，生态系统是客观存在的实体，有时间和空间的概念。在空间上生态系统的范围可大可小，最大的是生物圈（目前有人提出宇宙生态学）可称为全球生态学；小的如一块草地、一个水塘、一个养鱼缸甚至小到一滴有生物的水。

第二，由生物和非生物两个子系统组成，以生物为主体。各子系统内的各成分有机地组建在一起，彼此建立起相互依赖、不可分割的整体关系。生态系统属于生态学范畴，是生态学向更高层次发展的一个分支学科。生态学是泛指生物和环境之间的关系，而生态系统是具体指某一特定地区和范围内的生物类群，如陆地生态系统、海洋生态系统、森林生态系统、农业生态系统、区域生态系统（如昆明西山生态系统、滇池生态系统），等等。不仅如此，生态系统较生态学更强调整体性、系统性、规律性，强调生物和环境之间内在的关系规律。

2. 生态系统的结构

生态系统由生物系统和环境系统组成，强调生物和环境两个子系统内部各组成部分之间相互依赖、互相制约、不可分割的整体关系。

生物子系统由植物、动物、微生物组成，植物是生产者，它能将 CO_2 和水在太阳光能作用下，在叶片（叶绿体）内进行光合作用，合成有机物，把太阳能转化为有机能即植物能。地球上只有植物和极少数细菌才有这种功能，因为有了这种功能，才能使光能进入生态系统，合成植物能以供给其他生物的需要。动物是消费者，直接或间接依赖植物能而得以生存和发展，动物不能直接从太阳光中获得能量，而只能把植物能转变为动物能，是植物能的消费者。动物可分为食草动物和食肉动物两大类（还有杂食性的）。食草动物是一级消费者，以植物为食，能把植物能转化为动物能；食肉动物是以食草动物为食（当然也能吃其他的食肉动物），从食草动物中取得能量，是二级消费者，是间接以植物为食。没有植物就没有食草动物，没有食草动物也就没有食肉动物，相互构成了极为复杂的内在关系。微生物是还原者（分解者），它能把地球上动植物尸体、残落物、分泌物等复杂的有机物分解为简单的元素如 N、P、K、Mg 等供植物需要。由于微生物不仅消灭尸体，而且把复杂的有机物分解为元素，供植物之用，完成物质的循环，使生命永续发展。这样，生物子系统中的植物、动物和微生物就构成了相互依存、不可分割的整体，组成了一个完整的子系统。

环境子系统是由光、温、水、气、土等诸生态因子组成。光、温、水、气是无机因子，土壤是无机因子和有机因子的复合体，是无生命和有生命结合的复杂生态因子。环境子系统内各生态因子之间的关系是：光照强弱影响温度的高低，不同地区由于温度的差异，形成气压高低不同，进而形成大气流动，由于大气流动，冷热气团相遇产生降水；土壤中包含有光、温、水、气，彼此也是相互依存、不可分割的整体。因此必须从整体的角度来研究环境子系统。

3. 生态系统的功能

环境子系统和生物子系统之间通过能流、物流和信息流而联系为一个整体。因此，生态系统的功能主要包括生态系统的能量流动、物质循环和信息传递。

（1）能量流动

能量流动是生态系统功能的基础，也是生态系统代谢的动力。所谓生态系统的能量流动，是指生态系统中能量的输入、传递、转化和散失过程。生态系统中能量的输入主要依靠绿色植物和自养生物的化学反应将太阳能固定在有机物中；绿色植物和自养生物合成富含能量的有机物，成为生态系统中能量流动的载体，通过生态系统中的捕食关系和营养关系使得能量在不同生物间传递；在能量的输入和传递过程中由于生物的生化反应，能量在光能、化学能、热能之间相互转化并不断丧失。生态系统中的食物链和食物网是能量流动的通道。

① 食物链和食物网

所谓食物链又称营养链，是由多种生物由于食物（营养）关系而形成的链条。食物链由许多营养级组成，营养级是食物链条中的一个环节。大鱼吃小鱼，小鱼吃虾，虾吃泥巴（浮游生物）就是一条食物链，而大鱼、小鱼、虾、"泥巴"都是食物链中的营养级。

在任何一个生态系统中，不可能只有一条食物链。任何一种食草动物不可能只吃一种植物，而任何一种植物也不可能只被一种动物所食。同理，任何一种食肉动物也不可能只吃一种食草动物，而任何一种食草动物也可能被多种食肉动物所吃。这样，在生态系统中可以存在有很多条食物链，而这许多条食物链彼此交叉，形成复杂的网状结构即食物网。

② 能量流动的规律

太阳能首先通过植物进入食物链：植物通过光合作用，把 CO_2 和 H_2O 合成各种有机物，把光能转化为化学能（主要是植物能）贮存在体内。进入食物链后的植物能被食草动物所食，食草动物又被食肉动物所食。在食物链中，能量是单向流动而不可逆的，太阳能只能形成植物能而不能逆向，植物被食草动物所食，把植物能转化为动物能，而不可能把动物能直接转变为植物能（极少数食肉植物如瓶儿草等例外）。

能量沿食物链的单向流动过程中，消耗、损失很大，只有极少量能最终转化为下一个营养级的贮存能。例如，牛、羊吃草后，不可能把草全部消化吸收，把所有植物能都转化为动物能（更何况部分植物没有被食而浪费掉），而通过粪便等方式把部分能量排出体外，离开食物链。被牛羊所吸收、转化为动物能的部分能量，由于牛羊生活过程中的呼吸作用消耗掉大部分动物能，因此，植物能中只有约 1/10 的能量转化为动物能后贮存在食草动物体内，而其余 9/10 的能量都通过各种形态离开食物链进入环境中。同理，食肉动物吃食草动物后，大约也只有 1/10 的能量贮存在食肉动物体内，9/10 的能量也被排离食物链进入环境，依次类推。因此，食物链延伸得越长，能量流出食物链的就越多，保留在更高营养级中的能量就越少。生态系统中能量流动规模随着食物链层级逐级减少，这种规律就构成了能量金字塔。生态系统中的能量每经过一个营养级的传递就减少约 9/10，这就是能量流动的林德曼定律，也称之为能量递减的 1/10 定律。

能量流动的林德曼定律对人类如何更好地利用生态系统中的能流有两个启示：第一，植物种类及生物量越多，金字塔的基础越宽，则食物链的数量相应越多，它所构成的食物网就越复杂，生态系统也就越稳定。因此，在任何一个自然生态系统中大力发展植物产品都是首要任务，如植物蛋白和动物蛋白对于人类的营养价值几乎没有区别，但生态系统中植物蛋白的产出能力至少是动物蛋白的10 倍以上。第二，随着食物链的延伸，生态系统每个营养级都存在大量能量的丧失，如果从充分利用的角度而言，应充分利用每个层级中生物废弃物中的物质和能量，如动物粪便和植物枯枝落叶等。

（2）物质循环

在生态系统中，物质流动遵循物质守恒定律，在反复循环中不会减少。例如，植物被动物所食，植物的剩余物、残体归入土壤，动物的尸体、排泄物也进入土壤。上述动、植物残体经土壤中微生物分解，把复杂的有机物分解为简单元素 N、P、K、Ca、Mg、Fe、Na……再提供给植物利用。

物质在生态系统中周而复始，反复循环，永续利用，保证了生态系统的稳定发展。例如，原始的森林生态系统（没有受人类大的干预）已存在很长时间，从来没有人去施肥，也没有人为地增加任何新的物质，只要不发生意外事件和人为的大干预，它就能长期存在下去，保持稳定，这说明系统内的物质在长期循环中没有减少。但是，农业生态系统不一样，每年需要施肥增加新物质，这是因为每年需从农业生态系统中收获产品，使部分物质流出该系统。农业生态系统越是高产，从中取走的物质就越多，则每年要补充、输入该系统的物质也应越多。一味索取，使系统内物质越来越少，会导致土壤退化，农业生态系统质量下降，生产潜力衰退。久而久之，会使整个农业生态系统崩溃。

以水循环为例说明物质循环的重要性：地球上水的总量共约 15 亿 km³，其中淡水只占总水量的 3%，而淡水中的 3/4 是固态水，主要分布在地球的两极。气态水所占比例最少，但在水循环中起重要作用。水在太阳能作用下，历经蒸发、凝缩、流动的过程在地球上进行循环。循环的主要途径是地球表面与大气通过降水量和蒸发量进行调节。在整个地球上总降水量与总蒸发量是平衡的。但陆地上降水量大于蒸发量，在海洋上则蒸发量大于降水量。陆地上的径流量补偿了海洋的蒸发量，使整个水循环达到动态平衡。

生态系统中物质循环的规律说明，生态系统中没有多余的"废物"，所有物质都要充分使用并还原为简单元素。因此，人类在利用生态系统时，尤其是在工农业生产中要注重物质的循环利用，构建类似生态系统物质循环模式的生产、消费体系，形成以物质投入的减量化、废物零放为特征的循环经济模式。

（3）信息传递

种群的增长受环境及个体间信息传递的影响，并受其制约。在空间和物质、能量有限的条件下，种群个体数目的增加由于受到种内个体之间的竞争而呈现逻辑斯蒂增长模型，即个体数量增加到一定限度后，就受个体之间竞争所产生的环境阻力的限制而达到一种相对平衡状态，即维持与环境相适应的种群的个体数。因此，通过信息传递以保持种群数量在特定环境中的平衡密度。

另外，生态系统内部也可以通过信息传递调节种间关系，以维持生态系统平衡。生物之间能通过其分泌的化学物质而产生的相生相克关系是生物之间信息关系的最好例子。如胡桃树下不能栽苹果是因为胡桃分泌的胡桃醌对苹果有毒害作用；薄荷、月桂的分泌物能够严重抑制蚕豆幼苗的生长；葱和菜豆、芜菁和番茄、番茄和黄瓜之间都能产生相互抑制的化学物质而不能生长在一起。但是有些植物之间能通过化学物质而达到互惠互利。如皂荚、白蜡与七里香；合欢、澳大利亚桃金娘对蚕豆和豌豆；黑接骨木与云杉等；小麦和豌豆、葱和菜豆；马铃薯和菜豆等。研究生物之间化学信息联系对于作物之间的套种、间作有极重要的意义。

4. 生态平衡

（1）生态平衡的概念

生态平衡指在生态系统中其结构和功能相对稳定，物质和能量输入、输出接近平衡，在外来干扰下通过自我调控能够恢复到原初的稳定状态，这种状态称为生态平衡（马世骏等 1987）。当外界干扰压力很大，使系统的变化超出其自我调节能力限度即生态阈值时，系统的自我调节能力（即恢复力与抵抗力）随之丧失。此时，系统结构遭到破坏，功能受阻，整个系统受到严重伤害乃至崩溃，此即生态平衡失调。严重的生态平衡失调威胁到人类的生存时，称为生态危机，即由于人类盲目的生产和生活活动而导致的局部甚至整个生物圈结构和功能的失调（段昌群，2010）。生态平衡失调起初往往不易被人们觉察，如果一旦出现生态危机就很难在短期内恢复平衡。

生态平衡及其意义

生态平衡存在多层次、多类型的平衡。从生态平衡的驱动因素来看，可以分为自然驱动的生态平衡和人类与自然共同驱动的生态平衡两类。在人类社会早期，生产力水平较低，人类无法大规模地影响生态系统的功能，生态系统的平衡主要受到太阳活动、地壳运动等环境要素改变的影响。当人类生产力水平达到一定高度后，人类的生产和消费行为可以较大程度地干扰自然生态过程时，人类活动已经成为影响局部和短期生态平衡的同等重要因素。从生态平衡的层次来看，人类社会早期所构建的人类系统高度依附于自然生态系统，此时的生态平衡属于自然力主导的生态平衡，是一种低层次的平衡；而随着人类社会对自然生态系统的影响力越来越强，此时的生态平衡需要人类行为所产生的驱动力与自然形成的驱动力形成平衡关系，属于高层次的平衡。此外，不同区域的生态平衡模式也有所区别。大城市所形成的城市生态系统的平衡高度依赖区域内外物质、能量和信息的交流。城市生态系统从城市之外的农业区、工业区及自然环境中获得大量水资源、能源、矿产资源、农产品等重要物资，并形成大量经济产品和服务提供给城市生态系统之外的区域消费，从而形成了一种以人类活动为主要驱动力的生态平衡模式；而人口稀少的山区生态系统或者荒野，则更多形成自然力主导的生态平衡模式。

（2）失态系统失衡导致的环境与发展问题

由于环境要素的巨大改变，以及人类对自然生态系统的不合理利用，常常会导致生态系统失衡。尤其是人类作为生态系统的一个特殊种群，当具有了改造自然、破坏自然的科技和社会组织能力之后，人类活动就易成为生态系统失衡的重要驱动力。大规模环境污染物排放，过量施用化肥和农药，大量毁坏森林、草原、沼泽、湖泊，侵占生态用地作为人类生产生活空间是目前生态系统失衡的主要动因。当生态系统失衡时，生态系统出现结构简单化、功能受阻、自我调节能力减弱、生态系统服务产出水平下降等现象，这就带来了环境与发展的系列问题。

人口问题的产生是因为人类作为一个特殊种群，打破了生态系统中物种结构的平衡，使得人类种群数量（人口）出现恶性增长。人类借助工具和科技的发展可以通过侵占其他物种的生存空间维持人类种群数量的增长，如通过毁林开荒、围湖造田等方式获得工农业生产的土地并在短期内增加物质产出，因此，人类种群数量一定程度上可以突破环境阻力的限制。但全球的生态空间是有限的，人口的数量最终还是会受到环境阻力的限制。在人口数量突破环境阻力限制出现恶性增殖的时候，植被破坏、水土流失、环境污染、气候变化等一系列环境问题就不可避免地相伴出现，使得人口发展与环境出现巨大矛盾。环境污染问题产生的本质是人类生产和生活过程中产生并排放了大量的人造物质，这些物质在生态系统生物地化循环中无法及时分解为可供植物利用的简单元素，就导致生态系统物质循环功能下降，同时人类污染排放物导致局部乃至全球性的化学、物理环境改变，对人类和生物产生毒害作用，并进一步导致了生物种群的异常演替。资源问题的本质是人类对特定资源的需求超过了生态系统中该资源的更新能力，通过掠夺式的开发导致资源的退化与枯竭。

思考与讨论

1. 什么是环境和环境问题？环境问题是如何引起的？
2. 你认为环境能够治理好吗？
3. "先污染、后治理"是落后国家和地区发展经济的必由之路吗？
4. 目前我国环境保护有哪些成绩？存在哪些问题？
5. 什么叫生态文明？为什么我国要实施生态文明发展战略？
6. 什么叫生态平衡？如何才能维持生态平衡？研究生态平衡有什么意义？

第二章

人口问题

人类是自然资源的消耗者，又是利用自然资源进行生产、创造财富的生产者。在人口－资源－环境三者关系中，资源是基础，环境是条件，人口是关键。数量适当又具有较高素质的人口，就能够充分合理利用自然资源，在发展经济，提高人民生活水平的同时，能自觉保护环境，创造适合人类生活和生产活动的优美环境，达到经济、社会、环境的可持续发展。如果人口素质低，数量又多，就容易过度利用资源，破坏环境，引发许多环境问题。当前，人类发展已经进入全球人与自然命运共同体的阶段，人口数量增长和平衡越来越受到全球与各区域人口行为与生态系统互动关系的影响。因此，如何控制人口数量，提高人口素质，从数量型的人口增长转变为质量型的人口增长是当前以及今后较长时期的重要任务。

第一节　人口数量与环境

一、人口数量变动及其影响因素

1. 人口数量变动

人口（population）是指特定时间和空间范围之内的人类种群，人口数量则是表征人类种群规模的指标，也是刻画人口特征最重要的指标。纵观 21 世纪之前全球人口的发展历程，人口数量表现出一种加速增长的特征。从人类建立文明社会开始到工业革命之前，人口的增长呈现出缓慢的自然增长状态，人口系统表现出高出生率、高死亡率、低增长率的特征，到 1825 年全世界人口还不超过 10 亿。工业革命后，随着现代科学技术的发展，尤其是医疗技术以及婴幼儿护理技术的巨大进步，人口死亡率迅速下降，人口数量进入了低死亡率、高出生率、高增长率的时期。1930 年世界人口达到了 20 亿，世界人口规模从 10 亿到 20 亿，共花了 105 年的时间。此后世界每增加 10 亿人口的时间不断缩短，世界人口增长到 30 亿、40 亿、50 亿、60 亿、70 亿的时间分别减至 30 年、15 年、12 年、12 年、12 年。从 20 世纪下半叶开始，世界人口加速增长的势头开始回落，

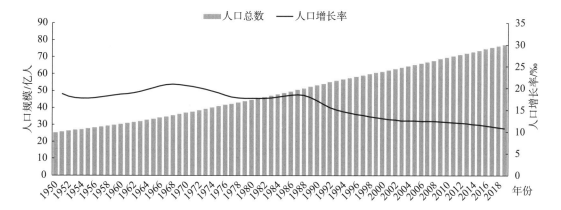

图 2-1　世界人口数量与增长率

数据来源：UN，World Population Prospects 2019[1]

尤其是 1974 年开罗人口会议后，这种趋势更为明显。1960—1969 年间世界人口增长率的年平均值接近 20‰，1970—1979 年、1980—1989 年、1990—1999 年、2000—2009 年、2010—2019 年间人口增长率的年平均值分别下降到了 19.09‰、18.03%、14.77‰、12.60‰和 11.61‰（图 2-1）。目前，世界人口增长率已经下降到 10‰左右（每年增加约 8 000 万），其中 95% 出生在发展中国家。

增长放缓是世界人口发展的一个总体趋势，但不同发展水平国家的差异极大。由于中国和印度两个人口大国相继完成了人口转变过程，发展中国家人口增长率有了大幅下降，但整体仍然维持在高位，1990 年人口增长率仍然超过 20‰，妇女总和生育率为 3.89；而包括南部非洲在内的最不发达国家 2019 年的人口增长率为 23.47‰，总和生育率超过 4.0，生育水平和人口增长速度远远超过被称为"人口爆炸"的 20 世纪 50—70 年代的人口增长速度。发达国家人口增长速度则持续下降，人口增长率由 1980—1990 年的 6‰左右下降 2000 年以后的 3‰左右，即使存在国际移民大量的迁入的现象，西欧、北美和东亚一些国家人口已经开始接近人口零增长和负增长。例如，俄罗斯 1993—2007 年间连续 14 年出现的了人口负增长，累计减少人口 512.5 万，占总人口的 3.55%；日本从 2010 年至今进入持续的人口负增长时期，累计减少人口 207.9 万人，占日本峰值人口规模的 1.62%。根据联合国的预测，2020 年之后俄罗斯将进入第二个持续的人口负增长时期，到 2030 年、2050 年和 2100 年人口分别减少到 1.43 亿、1.36 亿和 1.26 亿；日本将继续保持人口负增长的态势，到 2030 年、2050 年和 2100 年人口分别减少到 1.21 亿、1.06 亿和 0.75 亿；法国、德国等人口较多的发达国家也将在 2050 年之前相继进入人口负增长时代[2]。

根据以上数据可以发现世界人口数量的增长经历表现出一种"倒 U 形"的变化态势，在工业革命之前人口增长缓慢，人口规模相对稳定；从工业革命到

1　UN. World Population Prospects 2019，https://population.un.org/wpp/Publications/2020-4-20

2　同上

20 世纪末 200 多年的时间内，世界人口表现出人口增长迅速，人口规模快速膨胀的态势；从 20 世纪末到目前近半个世纪的时间内世界人口的增长速度快速回落，人口增长规模明显放缓。

2. 人口数量变动的影响因素

人口作为特定时空中人类的集合，人口数量必然受到人类生命行为的影响。作为生物个体的人，其不可避免也是最重要的生命行为就是出生与死亡。在特定的人口群体中，每一时刻都在发生着人口出生和人口死亡，新增出生的人口个体弥补了由于人口死亡导致的人口个体的减少，使人口群体得以延续。当出生人口规模等于死亡人口规模时，人口数量保持恒定，当人口出生规模大于或者小于死亡人口规模时，人口数量表现为增长或者减少状态。在人口学中通常使用两个指标来衡量人口生育水平。一是人口出生率，指的是一定时期内出生人口数占该时期平均人口规模的千分比；二是总和生育率，指的是女性按照某一时点内不同年龄段女性的生育概率度过一生所可能生育的孩子数。衡量人口死亡水平的指标为人口死亡率，指的是一定时期内死亡人口数占该时期平均人口的千分比。

人口出生率和死亡率受到社会经济发展水平、文化特征的影响。通常随着社会财富的增长、医疗保健技术的提高、社会保障能力的增强、人们个体意识的增强，人口出生率和死亡率会逐渐降低。在人类社会的不同发展阶段，人口出生率和死亡率特征构成了三种典型的人口再生产类型：原始型、传统型和现代型。原始型人口再生产表现为高出生率、高死亡率、低自然增长率的人口增长特征，传统型人口再生产表现为高出生率、低死亡率、高自然增长率的人口增长特征，现代型人口再生产表现为低出生率、低死亡率、低自然增长率的人口增长特征。这种人口再生产模式构成了人口转变的推动力量，也导致了不同时间、空间内人口增长呈现出显著的差异。

人口再生产类型与人口转变

二、人口环境容量

1. 人口容量与环境承载力

所谓环境承载力是指在一定时期与一定范围内，以及一定自然环境条件下，维持环境系统结构不发生质的改变，环境功能不遭受破坏前提下，环境系统所能承受人类活动的阈值（曾维华等，2014）。环境系统对人类活动的支撑阈值是多方面的，包括经济、资源、污染物净化、人口等多种要素。如果从人口方面来理解，人口环境承载力就是人口容量。一般认为，人口容量是在一定条件下，全球或一个国家、地区所能允许维持的最合适的人口数量。联合国教科文组织把人口容量定义为：指一个国家或地区，在可预见的时期内，利用该地区的能源和其他自然资源及智力、技术等条件，在保障符合社会文化准则的物质生活水平条件下，所能够维持供养的人口数量。

2. 对于人口环境容量的不同观点

地球究竟能够容纳多少人，是探讨人口与环境关系的一个核心问题，从古典经济学时代的马尔萨斯到现代的 W. 福格特、保罗·艾利奇和德内拉·梅多斯等学者从多学科的角度对此问题进行了深入的研究，并形成了三种主要观点。

（1）当代悲观主义人口论。以极端生态保护主义和西方绿色和平运动中的政治家、学者为代表。他们认为，当前地球上人口已过多，人满为患。这一派的主要依据为：①人口规模已经超过环境容量。基本表现为整个生态系统退化，如环境污染、森林减少、草原退化、水土流失加剧、沙（岩）漠化扩大、自然资源短缺、灾害频发等等。②即使现有人口规模不再增长，人均消费水平还会以相当快的速度上升。改善生活条件永远是人类共同的愿望，因此资源消耗速度会继续上升，总有一天资源会耗竭。1972 年罗马俱乐部德内拉·梅多斯等出版的著作《增长的极限》就是根据第二次世界大战后人口剧增，资源消耗加速的情况下推算出来的。他们认为矿产资源可供使用的年限分别为：石油 50 年，水银 41 年，天然气 49 年，铝 55 年，锡 61 年，铅 64 年，铁 173 年，煤 150 年。他们认为人口增长的无限性和资源有限性的矛盾将愈加剧烈，矛盾将更为突出，总有一天资源将会耗竭，地球将走向毁灭（梅多斯等，2013）。③自然生态系统的破坏和环境污染加速了物种的灭绝速度，物种的灭绝加速了原来就很脆弱的地球生态系统，并使其走向崩溃。地球不能够只有一种生物——人类，其他物种的灭绝最终肯定会危害到人类本身。

（2）乐观主义人口论。以苏联的一些学者为代表，也包括美国的学者，如赫曼·康恩和经济学家朱利安·林肯·西蒙等。他们认为目前地球上的人口远没有达到人口容量所允许的数量。他们认为：①从长远发展看，人类有利用自然资源的无限可能性。随着人类社会的发展，人类对资源的利用能力相应提高。如目前已开发的资源，通过合理、综合利用，减少浪费，变废为宝，提高资源的利用价值以解决目前资源短缺问题。②科学技术的进步，不仅能够使人类更合理、经济地利用资源，同时能够发现新资源以及各种资源的代用品。在能源领域，科学技术的每一次重大突破都无一例外极大地丰富了人类能源构成与总量。工业革命前后化石能源的开发以及使用使得人类由生物能时代进入了机械能时代；20 世纪核能利用技术的发明和使用使得人类开启了原子能使用的大门；进入 21 世纪后风能、太阳能、可控核聚变以及深海可燃冰技术的突飞猛进使得人类叩开了新能源时代的大门。每一次能源技术的重大革命都带来了能源结构的巨大变化，也使得人类可利用能源总量呈几个数量级的增长。③目前环境污染和自然生态系统的破坏已经是人类发展的制约条件，但也要看到，社会的发展，科技的进步，为治理和改善环境创造了重要条件。在今后，人类一定能够制止环境恶化，创造一个适合人类居住，有利于生产发展的优美环境。这样就能够化消极因素为积极因素，为可持续发展奠定了良好的基础。④自由市场是一个高效调节自然资源以使其得到合理利用的社会机制，能自动解决目前出现的很多资源危机。某些资源少了，价格就上涨，人们就会利用或寻找更合理的替代品。这样该资源消耗就少了，该资源的寿命就延长了。

一些高人口密度、高福利和高环境质量区域能够承载与其土地面积、自然资源拥有量不相称人口规模的现象成为了乐观主义人口论的重要论据。日本是全球人口超过一亿国家中国土面积最小的国家之一，2020 年日本人口约 1.26 亿，国土面积仅为 37.8 万平方千米，每平方公里承载人口约 347 人，是世界平均水平的 5.78 倍。日本是个不折不扣的资源小国，无论土地资源、矿产资源、生物资源的保有量和品质都在世界各国中处于比较靠后的位置，但其凭借强大的科技水平与经济竞争力在稳步提高人民福利和消费水平的前提下保证了良好的生态环境。这表明科技和社会的发展的确具有缓解人口压力，提高区域人口承载能力的作用。乐观主义人口论认为人口容量是一个变数，随着社会的发展，科技的进步，人口容量也相应地会提高。而社会和科学技术的进步是无限的，因此人口容量也是非常大的。

（3）中间派的人口观。目前，多数学者的观点介于乐观派和悲观派之间。他们估计地球人口容量在100亿左右。1972年联合国人类环境会议的报告指出：全球人口稳定在110亿或略多一些，这是使全世界人民吃得较好并维持合理健康而不算奢侈生活的人口限度。美国科学院1969年的报告《资源和人类》认为，如果人类生活要在地球资源限度内保持舒适的话，那么世界人口必须稳定在100亿的水平上。1980年，美国环境质量委员会和国务院遵照卡特总统的指示，在13个政府有关部门共同研究下，提出了题为《公元2000年的地球》的报告，认为地球的最大限度能够养活100亿人（邱东，2014）。

实际上，无论乐观派还是悲观派都有大量的事实与理论来支持其人口观点，但都存在过分强调了社会、经济、自然环境对于人口承载的积极因素或者消极因素，使得其人口观出现了以偏概全的明显缺点。审视人口与环境的关系以及人口环境容量必须具有辩证和历史的眼光。第一，地球能够容纳的人口数量本身就是极不明确的命题，不同的消费水平下，全球的人口承载极限差别极大。Whittaker和Likers在1975的研究发现：如果人类按照美国的方式生活，全球的人口承载极限为10亿人；按照欧洲的生活方式，全球承载力阈值为20亿~30亿人；如果按照落后农业地区的生活方式则承载极限能够扩大到50~70亿人（邱东，2014）。这表明生存、小康、富裕、奢侈等不同消费模式和目标下，全球人口环境容量完全是一个不确定的数值。第二，科学技术和生产水平显著影响人口环境容量。如果生产处于低水平，资源浪费严重，环境不断恶化，所容纳的人口就少，如果科技发达，资源得到充分利用，环境条件良好，就能够容纳更多的人。第三，人口数量一定要与社会经济发展水平、生态环境相协调，适度的人口数量是保障人口与环境持续健康发展的重要条件。一方面，人口环境容量阈值具有明显的临界效应，人口超过人口阈值将可能导致严重的生态退化和不可逆的生态失衡，全球或者区域人口数量应该尽量避免接近和超过阈值。另一方面，人口数量变动具有强大的惯性，短期内要较大幅度的调整人口数量是不可能完成的任务，一旦人口规模超过了人口环境容量，基于现代社会的伦理道德和技术水平，无法通过战争、瘟疫等方式导致大量人口减少，实现人口规模与环境的再平衡，只能通过透支生态系统服务的方式满足短期需求，从而引发更大的风险。

中国能够养活多少人口——中国的人口容量

三、人口数量变动对环境的影响

人口数量是决定人类与环境系统相互关系的最基本的人口特征，可以从两个方面影响环境。一是从环境资源的需求规模上影响环境。一般而言，随着人口的增长，人类社会的经济生产和消费行为对于土地、森林、能源以及环境容量的需求会同步增长，导致人口环境压力的加大，如果人口环境压力持续超过环境承载力阈值，则会出现环境退化的风险。这种影响可称为"数量效应"。二是从环境资源的使用效率上影响环境。人口规模的增长会导致在经济活动中分工和协作的增加，这有利于生产效率的提高，可以降低对于自然资源和环境服务负面影响，这种效应可称为"技术效应"。因为人口数量变动对环境产生的"技术效应"是一个长期、潜在的过程，人口数量变动的环境影响更多地体现在"数量效应"方面。

1. 人口数量快速扩张的环境影响

人口数量的快速扩张会打破人口、经济与环境之间既已形成的平衡关系，会导致环境系统遭受人类活动的压力陡然增加，出现环境系统退化乃至崩溃的现象。

（1）扩大了有限资源与需求之间的矛盾。包括中国在内的一些文明古国，由于文明发展历史较长，人口较为密集，所以耕地、森林、水资源、能源等重要自然资源的稀缺性较高。如果人口增长过快，人们为维持基本生存条件，必然对环境过分索取，导致森林大量砍伐，草原过牧或垦为农田，水资源过度利用，结果山区水土流失加剧，江河湖泊淤积，洪涝灾害频发；沙漠化、岩漠化扩大，良田被毁，人类失去生存条件。由于过度索取，结果农田肥力减退，渐渐失去生产能力。由于对矿石采取低技术低水平的采、选、冶炼方法，结果破坏矿山、污染环境，使原本已经很脆弱的环境变为毒气蔓延，污水横流，破坏了人类赖以生存的环境条件。农业减产、健康水平下降，严重阻碍了经济社会的可持续发展，使整个系统陷入了"人口增长—生态环境恶化—经济贫困—健康水平下降—文化教育水平低—环境意识和人口意识淡薄—人口继续增长"的恶性循环。

（2）降低人均收入水平，不利于提高发展质量。在人口增加过快国家和地区，人均国内收入的增长速度往往低于国内生产总值的增长速度，这导致社会财富增长的很大一部分被新增加的人口所消耗。1978年以后中国经济进入一个高速发展时期，但是人口规模的快速增长极大地消耗了社会的积累。2019年中国国内生产总值为990 865.1亿元，按当年价格计算比1952年增加了1 459倍，而人均国内生产总值仅增加596倍。此外，1988年我国消费基金总额达7 971亿元，比1952年增加16.7倍，但人均消费额仅增加8.7倍；我国每年新增加消费额中有58%用于满足新增人口需要，每年增产的粮食中，有52%用于新增人口。在一个国家，社会跨越式发展的起步阶段需要将社会财富更多地用于科技研发、技术改进的生产环节，这样全社会的技术效率和发展层次将得到快速的提高，可以保障物质财富大量增长的同时，由于资源环境的利用效率的同步甚至更快的提高，人口环境压力不增长。然而，如果人口过快增长，新增的社会财富就不得不使用更多的份额进行消费，用于保障新增人口的基本生活条件，使得投入到技术创新中的资源被挤占，不利于环境与发展的长期协调稳定。

（3）劳动力过度供给导致生产效率提高不快，资源破坏加剧。劳动力的充裕可以降低经济生产成本，对于经济快速发展就有积极的意义，但劳动力的无限供给可能导致经济发展不得过分依赖人力的投入，使得效率提高不快，资源破坏加剧。中国改革开放创造了举世瞩目的经济奇迹，导致这种巨大经济发展成就的一个重要原因就是劳动力的无限供给以及低工资水平。1982年中国有接近6亿适龄劳动人口，占全国总人口的 59%，而此时的人口城市化率不足 15%，这意味着中国有近 5 亿左右的劳动力在从事农业生产，按当时全国 14.8 亿亩的耕地规模，每个农村劳动力仅能分摊到 3 亩耕地，很显然按照当时的农业生产条件，每个农村劳动力在满额劳动的情况下所能耕作的土地远远超过 3 亩，因此在农村必然存在着大量剩余劳动力，据粗略统计，在 90 年代中后期我国农村剩余劳动力约 2 亿。由于有着源源不断的潜在劳动力的供应，中国在很长时间内主要发展劳动密集型产业，而技术密集型产业则发展较为缓慢。这使得中国劳动生产率长期处于较低水平上，效益不高，在经济生产中对环境的破坏和资源的浪费现象比较严重。为了就近解决和消化农村剩余劳动力，中国于 20 世纪 80—90 年代发展了大量的乡镇企业。在兴办乡镇企业时，由于急于发展生产和解决生活问题，很多企业"饥不择食"，兴办生产工艺落后，污染严重的企业，很多企业属于被严格禁止的"十五小"企业。尽管中国劳动力人口规模在 2013 年达到峰值之后开始缓慢下降，但在较长时间内劳动力的总体规模仍然保持在接近 10 亿的较高水平，仍然存在规模庞大的未充分就业人口。劳动力的相对充裕使得减少生产要素投入、提高资源利用效率的压力不足。

2. 人口数量收缩的环境影响

当前，世界人口整体上仍然处于规模扩张的态势，但一些偏远的农村地区由于人口迁移和人口城市化的作用出现了人口数量收缩的现象。如刘振等（2019）研究发现 1990 年后我国出现了明显的人口收缩区域，而且人口收缩区域的数量和面积呈快速增长态势，目前人口收缩区在我国中部和西部偏东地区快速扩张，尤其以川黔渝地区、长江中游地区、东北地区最为严重。人口数量的减少通常意味着区域人口对于耕地、木材、水、能源等自然资源的需求降低，生产、生活产生的污染物质排放量的减少，可以极大地缓解人口与环境之间的矛盾。但短期人口的快速收缩可能导致比较复杂的环境效应，这在由于人口外流而出现人口收缩的地方表现较为明显。

对于人口流出区，年轻人口大量流失后，区域人口结构变成以中老年和儿童为主。人口结构的改变会影响区域生产模式，进而使得生产的资源、环境效率的变化。一方面，老年人口和幼年人口的生产能力较为有限，区域内工农业生产的规模可能会下降，尤其是农村地区，出现大量耕地弃耕、草场荒芜的现象，这有利于自然植被的恢复。另一方面，农村地区青壮年劳动力的流出会极大地改变农业生产的格局。在中国现有的土地制度条件下，农村土地流转现象十分普遍，农村家庭由于人口外出务工导致了劳动力短缺，所以多数家庭会通过土地转包的方式由承包人进行经营，在一些耕地较为集中的地方，土地承包人可以集中大量的土地进行集中化的经营，这些经营者倾向于采用大量使用机械、化肥、农药的现代农业生产方式进行经营以降低人力投入成本。人口流出区农业的规模经营可能导致两种环境结果。第一，在环境管制较为宽松的区域和时期内，规模化农业种植意味着大量农药、化肥投入环境中，导致农业环境污染风险增加。严登才等（2009）对人口流出大省安徽某地农村的研究就发现，劳动力的大量流出使得该村人均种植的土地是原来的 3 ~ 4 倍，土地经营者已经不可能使用传统的精耕细作的农业生产方式以及种植和养殖业相互协同的循环经济模式，这使得该村农业、化肥使用量快速增加，并使得区域内的水体富营养化等水污染态势越发严重。在人口流出区还存在农田转变为工业用地的情况，由于农村地区环境监管的薄弱以及外来企业在经济、社会地位上的强势导致企业工业污染排放行为缺乏有效监管，肆意违规排放的现象屡见不鲜，导致人口流出地区环境污染风险的加大。第二，在环境管制水平和环境标准较高的地区和时期内，规模化农业生产往往会以绿色农业和农业循环经济为导向，提高生产效率，实现农业经济与环境保护的协调发展。

第二节　人口质量与环境

人口作为一种基础性的生产要素在经济活动中发挥着重要的作用，这种作用体现在两个方面。一是提供了经济生产必要规模的劳动力，即人口数量对经济发展的作用；二是提供了技术进步所需要的人力资本，即人口质量对经济发展的作用。随着社会的发展，人口作为人力资本载体的作用越来越受到重视。通过教育和生产实践提高人口素质，积累人力资本存量，推动经济快速增长已经成为世界各国社会发展中的重要经验。人口素质会通过生产模式、生产效率、消费行为和社会意识形态等中介变量来影响自然环境系统。因此，人口质量成为了影响人口与环境的互动关系的重要因素，并最终影响到经济发展与社会进步。

一、人口素质内容

人口素质又称为人口质量，是指人口本质性的综合素养和能力，可分为身体素质，文化素质和思想素质三方面，一般称之为"德、智、体"。

1. 身体素质

身体素质是指个体或群体的生理机能状态，包括能够支撑人体完成生理活动、体力活动和智力活动的能力。决定人体生理机能的要素很多，包括人体的肌肉与骨骼，头脑与肢体，脏腑与皮毛，呼吸与消化，心脏跳动与血液循环，内分泌与遗传基因，物质代谢与能量转换等众多的生理组织、生理功能。通常在评价人口整体的身体素质时，主要考察生理发育的健全性以及体力和智力的强弱。衡量身体素质的指标很多，如平均身高、平均体重、胸围、青少年体格发育指数、运动机能、残疾人口比重、死亡率、平均预期寿命等。其中婴儿死亡率和平均预期寿命是最为常用的综合指标。

人口身体素质的常用衡量指标

2. 文化素质

人口的文化素质是指人口群体的受教育程度，包括文化知识、科学技术水平、生产与劳动技能等要素。一般用来衡量人口文化素质的指标有：人口文化水平构成、文盲率、接受高等教育人口占总人口的比重、在校大学生人数和适龄人口的比重、从事科学技术研究和应用研究者占总人口的比重、科学研究工作者和技术人员构成、全体工人技术等级构成、劳动者的文化构成等（李竞能，2001）。

"二战"以后，随着现代教育制度在全球的推广和普及，世界人口的文化素质有了明显的提高。根据联合国《人类发展报告》[1] 中的统计数据，1980 年印度、孟加拉国、巴基斯坦、尼日利亚等几个亚洲和非洲较为落后的人口大国的成人识字率分别为 41.0%、29.2%、28.0% 和 32.9%，到 2018 年分别提高到了 69.3%、72.9%、57% 和 51.1%；到了 2018 年包括以上国家在内的发展中国家平均水平达到了 81.9%，世界平均水平达到了 83%，发达国家更是高达 99%。目前世界人口文化素质的差异主要体现在较高层次的文化素质方面，包括人口群体的创新能力、研发能力等，而这种较高层次的人口素质的培养则主要来源于高等教育。2018 年，全球人类发展指数水平最高国家的预期受教育年限已经达到了 16.4 年，这意味着这些国家的适龄人口可以实现大学教育的普及，而发展中国家仅为 12.2 年，仅相当于实现高中教育的普及。创新能力、创新意识、创新文化等创新要素研究成为了一国人口文化素质最重要的内容，对于国家竞争力具有决定性的影响。

3. 思想素质

思想素质又称为道德品质，是人口素质中带有根本性、非常重要的内容。尽管思想素质不像身体素质和文化素质那样易于用量化指标来加以衡量，但是由于思想意识是人类区别于其他生物重要标志，对人类认识世界、改造世界起到了极其重要的作用，因此它是人口素质中不可或缺的内容。

人口的思想素质，由构成人口这个社会群体的思想意识状况的总和形成，通常是以在人口总体中占主导或统治地位的思想意识状况为代表。我国著名人口学家李竞能（2001）认为人口思想素质实际上包含几个层次的内容：最高层次是指人们的思想品质、世界观、人生观、道德观和价值观，一般只能做定性判断；中间层次是指人们的国家与法制观念、政治观念，人们对国家、社会和群体的服务与奉献精神，对国家、社会、家庭应尽的义务的态度等，可做比较务实的分析；最具体的层次是指人们遵守法律以及社会秩序、社会公德和纪律的程度，生活习俗由传统型向现代型转化的程度等。在现代社会，随着发展的日益快速、竞争的日益激烈，社会对人口素质要求会越来越高，越来越全面，不仅要求掌握科学技术，还要具有一定职业道德和较高的思想素质。

二、影响人口素质的因素

影响人口素质的因素很多，包括：遗传和生理、科学技术、教育制度、政治制度等。其中最为重要的是文化教育制度因素以及科技与生产力发展水平因素。

提高人口文化素质最有效的手段就是教育。教育通过系统性的知识传播、技能培养以及创新研发能力的塑造最大程度地提高人口的文化素质。世界各国的教育实践已经证明，学校教育是消灭文盲和普及文化最有效的手段，能够在较短期的时间内提高人口群体的文化科学素质。以中国为例，1949 年中华人民共和国成立以后各届政府十分重视教育工作，提出了"科教兴国"的战略，建立了遍及城乡的各级学校，并制定了义务教育实施规划，取得了举世瞩目的教育成果。1949 年，中国人口文盲率高达 80%，小学和初中入学率仅有 20% 和 6%，高校在

---

1 联合国开发计划署 . 2019. 人类发展报告 2019[R]. http://hdr.undp.org/sites/default/files/hdr_2019_cn_0.pdf

校生仅有 11.7 万人。目前，中国已经全面普及了九年义务教育，小学净入学率达到 99.94%，青壮年文盲率下降到 3.58%，高等教育在学人数达到 4 002 万人，毛入学率达到 51.6%[1]。随着中国教育规模和水平的逐步提高，中国教育已经进入以创新教育为导向的阶段，知识传授不再是各级教育的首要任务，如何培养学生学习能力和创新能力成为了决定中国未来人口素质的主要因素。在培养国民的创新能力上，各国方法各异，但总体而言，培养学生的学习兴趣、营造宽松自由的学习环境、培养自学能力、动手能力，形成理论与实践相结合的教学模式是行之有效并广泛使用的方法。

科学技术是第一生产力，科学技术在推动社会进步的同时也极大地提高了人口素质。一方面，科学技术是人口素质提高的直接推动力。科学技术是人类长期生产实践与智力发展的结晶，代表了人类智力、创新能力和实践能力的最高水平，也是既定社会经济水平之下人口文化素质所能达到的顶点。可以说，人类科学技术每前进一步，人类文化素质能够提升的空间就增加了一块，这都使得人口的科学文化素质提升到一个新的高度。另一方面，科学技术提高了人口身体素质形成的基本保障能力。人口身体素质的形成除了取决于遗传生理因素外，还取决于医疗保健水平。在现代医疗技术充分发展之前，疾病是影响人口身体素质的重要因素，天花、鼠疫、肺结核，甚至流感等这些疾病，导致了大量人口的死亡、伤残和体质下降。随着医疗技术的发展，抗生素、疫苗、基因诊断等一系列产品和技术的发明，人类抵抗各种疾病的能力大大增强，并得到了强有力的保障。

除了以上两个因素外，社会制度和政府行为、婚育制度和婚育行为等也会在一定程度上影响人口素质。通常一个国家的政府都希望其国民人口素质提高，以此来推动经济发展和社会进步，但是在某些政治制度条件下，统治者为了稳固其统治采取愚民政策，实行不利于人口素质提高的人口政策，这势必不利于提高甚至降低人口素质。婚育制度和婚育行为对人口素质的影响则体现在生育时间的选择上，根据医学实践证明人类生育后代存在着最佳生育年龄，通常来说，男性在 30 ~ 35 周岁，女性在 23 ~ 30 周岁，这个阶段男女两性产生的生殖细胞质量最高，生产的婴儿的缺陷率最低。因此，如果存在过早或者过晚的婚育制度和婚育风俗都不利于出生人口身体素质的提高。

三、人口素质变动对环境的影响

人口素质变动对于环境的影响是多方面的，人口素质会通过生产模式、生产效率、消费行为和社会意识形态等中介变量来影响自然环境系统。

人口素质与社会生产模式的变迁具有密切关系。在人口质量较低，以传统农业为主要生产模式的国家和区域，经济生产导致的主要环境影响是植被的破坏、水土流失、沙漠化、自然资源的破坏和枯竭；而在以传统工业为主要经济模式的国家和区域，经济生产的主要环境问题为大规模的环境污染和退化；当人口素质较高时，清洁生产、循环经济等环境友好型经济模式可能孕育而生，经济活动与

---

1 数据来源：教育部 . 2020. 2019 年全国教育事业发展统计公报 [R]. http://www.gov.cn/guoqing/2020-05-21/content_5513455.htm

环境能够保持比较和谐的关系。这些不同生产模式的演变需要通过人口素质的持续提高予以推动。

　　人口素质变动会影响劳动生产率，进而影响社会生产的环境效率。人口的素质是提高劳动生产率最有效的影响变量。人力资本理论的创始人、诺贝尔奖获得者、美国教授舒尔茨曾指出：一个小学毕业生可以提高劳动生产率43%，中学毕业生能提高108%，大学毕业生能提高300%。大、中、小学毕业生智力活动能量比为25:7:1（舒尔茨，1982）。随着人口素质的提高，单位经济产出所消耗的能源、排放的污染物质都会极大地下降，经济生产的环境效率可以得到极大提升。郭文等（2017）的研究发现人口结构变动对中国能源消费碳排放具有显著影响，其中高学历人口比重与碳排放有显著的负相关关系。

　　人口素质变动会影响居民的消费偏好以及社会整体的意识形态并作用于环境系统。大量的研究表明，居民的消费偏好与居民的素质具有十分密切的关系，尤其是具有不同的受教育程度和价值观的人群在消费品的种类和数量选择上具有显著性的差异。在较高文化素质和道德素质的人群中，适度消费、可持续消费、绿色消费、低碳消费等绿色消费行为模式更容易被接受，并成为一种价值规范和行为模式。人口素质的提高是推动可持续发展、绿色发展、创新发展以及人与自然和谐的伦理道德成为社会主流意识形态的重要基础。

第三节　人口结构与环境

一、人口年龄结构变动的环境影响

1. 人口年龄结构变动及人口老龄化

　　20世纪以来，随着工业化和现代化的高速发展，西方发达国家人口死亡率和出生率先后大幅下降，人口的平均预期寿命得到较大的提高，出现了人口平均年龄不断增大，老年人口在总人口中的比重持续提高的现象。到了20世纪70年代以后人口老化的现象，在发展中国家也不断出现，世界人口进入了一个快速持续变老的阶段。

　　（1）人口老龄化概念及其判断标准

　　人口老龄化就是指总人口中由于老龄人口增加，年轻人口减少而导致的老龄人口在总人口中比例不断提高的一个动态过程。目前，联合国和相关机构的统计上把≥60岁或≥65岁的人口称为老龄人口。但是应该明确的是老龄人口的起点年龄与人口平均寿命密切相关，随着经济社会的发展，人们的身体素质和健康水平的提高，老龄人口的起点年龄在未来必然会随之提高（罗淳，2017）。

　　老龄化是人口结构老化的一个渐变过程，我们可以使用一些人口指标来评价特定地区人口的老化程度，并判断其是否进入"老龄化社会"。通常使用的指标有老年抚养比、老少比、年龄中位数等，但最为直观和重要的指标是老龄人口占总人口的比重，即老年人口系数。联合国人口司等机构根据以上4个指标，明确地将人口的年龄结构划分为"年轻型""成年型""老年型"3种类型（表2-1）。

需要说明的是，在使用老年人口系数来判断人口是否属于老年型人口结构时，通常使用 65 岁以上老年人口系数 > 7% 这一标准，它与 60 岁以上老年人口系数 > 10% 的标准基本等同。

表 2-1　联合国制定的人口年龄结构类型划分标准

	年轻型	成年型	老年型
≥65 岁老年人口系数	<4%	4%~7%	>7%
≤14 岁少儿人口系数	>40%	30%~40%	<30%
老少比	<15%	15%~30%	>30%
年龄中位数	<20 岁	20~30 岁	>30 岁

资料来源：罗淳，吕昭河. 中国东西部人口比较研究. 北京：中国社会科学出版社，2007: 85

（2）世界老龄化发展趋势

人口老龄化现象最早出现在欧洲，根据法国人口统计资料，早在 1850 年法国 60 岁以上老年人口比重就超过了 10%，已经进入老龄化社会；北欧的瑞典紧随其后，在 1882 年时老年人口比重也超过 10%，成为了第二个在 19 世纪就进入人口老龄化社会的国家。20 世纪上半叶，英国、美国、德国、意大利、澳大利亚等国 65 岁以上老年人口比重相继超过 7%，西欧、北美、大洋洲的西方发达国家基本已经进入了老龄化社会。到 20 世纪 80 年代人口老龄化进一步向东欧、亚洲、拉美扩展，东欧的苏联、罗马尼亚，亚洲的日本、以色列，拉美的阿根廷、古巴、乌拉圭等国相继进入人口老龄化社会，1984 年全球人口老龄化国家一共有 42 个，将近占了世界的四分之一（侯文若，1988）。到了 2012 年一直以年轻人口居多的非洲首次出现了人口老龄化国家，这一年突尼斯 60 岁以上人口比重达到了 10%，与此同时，全世界 60 岁以上人口达到了 8.1 亿，占世界总人口的 11%，这标志全球老龄化社会的到来，其老龄化发展趋势见图 2-2。

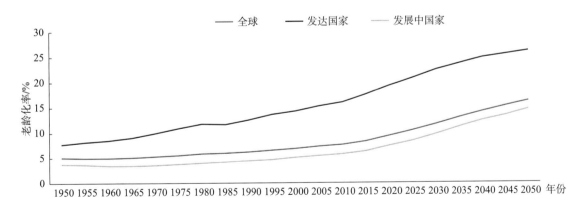

图 2-2　世界人口老龄化发展趋势
数据来源：UN. World Population Prospects 2019，
2020 年之后的数据为中方案预测数据[1]

1　UN. World Population Prospects 2019，https://population.un.org/wpp/Publications/2020-04-20

人口老龄化是人口发展现代化的一个必然结果，也是人类经济社会组织模式、运行机制的重大变革。

人口老龄化的原因和社会经济影响

2. 人口老龄化对环境的影响

人口老龄化变化对环境的影响是一种间接影响。人口老龄化通过驱动劳动力供给、投资、储蓄、技术创新、产业模式等经济发展要素以及消费结构转变，进而改变和影响自然环境。目前并没有充足的研究证据证明人口老龄化对物种、群落、生态系统造成直接的影响，但一些研究证据表明人口老龄化与温室气体排放、污染物排放有着密切关系。

人口老龄化与经济社会发展的经验表明在人口老龄化初期会出现由于幼儿人口快速减少、老年人口缓慢增长而形成的劳动年龄人口比重持续增长的阶段，即人口学和经济学中被广泛认同的人口转变的"机会窗口"期和"人口红利"期。这一时期，劳动年人口规模处于扩张的状态，生产规模也随之增长，且生产和消费都倾向于高耗能、高碳排放，污染排放增长所导致的环境压力较大。随着老龄化的深入，人口规模趋于稳定，产业结构会转向低碳的资本密集型和技术密集型，并且由于老年人口的增多，社会的总体消费偏好开始改变，消费结构会逐渐变得低碳、节能，老龄化会促进碳排放量的降低。大量的研究证明了人口老龄化与碳排放可能存在非线性的"倒 U 形"相关关系，同时人口老龄化发展到一定阶段后，老龄人口比重的增长对于环境的影响甚至超过了人口数量的增长（王钦池，2011）。

3. 如何应对人口老龄化

人口老龄化对环境的影响是一种间接影响，这种影响主要通过生产模式和消费模式的改变作用于自然环境。因此，在处理人口老龄化与环境关系时，首先要协调好人口老龄化与社会经济的关系，并在此过程中减少由于生产模式、消费模式剧烈变化而出现的环境风险。当前国际社会解决人口老龄化的不利影响主要有三种对策。

第一，通过增加年轻人口数量减缓老龄化的发展。人口老龄化本质上是出生人口规模快速缩减，老龄人口在总人口比重过高所导致的。由于健康长寿是人类的共同追求和基本的价值观，因此，任何国家和社会无法阻止老年人口的增长，要从人口结构上平衡老龄人口的增长，只有增加年轻人口的规模从而降低老龄人口的比重。由此，就产生了两种人口手段。第一种手段是鼓励生育，增加出生人口规模，对冲老龄人口增长，保持老龄化率的相对稳定和减缓增长速度；第二种手段是引进年轻的国际劳工，增加劳动年龄人口规模。人口领域的应对方法并没有从本质上解决解决人口老龄化负面影响，而是以人口数量增长为代价解决人口结构的问题，也就是以新的人口问题取代旧的人口问题。这种对策在人口规模大、人口环境压力较强的区域有效性通常较弱，还可能引发更加严重的环境问题。

第二，通过科学技术水平的提高解决养老负担问题。人口老龄化是人口发展的必然趋势，即使人口出生率保持在较高水平，随着人口预期寿命的延长，人口老龄化依然不可避免。因此，通过多生育应对人口老龄化只是治标之法，并不能解决人口老龄化带来的一系列问题。真正根本性的解决之道在于依靠科技进步，提高生产效率，减少生产中投入的劳动力，使得每一个劳动者能够创造更多的财富，在生活水平和保障能力稳步提高的情况下供养更多的老年人口。欧、美、日本等世界发达国家较早进入人口老龄化社会，但是通过机械化、自动化、人工智能技术的研发和运用，有效地提高了全社会的劳动生产率，减少了对于普通劳动力的依赖，较为成功地缓解了劳动年龄人口萎缩导致的养老压力。如美国在高度工业化之后，农业生产的机械化和自动化已经十分普及，每个农业从业者能够耕作的土地面积大大增长，目前美国约有300万农业人口，占美国总人口的比重不足1%，但是这些有限的农业从业者不仅养活了3.3亿人美国人，还向国际市场出口大量的大豆、玉米、小麦、棉花。日本通过机器人和人工智能应对减少劳动力依赖的成功经验也为全球解决老龄化问题提供了范本。日本人口老龄化起步比起其他发国家相对较晚，但发展速度快。因此，从20世纪70年代日本就开始研发和使用机器人，到2005年日本有37万个机器人在工作，约占世界拥有量的40%，随着人工智能技术越来越成熟，有研究认为在未来10~20年之内，日本所有劳动岗位中的49%可能被人工智能和机器人代替。

第三，适当延迟退休年龄，开发老龄人力资本。退休制度是现代社会保障制度的主要内容之一，也是确保每个人能够"老有所养、安度晚年"的制度保障。当前世界各国的法定退休年龄基本上集中在60~65岁。随着老龄化的深入发展以及人口预期寿命的延长，养老金支付不堪重负，养老已经成为了社会抚养负担的重中之重，即使是欧美发达国家在养老金的支付上也日益捉襟见肘。随着医疗保健和营养水平的提高，老龄人口的健康水平也得到了明显的改善，尤其是低龄老人的生理能力与健康程度仍然保持在较高的程度。根据中国2015年全国1%人口抽样调查数据显示，在60岁及以上人群中，超过八成处于身体健康和基本健康状态，在60~69岁年龄组中，超过九成（90.41%）处于身体健康和基本健康状态。老年人口健康水平的提高，使得开发老龄人力资本成为了可能。尤其是医生、律师、工程师、教师、学者等从业人员，进入老年之后，在生理健康能得到较好保障的前提下，其丰富的知识和从业经验就成为了巨大的财富和可利用的人力资本。充分开发这些人力资本并与经济生产相结合，形成第二次"人口红利"，是促进老龄社会的经济持续发展的成功经验，所以延迟退休成为了各国应对老龄化的重要政策变革。20世纪90年代以后，美、英、法、德等主要发达国家已经将男女两性劳动者领取退休金的年龄推迟到65岁，未来还将继续推迟到67岁。我国在《中华人民共和国国民经济和社会发展第十四个五年规划和2035年远景目标纲要》中明确提出按照小步调整、弹性实施、分类推进、统筹兼顾等原则，逐步延迟法定退休年龄，将普通职工男性60岁、女性55岁的退休年龄逐步延迟到65岁。

二、人口城市化的环境影响

1. 人口城市化及其发展趋势

人口城市化又称为人口城镇化，是指人口从农村地区转移到城镇地区，或者人口居住地区的形态由农村变为城市的过程。人口城市化是一个发展的社会历史过程，其内涵也十分丰富，但人口城市化至少包含了以下几个内容：一是人口的主要居住空间由农村地区变为城镇地区；二是人口的从业形态由从事农业生产转变为从事工业和服务业生产；三是人口的生活方式从农村生活方式向城市生活方式转变。由于内涵的丰富，人口城市化的测度指标也很多，但国际通用的指标为人口城市化率，即使用城镇人口占总人口的比重来反映城镇化的程度和水平。

经济学认为人口城市化是由于工业化而引起的人口向城市集中的过程，但城市化的起点时间却远远早于工业化，早在公元前 3000 年以前，古埃及的城邦的出现就标志着人口城市化的大幕已经拉开。进入近代社会以前，城市化发展十分缓慢，在 18 世纪工业革命以前，全世界的城市化水平为 5% ~ 6%。19 世纪以后西方发达国家进入了一个城市化快速发展的阶段，到 70 年代时人口城市化率达到了 68.7%，目前已经达到了 77.7%。发展中国家城市化进程较发达国家则滞后了 100 多年，20 世纪以后，发展中国家才进入城市化快速发展阶段。1950 年发展中国家城市化率为 17.6%，2011 年达到了 46.5%。根据联合国的预测，在未来 40 年中发展中国家仍旧会保持较快的人口城市化速度，到 2050 年城市化率将达到 64.1%。届时，世界平均城市化率将达到 67.2%，发达国家将达到 85.9%（图 2-3）。

2. 城市环境问题

城市是当代文明和社会进步的象征，是社会、经济继续发展的动力源泉。但城镇化的发展也带来了很多负面的问题，并出现了综合性的"城市病"，包括住房紧张、交通阻塞、收入差距拉大、居民生活质量和健康水平下降、环境污染等。其中，城市化带来的环境污染和资源短缺是备受关注的问题。

城市化对生态环境的影响是十分深远的。随着城市化的发展，大量森林、草原、湖泊、河流、湿地等自然生态系统以及农田等半自然的生态系统被改造成为了工厂、住宅、道路、绿地等人工生态系统，随着城市化水平的提高，城市系统占用土地的增加，自然生态系统在生态景观上表现出破碎化、分割化的态势，使得自然生态系统中的物质循环、能量流动、信息传递等生态功能被人为阻断，进

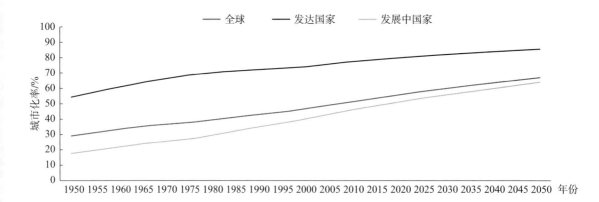

图 2-3　1950—2050 年城市化率变化趋势
数据来源：UN. World Population Prospects 2019[1]

1　UN. World Population Prospects 2019，https://population.un.org/wpp/Publications/2020-04-20

而导致生态系统面临结构和功能退化的巨大风险。在城市生态系统内部，其生态功能的实现和生态系统的运转越来越依赖人工过程的干预才得以完成，然而，受制于人类对生态系统功能科学认识上的不足以及经济上的考虑，很多人工替代的生态结构无法有效地完成生态功能，最终必然会导致生态系统的退化甚至崩溃。这其中最为典型的就是城市生产和消费产生的环境污染问题，城市产生的各种污染物实际上是生产和消费过程完成后排放的各种废弃物，在自然生态系统中各种废弃物能够借助系统的物质循环功能得到完美的分解，但是城市生态系统由于生产、消费在空间上的高度密集性，生态系统无法完成如此大规模的废弃物的分解，这样各种未能分解的废水、废气、废渣的积累就使得环境污染现象不可避免地出现了。在人类城市化和工业化发展最为迅速的时期和空间范围内，也是环境污染问题爆发最为严重之处。如工业革命的发源地英国的泰晤士河，随着工业的发展和城市人口的剧增，水质严重恶化，最终成为了远近闻名的臭水河；日本琵琶湖的污染是另一个很典型的案例，在"二战"后日本经过了30余年的经济高速发展，在此期间，琵琶湖沿岸汇集了众多的化工、印染、纺织、医药等企业，并由此带动了周边城市的城市化率，大量污染企业排放的COD、重金属、有机污染物以及富含氮磷的物质进入水体，最终导致了琵琶湖严重富营养化和污染，水体生态功能完全丧失。通过观察和分析洛杉矶光化学烟雾事件、伦敦烟雾事件、四日市哮喘病事件等20世纪十大环境公害事件，可以发现大多数环境公害都是由于城市化和工业化导致的环境污染问题在特殊气候和环境条件下的集中爆发。大气、土壤、水污染严重，垃圾围城、噪声严重超标这一环境污染和退化问题已严重威胁到人类生存和经济社会的可持续发展。因此要注意城市化带来的上述不利影响，采取坚决措施改善环境和提高环境质量。

3. 城市环境危机的解决思路

人口城市化本质上是人口空间分布的高度集中化，是与工业化、社会化大生产模式相适应的人口空间分布形态。应该看到，以人口城市化为表现形式的人类活动集中化的趋势在一定时期内仍然会延续。这种人口、生产、消费高度集中并在空间上叠加的社会发展模式对生态环境的威胁巨大。如何在城市化的大潮中充分利用人口和生产集中带来的好处，避免对于生态平衡、环境质量造成严重损害是全人类共同面临的重大难题。这一难题的解决有赖于对城市发展与环境关系的全新认识。

第一，城市发展价值导向的转型。当前的城市发展，尤其是各国重要的大城市的发展多为经济驱动和政治驱动，人口快速集聚固然能够带来经济上的规模效应和政治上的影响力，但是人口过度集聚带来环境污染和生态压力是无法彻底避免的。只有转变城市发展的价值导向，从以经济利益、政治利益为导向转向以生态安全和生态价值为导向的绿色城市化道路，通过绿色建筑、绿色能源、绿色城市规划等技术手段实现城市发展的生态化、绿色化。

第二，正确认识城市规模，构建层级合理的城市体系。对于每一个城市而言，城市人口规模就意味着市场规模、投资规模，因此很容易形成人们对于城市规模的过分追求。因此应该审视我们需要什么样的城市发展目标，除了城市规模，还应该确立城市的效率目标、城市间合理的层级结构目标。就城市效率而言，生态效率是一个重要的考量指标，要根据城市的规模、类型、产业结构的差异，寻求最优生态效率。就城市层级而言，大中小城市形成了有机的城市体系，不能单纯注重大城市的发展，也要大力发展中小城市，形成结构合理的城市集群和城市体系。尤其是以特大城市为核心的城市群，要在核心城市周围形成生态系统相连，生态经济功能互补的卫星城市，并以生态功能共享、经济协同发展为目标，共同构建结构合理、功能统一的多城市复合生态系统。

第三，正确处理城市发展与农村发展的关系。城市化使得城乡发展两极化，城市地区物质财富极大丰富，但生态服务和生态价值比较匮乏，农村地区拥有广阔的自然和半自然生态系统，但经济发展落后。实际上城市地区和农村地区的生态系统、经济系统都不是孤立存在的，彼此具有千丝万缕的联系，共同形成了一个复合生态系统。通过城乡协同发展的模式，共同制定城乡一体的生态功能区划、产业分工与协作安排，使得农村地区的生态价值能够更多地满足和服务城市需求，也通过工业带动农业、城市反哺农村的方式大力推动农村地区的可持续发展。

第四节　面向未来环境的中国人口发展

近年来中国人口发展进入了一个新的历史时期，人口特征发生了根本性的变化，在可持续发展和生态文明建设成为国家战略、"两个一百年"目标成为全社会中长期发展目标，以及中国进入中等收入国家等条件下，如何使得人口的数量、质量、结构、分布等特征，满足社会发展的需求，形成人口与环境和谐发展的局面，是关乎国家兴衰和人民福祉的重大问题。

一、中国环境发展的新特征与目标

在过去几十年社会经济的高速发展过程中，由于人口增长、工业化、城镇化，中国生态系统承受了巨大的压力，环境污染、植被破坏、生态退化等现象日益严重。在此背景下，各级政府和社会各界充分认识到环境保护和生态建设对于实现国家和区域可持续发展的重要意义，确立了环境保护的基本国策，通过三个阶段的工作，确立了中国环境与发展的基本态势。

第一阶段是 20 世纪 90 年代以前，这一阶段中国建立了涵盖经济收费、责任追究、判定考核等方面的环境保护法律法规和管理体系，形成了以预防为主、防治结合，谁污染谁治理和强化环境管理为内容的"三大政策"，以及以"三同时"制度、环境影响评价制度、排污收费制度、城市环境综合整治定量考核制度、环境目标责任制度、排污申报登记和排污许可证制度、限期治理制度、污染集中控制制度为内容的"八项管理制度"。第二阶段是 20 世纪 90 年代至 21 世纪初，这一阶段国家通过二氧化硫和酸雨治理"双控区"，"三河、三湖"水污染治理区等重点流域、区域的污染专项治理对大气污染和水污染进行了强有力的政策干预。第三阶段是 21 世纪初到"十三五"规划期之前。这一阶段中国通过循环经济、清洁生产、低碳经济等经济生产模式的示范和推广，实施经济发展的环境优化战略。经过这三个阶段的不懈努力，中国环境污染和生态退化的势头得到了基本遏制。

目前，中国的环境与发展进入了一个新的阶段，这个阶段的基本特征为：通过生态文明战略的推进，持续改善环境质量，为实现人民美好生活和"美丽中国"建设目标提供高质量的环境服务。2012 年党的十八大正式将"中国共产党领导人民建设社会主义生态文明"写入党章，并在相关的文件中明确提出把生态环境保护放在政治文明、经济文明、社会文明、文化文明、生态文明"五位一体"的总体布局中统筹考虑，生态环境保护工作成为生态文明建设的主阵地和主战场，环境质量改善逐渐成为环境保护的核心目标和主线任务。2018 年 3 月，第十三届全国人大一次会议通过了《中华人民共和国宪法修正案》，把生态文明和"美丽中国"写入宪法。这表明生态环境保护从社会经济发展中的一项重要工作上升为中国改革与发展中的核心目标。如何在中国社会主义基本矛盾已经转化为"人民日益增长的美好生活需要和不平衡不充分的发展之间的矛盾"的重大变革时代，根据中国人口、经济和消费的变化趋势，提高环境系统的发展水平，不断产出更多优质生态产品和优美生态环境成为了未来一定时期内中国环境发展的新目标。

二、中国人口的新特征和新政策

未来一段时间内，中国人口发展的最大的变化是中国即将进入人口负增长时代。规模的高速增长一直是中国人口发展的基本特征。但是随着 80 年代初中国计划生育政策的全面实施，中国生育水平实现了快速下降。总和生育率从 1982 年的 2.86 下降到 2010 年的 1.18，已经低于发达国家目前 1.6 的平均水平，中国目前已经成为了实际上生育率最低的国家之一。低生育率导致了出生人口规模减少，人口增长水平下降。1982 年中国人口自然增长率为 15.68‰，2000 年为 7.58‰，到 2019 年下降到了 3.34‰。目前中国的人口自然增长水平已经低于世界 10‰ 和发展中国家 12‰ 的平均水平，接近发达国家的平均水平。2019 年中国人口首次跨越 14 亿大关，但人口增速已经降至 3.35‰ 的低水平，中国人口规模与增长速度见图 2-4。根据人口出生率和死亡率的变动趋势，未来中国人口增长率将进一步收缩直至进入人口负增长时代。尽管不同的研究对于中国峰值人口的规模及其出现的具体年份并不完全一致，但基本的共识是中国会在 2030 年前后达到人口峰值，峰值人口规模在 14 亿～15 亿人。根据联合国《世界人口展望2019》的预测，中国峰值人口出现在 2031 年，峰值人口规模为 14.64 亿，此后人口规模呈加速收缩的态势，到 2050 年人口的年变动率将超过 4‰。

中国人口出现负增长是中国人口现代化和人口发展的一种必然结果，但不可否认的是严格控制生育的人口政策导致了中国人口负增长时代的提前来临。1981 年我国成立了国家计划生育委员会，提出了"计划生育是我国的一项基本国策，必须长期坚持"的指导方针，把人口控制问题提高到极重要的地位，多数省区都制定了一对夫妻只能生育 1～2 个小孩的较为严格的生育控制政策。中国控制生育的人口政策有效地限制了人口数量的快速增长。大量的政策评估研究认为中国实施计划生育政策以来，中国大致少生了 4 亿人口（陶涛等，2011），这使得中

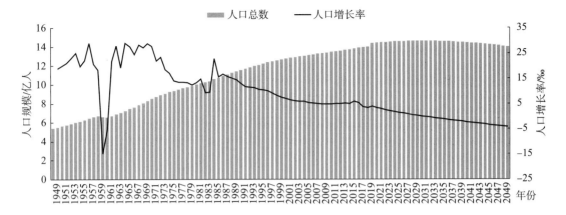

图 2-4　中国人口规模与增长速度

资料来源：2020 年之前的数据来源于历年《中国统计年鉴》，2020 年之后的数据来源于联合国发布的 World Population Prospects 2019。

国人口峰值水平大大下降，有效地减少了资源匮乏、环境恶化的压力，解决了发展面临的困境，同时使得人口转变产生的人口红利期提前到来，对于改革开放以来我国的经济腾飞起到了极其重要的作用。但是计划生育政策也带对人口结构和素质带来了一些消极的影响，如过快的老龄化、人口出生性别比的严重失调、人口素质逆淘汰、风险家庭数量的增长等社会经济问题。从 2013 年中国进入生育政策的密集调整期，2013 年和 2015 年分别出台了"单独二孩"和"全面二孩"政策。全面二孩实施后，中国的生育潜能得到一定的释放，2016 年和 2017 年的出生人口数量都超过了 1 700 万人，比 2010—2015 年平均水平增加了 100 万左右，2016 年甚至成为了近 20 年出生人口数量最多的年份。但 2018 年之后出生人口规模开始再次下降，而且下降速度极快，2019 年下降到了 1 465 万人，为近 20 年中出生人口数量最低的年份。这表明二孩政策依然无法较好的解决生育率低、出生人口规模萎缩的问题。因此，2021 年 5 月 31 日，中共中央政治局召开会议，审议通过了《关于优化生育政策促进人口长期均衡发展的决定》，开始实施"放开三孩"的政策。会议指出，进一步优化生育政策，实施一对夫妻可以生育三个子女政策及配套支持措施，有利于改善我国人口结构、落实积极应对人口老龄化国家战略、保持我国人力资源禀赋优势。"放开三孩"意味着中国生育政策全面转向鼓励生育的方向。

三、人口在未来中国发展中作用的再认识

人口是一个国家发展基础性、全局性、长期性的影响因素。随着中国跨入中等收入国家门槛，国际地位和国际影响力的持续提高，中国社会经济发展到一个关键的转折期，需要对于人口在新的社会发展条件和形势下的作用以及人口与环境的关系重新思考和认识。

1. 人口规模与大国优势

毫无疑问，人口数量对于国家的建设和发展来说具有双重属性，既是财富的创造者，也是资源的消耗者和污染物的提供者。因而，人口数量的巨大意味着国

家具有丰富人力资本形成的良好条件，可以为创新发展提供源源不断的智力资源，同时国家付出更多的经济资源、环境资源保障人口的再生产过程和人力资本的开发。作为长期位列世界第一的人口大国，中国巨量的人口成为了中国发展不可回避的基本特征。在中国改革开放和经济腾飞之初，人口抚养负担导致社会资本积累不足，经济发展缺乏动力，同时导致资源环境的贫困性恶化，人口数量过大成为了发展道路上的主要障碍。与此同时，人口规模带来的劳动力资源和消费市场成为了中国对外开放和吸引外资的重要优势，中国也借此优势及经济全球化的东风获得了高速发展。

目前，中国已经进入了一个社会发展的新阶段，财富积累达到一个较高的水平，已经成为中等收入国家。国家具有较好经济能力来负担体量巨大的人口，可以将人口规模及其增长带来的负面影响较好地消化。此时应该充分发挥人口规模的大国优势，促进人口、资源、环境、经济的持续发展。人口规模的大国优势体现在如下几个方面。第一，人口规模带来的本土市场规模效应，有利于促进新兴产业和高科技产业的发展。中国已经在一些领域显现人口规模所带来的积极作用，如在移动支付、物流以及高速铁路、大飞机等交通基础设施建设和设备制造领域依托人口规模带来的国内巨大市场，为产业起步与腾飞提供了良好的条件。第二，人口规模带来的需求多样性有利于产业集群发展，提高经济生产的效率。第三，人口规模导致中国在国际事务和国际合作中发挥重要的作用。当前，在全球性的环境与发展问题中，中国发挥着越来越重要的作用，在应对气候变化、碳减排、污染物排放控制、绿色发展等领域，占世界人口五分之一左右的中国的状况很大程度上决定了这些问题的成败。

2. 人口老龄化与劳动力规模优势

随着老龄化进程的加快，中国劳动力规模的绝对优势逐渐减弱，但在较长时期内这种规模的相对优势仍然存在。尽管中国在 2000 年已经跨越了人口老龄化社会的临界值，但是受到低龄人口快速萎缩的影响，劳动力的规模和比重在一段长期内仍然保持增长。2000—2012 年中国 15～64 岁劳动年龄人口的规模从8.89 亿人增长到 10.04 亿人，增长了 1.15 亿，2013 年劳动年龄人口的规模首次出现下降，但下降速度比较缓慢，到 2018 年仍然保持在 9.94 亿的规模。根据相关预测，到 2030 年、2040 年、2050 年中国劳动力的总规模仍然将保持在 9.87 亿、8.98 亿和 8.38 亿的较大规模水平（UN，2019）[1]。因此，过分担心人口老龄化导致劳动力供给不足是不必要的。目前，中国的劳动力资源并没有得到充分利用，未充分就业的人口总量超过 1 亿。中国劳动力规模的相对优势仍然存在，如何开发和高效利用人力资源，推动经济社会发展是更为关键的问题。

3. 对于人口政策价值导向的思考

当前中国人口发展已经进入一个新的发展阶段，但人口发展的内部和外部环境更加复杂。人口数量与增长惯性仍然存在，劳动年龄人口规模的萎缩已经显现，人口年龄结构的失衡与低生育水平仍将长期持续，人口素质提升缓慢与创新

1　UN. World Population Prospects. https://population.un.org/wpp/Publications/

驱动型社会的矛盾依然尖锐，对于创新和推动社会发展的作用不强。要实现人口的长期均衡发展，并保证人口与社会、经济、自然环境的协调关系就需要及时调整中国人口政策的价值导向。

第一，要实现从鼓励少生育到鼓励按政策生育的转变。长期以来人口数量的产生的经济和环境压力是中国人口与发展主要的矛盾，因此形成了鼓励少生育、不生育的价值导向。各地区都出台了以"奖、优、免、补"为主要内容的计划生育奖励政策，对放弃政策内允许生育的家庭进行物质和精神上的鼓励，同时在生育政策的执行上形成了以人口数量控制为标准的政绩观。在新的人口情势下，急需把生育政策的价值导向从鼓励少生育转变为鼓励按政策生育上来。一方面，国家宏观生育政策的制定和变革是基于对中国人口规模与社会经济、自然环境承载能力关系的科学判断而做出的，如果在比较宽松的生育政策及政策环境之下仍然秉持"少生为好"的价值取向，并且制定不利于群众生育的政策实施细则，必然会影响群众合法生育意愿的表达和释放，最终使得生育政策效果无法全部实现。中国"单独二孩"以及"全面二孩"政策实施后，群众生育行为的响应程度远远低于预期，这表明鼓励按政策生育，实现国家人口政策的宏观政策目标是一项主要的工作。另一方面，中国过去生育政策的制度设计主要是避免超生，并制定了一系列的与之配套的财政、行政考核、个人惩罚等一系列的政策机制，在新的时期需要在保证政策的合法性、严肃性的同时，尽快调整这些政策的目标，转移到保障和促进群众的合法生育上来。

第二，生育政策要以人为本，兼顾政策的宏观效果和微观效果。长期以来对中国计划生育政策最大的非议集中在生育政策没有充分考虑群众的生育意愿，政策执行中冲突和矛盾较为显著，政策成本较高。实际上中国之所以在 20 世纪 80 年代选择了较为严格的计划生育政策是基于人口与发展的主要矛盾，人口规模压力已经导致国家发展不堪重负、举步维艰。因而，控制人口数量，实现人口规模与工农业产出能力、环境承载能力的协调成为了生育政策首要考虑的目标。这客观上使得生育政策的执行和保障体系中没有充分考虑个人和家庭的生育需求，导致独生子女家庭面临的风险和养老负担问题十分突出。当前，随着社会生产力的提高，中国经济生产体系和生态环境系统对于人口规模的承载能力有了明显的提高，全社会可以在一定程度上承担人口增长带来的风险和压力，因此，在生育政策上可以更加尊重个人和家庭的生育意愿，关注生育政策对于家庭的微观效应与影响。

第三，人口政策的中心从生育政策转向人口质量的提高。生育控制一直是中国人口政策的核心，但在人口结构、质量、分布问题对社会经济发展的影响越来越大的情况下，人口数量控制目标在人口发展中的地位逐渐让位于人口结构和人口质量目标。因此，在以后较长时期内，需要改变传统人口政策的惯性，逐渐弱化生育控制和人口控制的政策职能，将更多的行政资源、财政资源放到支持人口质量的提高上，通过形式多样的生育支持和儿童教育扶持政策推进优生优育。

思考与讨论

1. 人口容量是什么？如何理解科技、消费水平对于全球和区域人口容量的影响？

2. 如何正确处理人口数量与人口素质，人口数量增长与人口结构老化之间的关系与矛盾？你有什么好的建议？

3. 人口老龄化社会中如何解决劳动力和生态承载资源都相对欠缺的挑战？

4. 城市化导致的人口集聚对于生态系统有何正面和负面影响？

5. 从人口与生态系统长期关系解析中国人口政策演变的逻辑。

6. 农业、工业、服务业生产逐步机械化、自动化、智能化对于人口容量、人口数量、人口质量有何影响？会对生育政策效果和价值导向产生什么影响？

7. 人口城市化过程中大城市及其周边卫星城市以及以农产品生产为特色的乡镇，如何能够形成在经济生产上密切相连、在生态功能上统筹共享的有机系统？

8. 在经济生产逐步自动化、智能化的背景下，鼓励生育政策导致的人口增长动能是否会在未来产生适龄劳动者无法充分就业的风险？如何平衡经济生产模式对劳动力数量依赖减弱与未来就业需求相对增长之间的矛盾？

第三章

森林问题

作为陆地生态系统的主体，森林是自然界功能最为完善、规模最大的可再生资源库、生物质能源库、生物基因库、生物"储碳库"和最经济的"吸碳器"，是国民经济和社会发展的物质基础，是维持生态平衡和改善生态环境的重要保障，在应对全球气候变化中发挥不可替代的作用。森林具有多种功能，既能固碳释氧、涵养水源、防风固沙、保持水土、改良土壤、保护物种、调节气候、消除噪声和净化大气环境，又能为经济社会发展和人类生活提供木材、药材和食品等多种林产品，还为人类提供森林观光、休闲度假、生态疗养和传承文化的场所，是人类生存发展不可或缺的无形自然资源和生态物质基础，因此，森林被誉为大自然的总调节器、"地球之肺"。

第一节　森林及其问题概述

一、森林资源及类型

森林是以乔木为主体，包括灌木、草本、苔藓以及森林动物、微生物与其环境组成的自然综合体；具有一定的面积、密度和高度并显著影响周围环境的生物地理群落。不同国家对森林的定义有所不同，主要表现在具体量化指标的阈值差异较大，如冠层郁闭度阈值、成熟时最低树高、最小面积、林带最小宽度等。联合国粮食及农业组织将森林定义为："面积在 0.5 hm² 以上、树木高于 5 m、林冠覆盖率超过 10%，或树木在原生境能够达到这一阈值的土地。不包括主要为农业和城市用途的土地。"我国《森林资源规划设计调查主要技术规定》中对森林具体规定为："连续成片或带状面积≥0.067 hm²，郁闭度≥0.2 的乔木林、竹林（降水量 400 mm 以下，乔木生长线以上，盖度≥30% 的灌木林）；行距小于 4 m 双行乔木林带（行距小于 2 m 的双行灌木林带）；尚未郁闭，但生长稳定，将来有希望成林的幼林（人工造林 3~5 年，或飞播 5~7 年，保存率达到 80%，年均降水量 400 mm 以下地区为 65%）。"

《中华人民共和国森林法实施条例》第一章第二条规定：森林资源包括森林、

林木、林地以及依托森林、林木、林地生存的野生动物、植物和微生物。森林包括乔木林和竹林；林木包括树木和竹子；林地包括郁闭度 0.2 以上的乔木林地以及竹林地、灌木林地、疏林地、采伐迹地、火烧迹地、未成林造林地、苗圃地和县级以上人民政府规划的宜林地。

1. 世界森林资源状况

（1）世界森林资源概况。据联合国粮农组织《2020 年全球森林资源评估》，全球森林总面积 40.6 亿 hm²，人均森林面积 0.52 hm²，占陆地面积的 30.6%（覆盖率），全球近 1/3 的陆地面积被森林覆盖。全球森林总蓄积量 5 310 亿 m³，地上地下碳生物量 2 960 亿 t。从森林功能来看，原生林 12.77 亿 hm²，天然林 36.95 亿 hm²（原生林和次生天然林），人工林 2.91 亿 hm²，多用途林 10.49 亿 hm²，用材林 11.87 亿 hm²，水土保持林 10.15 亿 hm²，生物多样性保护林 5.24 亿 hm²，生态系统服务、文化精神价值林 11.63 亿 hm²。全球森林最丰富的 10 个国家分别是俄罗斯、巴西、加拿大、美国、中国、刚果民主共和国、澳大利亚、印度尼西亚、秘鲁、印度。10 余个国家和地区（卡塔尔、圣巴泰勒米、圣马力诺、托克劳、直布罗陀、梵蒂冈、摩纳哥、瑙鲁、马耳他、马尔维纳斯群岛、斯瓦尔巴特群岛）的森林已经完全消失，另外 54 个国家的森林面积不到其国土总面积的 10%（FAO，2020）。

（2）各大洲森林变化情况。从表 3-1 可看出，全球森林资源最丰富的是欧洲（50 个国家和地区），欧洲的森林面积最大，约 1 015 百万 hm²（天然林面积 929 百万 hm²），约占全球森林面积的 25%，居世界首位；森林覆盖率居世界第二（45%）；森林地上地下碳生物量占全球森林地上地下碳生物总量的 15%，居世界第三。欧洲森林面积最大的国家是俄罗斯，它也是全球森林面积最广博的国家，占欧洲森林面积的 80% 以上，占全球森林面积的五分之一。

2. 中国森林资源状况

（1）中国森林资源概况。第九次全国森林资源清查结果显示：全国森林面

表 3-1　2015 年世界各大洲的森林资源及其变化

世界各洲	森林面积/百万 hm²	森林覆盖率/%	2010—2015年净森林变化量/百万 hm²	年森林变化率/%	地上地下碳生物量/亿吨	天然林/百万 hm²	2010—2015年净天然林变化量/百万 hm²	人工林/百万 hm²	2010—2015年净人工林变化量/百万 hm²
非洲	624	21	-2.8	-0.49	600	600	-3.1	16	0.2
亚洲	593	19	0.8	0.17	380	462	-1.0	129	1.8
欧洲	1 015	45	0.4	0.08	450	929	0.01	83	0.4
北美洲和中美洲	751	35	0.1	-0.01	360	707	-0.4	43	0.5
南美洲	842	48	-2.0	-0.40	1 030	827	-2.2	15	0.4
大洋洲	174	21	0.3	-0.08	160	169	0.3	4.4	0.03
世界	3 999	30.6	-3.3	-0.13	2 960	3 695	-6.5	291	3.3

数据来源：联合国粮农组织，《2020 年全球森林资源评估》。

积 2.20 亿 hm²，森林覆盖率 22.96%，森林蓄积量 175.60 亿 m³，活立木总蓄积 190.07 亿 m³，天然林面积 1.40 亿 hm²，天然林蓄积 141.08 亿 m³；人工林面积 0.80 亿 hm²，人工林蓄积 34.52 亿 m³。森林植被总生物量 188.02 亿 t，总碳储量 91.86 亿 t。年涵养水源量 6 289.50 亿 m³，年固土量 87.48 亿 t，年滞尘量 61.58 亿 t，年吸收大气污染物量 0.40 亿 t，年固碳量 4.34 亿 t，年释氧量 10.29 亿 t。森林面积居世界第 5 位，森林蓄积居巴西、俄罗斯、加拿大、美国、刚果民主共和国之后，列第 6 位；人工林面积居世界首位（国家林业和草原局，2019）。

（2）中国森林资源主要特点。从历次全国森林资源清查结果看出，我国的森林资源呈现出数量持续增加、质量稳步提升、生态功能不断增强的良好态势（表 3-2），初步形成了国有林以公益林为主，集体林以商品林为主，木材供给以人工林为主的合理格局。比较第八次和第九次清查的结果，中国森林资源呈现以下重要变化（国家林业和草原局，2019）：

① 森林面积、蓄积持续双增长，森林覆盖率稳步提高。森林面积由 2.08 亿 hm² 增加到 2.20 亿 hm²，净增 1 266.14 万 hm²；森林覆盖率由 21.63% 提高到 22.96%，提高 1.33 个百分点；森林蓄积由 151.37 亿 m³ 增加到 175.60 亿 m³，净增 24.23 亿 m³。

② 天然林稳步增加，森林质量有所提高。乔木林面积由 1.67 亿 hm² 增加至 1.80 亿 hm²，净增 1 333 万 hm²；乔木林蓄积由 147.79 亿 m³ 增加至 170.58 亿 m³，净增加 22.79 亿 m³；天然林面积从 1.22 亿 hm² 增加到 1.40 亿 hm²，净增

表 3-2　历次全国森林资源清查结果主要指标状况

清查间隔期	活立木蓄积 / 亿 m³	森林面积 / 亿 hm²	森林蓄积 / 亿 m³	森林覆盖率 / %	人均森林面积 / hm²	天然林面积 / 亿 hm²	天然林蓄积 / 亿 m³	人工林面积 / 亿 hm²	人工林蓄积 / 亿 m³
第一次（1973—1976 年）	96.32	1.22	86.56	12.70	0.13	–	–	–	–
第二次（1977—1981 年）	102.61	1.15	90.28	12.00	0.12	–	–	–	–
第三次（1984—1988 年）	105.73	1.25	91.41	12.98	0.115	–	–	–	–
第四次（1989—1993 年）	117.85	1.34	101.37	13.92	0.114	–	–	–	–
第五次（1994—1998 年）	124.88	1.59	112.67	16.55	0.128	–	–	–	–
第六次（1999—2003 年）	136.18	1.75	124.56	18.21	0.132	1.16	105.93	0.32	15.05
第七次（2004—2008 年）	149.13	1.95	137.21	20.36	0.145	1.20	114.02	0.62	19.61
第八次（2009—2013 年）	164.33	2.08	151.37	21.63	0.151	1.22	122.96	0.69	24.83
第九次（2014—2018 年）	190.07	2.20	175.60	22.96	0.160	1.40	136.71	0.80	33.88

1857 万 hm²；天然林蓄积从 122.96 亿 m³ 增加到 141.08 亿 m³，净增 18.12 亿 m³；全国乔木林每公顷蓄积增加 5.04 m³，每公顷森林年均生长量增加 0.50 m³，每公顷株数增加 99 株，平均郁闭度增加 0.01。

③ 人工林快速增长。人工林面积从 0.69 亿 hm² 增加到 0.80 亿 hm²，净增 673.12 万 hm²；人工林蓄积从 24.83 亿 m³ 增加到 34.52 亿 m³，净增 9.69 亿 m³。人工造林对增加森林总量的贡献明显，后备森林资源呈增加趋势。

我国森林资源进入了快速发展时期，森林资源总量持续增长，森林的多功能多效益逐步显现，木材等林产品、生态产品和生态文化产品的供给能力进一步增强，为发展现代林业、建设生态文明、推进科学发展奠定了坚实基础。

3. 森林的类型

世界森林类型

（1）世界森林的类型。由于人们对森林分类的目的和依据不同，出现了各种各样的分类方法。按树种可将森林简单地划分为针叶林和阔叶林，由于环境的差异，针叶林和阔叶林又会呈现出不同的类型。联合国粮农组织 1966 年在第三届世界林业大会上把世界森林划分为五个类型：寒带针叶林、温带针阔混交林、暖温带湿润林、热带雨林和干旱林（FAO，1966）。

（2）中国的森林类型。中国国土辽阔、地形复杂、气候多样、植物种类繁多，森林资源的类型多种多样，树种多达 8 000 余种，具有明显的地带性分布特征。陆地由北向南，森林主要类型依次为针叶林、针阔混交林、落叶阔叶林、常绿阔叶林、季雨林和雨林，构成了独特的资源结构和多彩的森林景观。《中国森林》分类以优势种（建群种）、森林外貌和结构、森林生态地理特征和森林的林学或育林学特性为中国森林的分类依据，按照《中国森林》所采用的分类系统，中国的森林分 5 个林纲组，23 个林纲，200 多个林系组和 460 多个林系。

① 针叶林林纲组：落叶针叶林；常绿针叶林。

② 阔叶林林纲组：落叶阔叶林；常绿落叶阔叶混交林；常绿阔叶林；硬叶林；季雨林；热带雨林；珊瑚岛常绿林；红树林。

③ 竹林林纲组：散生竹林；混生竹林；丛生竹林。

④ 灌木林林纲组：旱生灌木林；中生灌木林；湿生灌木林；高寒灌木林。

⑤ 经济林林纲组：油料林；干果林；香料林；药材林；工业原料林；条编林。

二、目前森林存在的主要问题

1. 世界森林资源存在的问题

（1）森林资源分布不均衡。目前，世界森林总蓄积量为 5 310 亿 m³，各国森林每公顷蓄积差距大。据 2015 年数据统计全球 2/3 的森林资源集中分布在俄罗斯（8.15 亿 hm²）、巴西（4.97 亿 hm²）、加拿大（3.47 亿 hm²）、美国（3.10 亿 hm²）、中国（2.20 亿 hm²），刚果民主共和国（1.53 亿 hm²）、澳大利亚（1.25 亿 hm²）、印度尼西亚（0.91 亿 hm²）、秘鲁（0.74 亿 hm²）、印度（0.71 亿 hm²）10 个国家，占世界森林总面积的 67%（表 3-3）（FAO，2016）。

（2）森林资源质量差异大。2015 年，世界平均每公顷森林蓄积量为 129 m³，其中森林资源质量最好的是大洋洲，每公顷森林蓄积量为 202 m³，但其森林面

表 3-3　2015 年拥有最大森林面积的前十个国家

序号	国家	森林面积 / 亿 hm²	占国土陆地面积的 %	占全球森林面积的 %
1	俄罗斯	8.15	50	20
2	巴西	4.97	59	12
3	加拿大	3.47	38	9
4	美国	3.10	34	8
5	中国	2.20	22	5
6	刚果民主共和国	1.53	67	4
7	澳大利亚	1.25	16	3
8	印度尼西亚	0.91	53	2
9	秘鲁	0.74	58	2
10	印度	0.71	24	2
	总计	27.03		67

积在全球各洲中最小，只占世界森林总面积的 0.4%，因而对世界森林资源影响有限。南美洲森林资源质量较好，每公顷森林蓄积量为 178 m³，而亚洲是世界森林质量最差的地区，每公顷森林蓄积量为 95 m³，远远低于世界平均水平（FAO，2016）。

（3）森林面积总体逐年减少。在人类社会发展的早期，陆地面积的 60% 是森林，面积约为 76 亿 hm²（陈超然等，2018）。随着农业发展，特别是工业发展和战争、自然灾害等原因，森林遭到持续的破坏，森林面积不断缩小。1963 年，世界森林面积为 38 亿 hm²，1980 年，全球森林总面积为 36 亿 hm²，20 世纪 90 年代，每年有大约 1 600 万 hm² 森林消失（FAO，2011）。据 2015 年 FAO 的统计，世界森林面积从 1990 年的 41.28 亿 hm² 减少至 2015 年的 39.99 亿 hm²，25 年期间，全球森林面积减少 1.29 亿 hm²（森林覆盖率下降 1 个百分点），相当于南非的国土面积，代表着 0.13% 的年度净损失率。同时，在全球范围内，一些国家和地区的植树造林和森林自然扩展有效降低了森林面积的净损失，大部分森林面积的增加出现在温带和寒温带地区及一些新兴经济体，而大部分的森林损失仍继续发生在热带地区的国家和地区。全球森林面积减少幅度及速度最高的是非洲与南美洲，这两个地区森林减少的面积每年达到 280 万 hm² 和 200 万 hm²。80% 的森林减少区域集中在 11 个热点地区：南美洲的亚马孙区域、大查科平原、塞拉多、乔克·达里恩；东南亚地区的加里曼丹群岛、湄公河流域、新几内亚以及苏门答腊岛；非洲地区的刚果盆地、东非，以及澳大利亚的东部地区。由于人口分布结构使然，热带、亚热带因人口聚集，这些地区的森林面积从 1990 年以来一直呈现下降之势。如果这些热带地区的森林破坏活动持续发展下去，到 2030 年，这些区域的森林面积还会继续减少 1.7 亿公顷（陈超然等，2018）。

2. 中国森林资源存在的问题

尽管近年来我国的森林资源呈现出数量持续增加、质量稳步提升的良好态势。但从根本上讲，我国仍然是一个缺林少绿、生态脆弱的国家，森林资源总量相对不足、质量不高、分布不均的状况仍未得到根本改变，林业发展还面临着巨大的压力和挑战。

（1）森林资源总量不足。虽然我国森林面积总量位居世界第 5，但人均占有量少，人均森林面积 0.16 hm²，不足世界人均森林面积 0.55 hm² 的 1/3；森林蓄积量列世界第 6 位，人均森林蓄积 12.35 m³，仅约为世界人均森林蓄积 75.65 m³ 的 1/6；我国森林覆盖率 22.96%，只有全球平均水平的 2/3；我国土地面积占世界土地总面积的 8.9%，森林面积仅占世界森林面积的 5% 左右，森林资源总量较少（国家林业和草原局，2019）。

（2）森林资源质量不高。我国森林每公顷蓄积 94.83 m³，只有世界平均水平 130.70 m³ 的 72% 左右；全国乔木林质量指数 0.62，质量"好"的面积 3 721 万 hm²，占 20.68%，"中"的面积 12 239.00 万 hm²，占 68.04%，"差"面积 2 029.08 万 hm²，占 11.28%；森林中龄组结构不合理，据法正林理论，乔木林的幼龄林、中龄林和成熟林的面积配置各 1/3，蓄积比 1:3:6 为合理，才能实现森林的永续利用。我国森林幼龄林比例高、成熟林少（表 3-4）、郁闭度较低、疏林和低产林较多、小径木较多、单位面积蓄积量较低，森林结构不尽合理，森林可采资源较少，木材供需矛盾加剧，森林资源的增长还不能满足经济社会发展对木材需求的增长。另外，我国森林资源林种结构也不太合理，森林按林种分防护林、特用林、用材林、经济林、薪炭林，将防护林和特用林归为公益林，用材林、经济林和薪炭林归为商品林。我国公益林面积与商品林面积之比 57:43，公益林与商品林的蓄积之比为 67:33（表 3-5）。从实际情况分析，用材林面积过大，防护林和经济林面积偏小，不利于发挥森林生态效益和提高总体经济效益。

表 3-4　中国乔木林分龄组面积和蓄积（国家林业和草原局，2019）

	幼龄林	中龄林	近熟林	成熟林	过熟林
乔木林龄组面积 / 万 hm²	5 877.54	5 625.92	2 861.33	2 467.66	1 156.40
占总乔木林面积比例 /%	32.67	31.27	15.91	13.72	6.43
乔木林龄组蓄积 / 亿 m³	21.39	48.21	35.14	40.11	25.72
占总乔木林蓄积比例 /%	12.54	28.26	20.60	23.52	15.08

表 3-5　中国森林林种面积和蓄积（国家林业和草原局，2019）

	防护林	特用林	用材林	经济林	薪炭林
林种面积 / 万 hm²	10 081.92	2 280.40	7 242.35	2 094.24	123.14
占总森林面积比重 /%	46.20	10.45	33.19	9.60	0.56
森林蓄积 / 亿 m³	88.18	26.18	54.15	1.50	0.57
占森林总蓄积比重 /%	51.69	15.35	31.75	0.88	0.33

（3）森林分布不均衡。第九次全国森林资源清查结果显示，内蒙古、云南、黑龙江、四川、西藏、广西 6 省（区）森林面积最多，合计 11 472 万 hm²，占全国森林面积的 52%，而森林面积占全国森林总面积 2% 及以下的有山东、山西、

海南、江苏、宁夏5省（区）；西藏、云南、四川、黑龙江、内蒙古5省（区）森林蓄积较多，合计94.90亿hm³，占全国森林蓄积总量的54%（国家林业和草原局，2019）；地域辽阔的西北地区、内蒙古中西部、西藏大部，以及人口稠密、经济发达的华北、中原及长江、黄河中下游地区，森林资源分布较少见，全国各省的森林面积分布不均衡。

三、森林破坏原因分析

森林资源减少受诸多因素的影响，有自然原因，如气候变化等，但主要还是人为原因。原始社会主要受刀耕火种和游耕制度的影响，原始森林有所破坏，但仍有更新的机会；农业社会受无计划垦殖和大量使用薪柴的影响，森林面积直接减少；工业社会在大规模商业性机械采伐下，世界森林尤其是热带雨林面积锐减。

如今人口增加、农业开垦扩张、非法砍伐活动、城市扩张、基础设施建设、矿产资源开发、低效率维持人类生计、自然灾害加剧、森林保护不力等也是不可低估的因素。全球木材采伐量大约为50亿m³，其中有近20亿m³是直接被当作燃料或能源直接烧掉，剩余部分都投入到工业生产中（陈超然等，2018）。导致森林资源减少的最主要的因素则是开发森林生产木材及林产品，由于消费国大量消耗木材及林产品，因而全球森林面积的减少不仅仅是某一个国家的内部问题，它已成为一个国际问题。发达国家是木材消耗最大的群体，当然，一部分发展中国家对木材的消耗也不可忽视。非法砍伐森林是导致森林锐减的另一个十分重要的因素，非法木材贸易依然在全球肆虐横行，尤其是亚马孙流域、刚果盆地、东南亚地区、中部非洲、俄罗斯远东地区，这些地区至少有50%的木材出口贸易是来自于非法的砍伐活动，非法砍伐活动使得这些区域的木材每年损失至少2 500亿美元（王京歌，2015）。

第二节　森林破坏的后果

森林破坏不仅造成了巨大的直接损失，还能产生严重的环境恶果：水土流失、水资源短缺、土地荒漠化、物种灭绝、生态失调、河道淤积、环境恶化、温室效应、水旱灾害加剧等。

一、水土流失

水土流失加剧是森林面积减少的最直接后果。据科学测定，在自然力的作用下，地球要形成1 cm厚的土壤需要耗费100～300年的时间。在年降雨量为300 mm的情况下，林地的土壤流失量每公顷仅为60 kg，而裸地的土壤流失量则高达6 000 kg，比林地高出1 000倍。只要在地表上存有1 cm厚的枯枝落叶，就可以将水土流失量减少到裸地的25%以下，可见，林地对雨水的吸附能力更强。一般意义上的暴雨，完全可以被森林所吸收。由于地球森林面积的减少，世界范围内的水土流失情况极为严重，如今全球30%的土地受到了侵蚀，每年有几百亿吨的肥沃土壤被降雨冲走，其中农地土壤流失占到了一半左右（陈超然等，2018）。

世界各大洲主要大河径流量和泥沙量

联合国将水土流失列为全球三大环境问题之一。水土流失是世界性的，无论是发展中国家还是发达国家，都存在不同程度的水土流失。据联合国粮农组织专家估算，全世界有 2 500 万 km² 的土地遭受水土流失，占陆地总面积的 16.7%，每年流失土壤高达 260 亿 t。这些泥沙输入河道、湖泊、水库、港口，给防洪、灌溉、发电、航运等都带来极为不利的后果。

我国是世界上水土流失最严重的国家之一，全国几乎每个省都有不同程度的水土流失，其分布之广，强度之大，危害之重，在全球屈指可数。我国的土壤侵蚀可分为水蚀、风蚀和冻融侵蚀主要类型，据第一次全国水利普查水土保持情况公报（中华人民共和国水利部，2013），我国现有水土流失面积 294.92 万 km²，占国土总面积的 31%，其中水力侵蚀面积 129.33 万 km²，风力侵蚀面积 165.59 万 km²（表 3-6）。水蚀区平均侵蚀强度约为 3 800 t/km²·a，远远高于土壤容许流失量，也远大于世界上水土流失严重的国家（印度、日本、美国、澳大利亚和苏联等国，其平均土壤侵蚀模数分别是 2 800、967、937、321 和 167 t/km²·a），水土流失区土壤流失速度远远高于土壤形成（李智广，2009）。按照水土流失强度来划分等级，截至 2013 年，轻度、中度、强度、极强度和剧烈侵蚀面积分别为 138.36 万 km²、56.89 万 km²、38.69 万 km²、29.67 万 km² 和 31.29 万 km²，分别占水土流失总面积的 46.91%、19.29%、13.12%、10.06% 和 10.61%，全国水土流失面积中，轻度和中度面积所占比例较大，达 66%。

中国主要江河流域水土流失面积及不同时期年均土壤流失量动态变化见表 3-7，表 3-8。各主要江河流域土壤的流失量动态变化以长江与黄河流域为最大，珠江、松花江、钱塘江和闽江较小，海河、淮河、辽河居中。

表 3-6　全国不同时期水土流失面积（万 km²）

水土流失类型	年份	总面积	轻度	中度	强度	极强度	剧烈
水蚀	1985	179.42	91.91	49.78	24.46	9.14	4.12
	1995	164.88	83.05	55.49	17.83	5.99	2.51
	2000	161.22	82.95	52.77	17.20	5.94	2.35
	2013*	129.33	66.76	35.15	16.87	7.63	2.92
风蚀	1985	187.61	94.11	27.87	23.17	16.62	25.84
	1995	190.67	78.83	25.12	24.80	27.01	34.92
	2000	195.70	80.89	28.09	25.03	26.48	35.22
	2013*	165.59	71.60	21.74	21.82	22.04	28.39
合计	1985	367.03	186.02	77.66	47.63	25.76	29.96
	1995	355.56	161.88	80.61	42.63	33.01	37.43
	2000	356.92	163.84	80.86	42.23	32.42	37.57
	2013*	294.92	138.36	56.89	38.69	29.67	31.29

资料来源：李智广，2009。

表 3-7 中国主要江河流域水土流失面积（万 km²）

	长江流域	黄河流域	淮河流域	海河流域	松辽河流域	珠江流域	太湖流域
水蚀	50.44	34.16	26.45	0.96	17.30	6.28	0.19
风蚀	0.99	0.60	0.14	0.07	0.80	—	—
合计	51.43	40.20	27.82	10.26	25.29	6.28	0.19
占流域面积 /%	29.5	55.3	10.3	32.0	32.4	14.2	4.6

资料来源: 水利部, 2010。

表 3-8 中国主要江河流域不同时期年均土壤流失量动态变化

流域	1950—1995 年		1986—2005 年		1996—2005 年		1950—2005 年	
	土壤流失量 /亿 t	径流量 /亿 m³	土壤流失量 /亿 t	径流量 /亿 m³	土壤流失量 /亿 t	径流量 /亿 m³	土壤流失量 /亿 t	径流量 /亿 m³
长江	23.13	7 660.10	14.62	7 857.04	13.73	7 992.86	21.43	7 720.60
黄河	16.34	403.60	8.80	269.62	6.92	213.60	14.64	369.04
海河	2.00	16.90	0.50	8.18	0.30	6.63	1.69	15.04
淮河	2.30	285.44	1.01	244.49	1.01	265.62	2.06	281.84
珠江	2.07	2 866.10	1.74	2 823.68	1.37	2 907.21	1.94	2 873.57
辽河	1.77	36.74	0.67	33.05	0.41	19.48	1.52	33.60
松花江	1.16	675.20	0.79	445.83	0.67	412.10	1.07	627.36
钱塘江	0.27	202.70	0.09	215.13	0.08	203.08	0.23	202.77
闽江	0.08	577.10	0.07	570.87	0.05	585.13	0.07	578.56
合计	49.12	12 723.88	28.29	12 467.9	24.54	12 605.71	44.65	12 702.4

资料来源: 李智广, 2009。

我国水土流失具有以下 3 个特点:

（1）水土流失面积大，范围广。我国水土流失不仅广泛发生在农村地区，而且也发生在城镇和工矿区。从我国东、中、西三大区域分布来看，东部地区水土流失面积 9.1 万 km²，占全国的 2.6%；中部地区 51.15 万 km²，占全国的 14.3%；西部地区 296.65 万 km²，占全国的 83.1%（赵纯厚等，2000）。

（2）流失强度大，侵蚀重。我国主要流域年均土壤侵蚀量为每平方千米 3 400 多 t，黄土高原部分地区侵蚀模数甚至超过 3 万 t/km²，相当于每年 2.3 cm 厚的表层土壤流失。全国侵蚀量大于 5 000 t/km²·a 的面积达 112 万 km²。按照水土流失面积占国土面积的比例及流失强度综合判定，我国现有严重水土流失县 646 个，其中，长江流域 265 个、黄河流域 225 个、松辽河流域 44 个、海河流域 71 个、淮河流域 24 个、珠江流域 17 个，分别占 41.0%、34.9%、6.8%、11.0%、3.7% 和 2.6%（鄂竟平，2008）。从省级行政区看，内蒙古、甘肃、青海、新疆、四川、云南、西藏、黑龙江 8 省（区）流失严重，占到全国总数的 51%。水蚀严重的地区主要集中于黄河中游地区的山西、陕西、甘肃、内蒙古、宁夏和长江上游的四川、重庆、贵州、云南；风蚀严重地区主要集

表 3-9　各省（自治区 / 直辖市）水蚀与风蚀面积（单位：km²）

省（自治区、直辖市）	水蚀面积	风蚀面积	合计	省（自治区、直辖市）	水蚀面积	风蚀面积	合计	省（自治区、直辖市）	水蚀面积	风蚀面积	合计
北京	3 202	0	3 202	安徽	13 899	0	13 899	贵州	55 269	0	55 269
天津	236	0	236	福建	12 181	0	12 181	云南	109 588	0	109 588
河北	42 135	4 963	47 098	江西	26 497	0	26 497	西藏	61 602	37 130	98 732
山西	70 283	43	70 326	山东	27 253	3 555	30 808	重庆	31 363	0	31 363
内蒙古	102 398	526 624	629 022	河南	23 464	0	23 464	陕西	70 807	1 879	72 686
辽宁	43 988	1 947	45 935	湖北	36 903	0	36 903	甘肃	76 112	125 075	201 187
吉林	34 744	13 529	48 273	湖南	32 288	0	32 288	青海	42 805	125 878	168 683
黑龙江	73 251	8 687	81 938	广东	21 305	0	21 305	宁夏	13 891	5 728	19 619
上海	4	0	4	广西	50 537	0	50 537	新疆	87 621	79 793	167 414
江苏	3 177	0	3 177	海南	2 116	0	2 116	合计	1 293 245	1 655 916	2 949 161
浙江	9 907	0	9 907	四川	114 420	6 622	121 042				

资料来源：水利部，2013。

中在我国西部地区；冻融侵蚀严重地区主要集中在西藏、青海和新疆等省（区）（表 3-9）。

（3）流失成因复杂，区域差异明显。①东北黑土区：分布于黑龙江、吉林、辽宁及内蒙古等省区，为世界三大黑土区之一。水土流失主要发生在坡耕地上，这一地区地形多为漫岗长坡，在顺坡耕作的情况下，水土流失不断加剧。平均每年流失表土 0.4～0.7 cm，初垦时黑土层厚度一般在 80 cm 左右，垦殖 40 年后减至 50～60 cm。水土流失严重的耕地黑土层几乎消失，露出下层黄土，当地称为"破皮黄"。②北方土石山区：分布于北京、河北、山东、辽宁、山西、河南、安徽等省市。大部分地区土层浅薄，岩石裸露。土层厚度不足 30 cm 的土地面积占本区土地总面积的 76.3%。③黄土高原区：分布于陕西、山西、甘肃、内蒙古、宁夏、河南及青海等省区。区内土层深厚疏松、沟壑纵横、植被稀少，降水时空分布不均。这一区域是我国土壤侵蚀量最高的区域，有 11.5 万 km² 的土地侵蚀量大于 5 000 t/km²·a。④北方农牧交错区：分布于长城沿线的内蒙古、河北、陕西、宁夏、甘肃等省区。由于过度开垦和超载放牧，植被覆盖度低，风力侵蚀和水力侵蚀交替发生。⑤长江上游及西南诸河区：分布于四川、云南、贵州、湖北、重庆、陕西、甘肃及西藏等省区市。耕作层薄于 30 cm 的耕地占 18.8%。由于复杂的地质条件和强降雨作用，滑坡、泥石流多发。⑥西南岩溶区：分布于贵州、云南、广西等省区。土层瘠薄，降雨强度大，坡耕地普遍，耕作层薄于 30 cm 的耕地占 42%。有的地区土层甚至消失殆尽，石漠化面积达 8.80 万 km²。⑦南方红壤区：分布于江西、湖南、福建、广东、广西、海南等省区。岩层风化壳深厚，在强降雨作用下极易产生崩岗侵蚀。⑧西部草原区：分布于内蒙古、陕西、甘肃、青海、宁夏、新疆等省区。由于干旱少雨，超载过牧，过度开垦，草场大面积退化，沙化严重（中华人民共和国水利部等，2010）。

水土流失对我国的影响是多方面的、全局性的和深远的，主要表现为 4 个方面：

（1）土地退化，毁坏耕地，威胁国家粮食安全。经研究测算（2010 年），按现在的流失速度，50 年后东北黑土区 93.33 万 hm² 耕地的黑土层将流失掉，粮食产量将降低 40% 左右，35 年后西南岩溶区石漠化面积将翻一番，届时将有近 1 亿人失去赖以生存和发展的土地。

（2）江河湖库淤积，加剧洪涝灾害，对我国防洪安全构成巨大威胁。

（3）恶化生存环境，加剧贫困，成为制约山丘区经济社会发展的重要因素。水土流失与贫困互为因果、相互影响，经济最贫困地区往往也是水土流失最严重地区，我国 76% 的贫困县和 74% 的贫困人口生活在水土流失区。

（4）削弱生态系统的调节功能，加重旱灾损失和面源污染，对我国生态安全和饮水安全构成严重威胁。

二、自然灾害增加

森林覆盖率及森林功能的降低是加重自然灾害的重要因素。水土流失、泥石流、山洪暴发等山地灾害都与森林的破坏有直接的关系。一个地区的森林覆盖率若达到 30%，而且分布均匀，就能相对有效地调节气候，减少自然灾害。我国的森林覆盖率仅为 20%，分布也不均匀，属于少林国。不少学者认为，对于 1998 年长江流域百年一遇的洪灾的发生，一个重要诱因就是上游森林植被的破坏，使森林覆盖率、森林质量下降，降低了调蓄洪水的能力，并造成水土流失，湖泊泥沙淤积，使蓄洪和行洪能力下降，最终引发了洪灾。我们近几年发生的洪水灾害其成因虽然是多方面的，但是与森林资源中成熟林面积的日益减少、森林防护作用降低、涵养水源的能力下降等有着最直接，最重要的关系。

1. 森林对降水的影响

关于森林能否增雨是近 30 多年来国内外学术界在森林水文效应中存在着较大争议的一个焦点问题。

（1）森林对水平降水的影响。国内外学术界对这方面的研究结论比较一致，认为森林在一定程度上能增加水平降水，这是因为森林的层次结构多而复杂，枝叶茂盛，对雾等凝结水有较强的捕获能力，当这些凝聚水落到地面上时，就相当于降雨（田磊等，2012）。

（2）森林对垂直降水的影响。分歧较大，主要存在 2 种观点。一种观点认为森林能增加降水量，因为森林可以吸收深层土壤水分以供林木自身的蒸腾消耗，从而给大气输送了大量水分，这些气态水有相当一部分反馈于林区及附近地区，使森林上空湿度大，温度低，成为一个冷却的下垫面，有利于成云致雨。另外，森林使下垫面平均粗糙度增加，使空气扰动高度抬高，气流系统抬升，促使对流形成，因此可增加降水。另一种观点认为森林对降水量影响不大，甚至没有影响。

综上，虽然对于森林与降雨量之间的关系还没有一个统一的结论，但大多学者认为森林能增加水平降水，而对垂直降水影响不大，特别是在大尺度上这种影响很小，但不能排除在局部范围上影响大气降雨量。尽管曾有许多学者认为，森林的增雨作用不大，甚至具有减雨作用（田磊等，2012），但森林的蒸腾使林内及森林周边的大气湿度增加，从而使林内及周边空间的气温下降（夏季），增湿降温结果使林区的水平降水和垂直降水的机会增加。

2. 加速荒漠化

陆地生态系统的荒漠化居全球生态危机之首，正在逐步从生态危机延伸为生存问题、贫困问题、社会问题和政治问题。曾经的两河流域、尼罗河流域、恒河流域、黄河流域造就了人类早期的四大文明，这些区域在数千年前均是森林茂密、水草丰美之地，由于森林与植被的破坏，导致了这些古文明的衰落，巴比伦的衰落最为典型，也是两河流域荒漠化的缩影。目前全世界沙漠化面积达 40 多亿 hm^2，而且还以每年 600 多万 hm^2 的速度扩大，30%～80% 的灌溉土地不同程度地受到盐碱化和荒漠化的危害。荒漠化对土地的休养生息能力造成严重的和长期的破坏，对于赖以生存的植物群落和动物群落造成严重的威胁甚至是带来毁灭性的恶果（陈超然等，2018）。

中国是世界上荒漠化最严重的国家之一，据动态观测，20 世纪 70 年代，我国土地沙化扩展速度为 1 560 $km^2 \cdot a^{-1}$，80 年代为 2 100 $km^2 \cdot a^{-1}$，90 年代达 2 460 $km^2 \cdot a^{-1}$，21 世纪初达到 3 436 $km^2 \cdot a^{-1}$，相当于每年损失一个中等县的土地面积（国家林业局，2011）。截至 2014 年，全国荒漠化土地总面积 261.16 万 km^2，占国土总面积的 27.20%，分布于北京、天津等 18 个省（自治区、直辖市）的 528 个县（旗、市、区）；全国沙化土地总面积 172.12 万 km^2，占国土总面积的 17.93%，分布在除上海、台湾及香港和澳门特别行政区外的 30 个省（自治区、直辖市）的 920 个县（旗、市、区）。

3. 干旱缺水

森林被誉为"绿色的海洋""看不见的绿色水库"。每公顷森林可以涵蓄降水约 1 000 m^3，1 万 hm^2 森林的蓄水量即相当于巨大的水库。由于埃塞俄比亚在过去的 50 年间大量砍伐森林，林地面积由之前占国土面积的 40% 降到了 1%，从而使得降雨量大幅度下降，出现了历史上罕见的干旱与饥荒，仅在 1985 年，严重的干旱导致该国约 100 万人死亡。正是因为森林面积的减少，造成全球性的水荒。目前，60% 的大陆面积淡水资源不足，有 100 多个国家严重缺水，20 亿人用水困难（陈超然等，2018）。

鲁迅先生说过一句非常深刻的话："林木尽伐，水泽湮枯，将来的一滴水，将和血液等价。"2007 年，国家林业局绿化委办公室副秘书长曹清尧在《森林缺乏导致中国六大生态危机》报告中指出，我国是世界上的贫水大国，人均水资源占有量只有世界人均水平的 1/4；全国约有 400 个城市供水不足，缺水 60 亿吨 t 以上；农村居民有 4 300 多万人饮水困难，农作物年均干旱面积约 0.3 亿 hm^2，每年因此造成的经济损失超过 2 300 亿元。

4. 洪涝灾害

洪涝与干旱恰似一对孪生兄弟，森林凭借其强大的林冠、深厚的落叶以及发达的根茎，能够对降雨起到较好的调节作用。由于森林被大量砍伐，孟加拉国洪水灾害由历史上每 50 年 1 次上升到 20 世纪后期的每 4 年 1 次，非洲、拉丁美洲因大量砍伐森林，洪涝灾害也是频频发生（陈超然等，2018）。

长江流域水灾频率有所增加，如近年来长江流域 9 次特大洪水依次发生的年

份 为 1153 年、1788 年、1860 年、1870 年、1931 年、1935 年、1954 年、1996 年、1998 年，其中 5 次集中在 20 世纪，且间隔时间越来越短（胡静霞等，2017）。洞庭湖区从 1525—1851 年，平均 20 年一次洪涝灾害；到 90 年代后，几乎是一年一次。50 年代四川发生水灾 4 次，70 年代 8 次，80 年代年年都有发生。云南在 1949 年以前的 650 年间，平均 16 年一次洪灾，1949 年后则平均 3 年一次。1951—1990 年，我国年均受涝农田 84 215 万 hm²，严重受灾年份在 1 300 万 hm² 以上。在 1998 年，全国有 29 个省（区、市）遭受了不同程度的洪涝灾害，受灾人口 2 123 亿人，农作物受灾面积 2 544 万 hm²，死亡 3 656 人，倒塌房屋 733 万间，损害房屋 1 379 万间，造成 2 642 亿元的巨大直接经济损失（国家林业局，2015）。

三、生物多样性锐减

按照生物学家的预测，当森林面积减少 10%，栖息在森林中的物种将会消失一半。如今，地球上大约有 5 000 万种生物，其中半数是生活在森林之中。由于世界范围内的森林面积减少，物种的消失速度也是其自然灭绝的 1 000 倍。FAO 在 2018 年的报告中指出，从 2000 年至今，由于森林面积的减少，每年有 1.5 万 ~ 5 万个物种消失。正如阿尔考克所言，森林是一切生命的源头，人类冒犯了森林，森林物种的衰败就不可避免（陈超然等，2018）。

我国植物类有 27 240 种，占世界总数的 9.8%，脊椎动物类 4 166 种，占地球动物总数的 9.9%，至少有 4 000 种动植物的生存受到威胁或濒于灭绝的边缘，我国处于濒危状态的动植物物种数量为总量的 15% ~ 20%，高于世界平均水平。仅就我国受威胁的高等植物而言，其中有许多是在北半球其他地区早已灭绝的古老孑遗植物，它们在发生上多数是古老的和原始的或新生孤立类群。所以，采取就地保护、迁地保护、人工繁殖及重新放归自然等保护物种的措施，挽救珍稀濒危物种，保护森林资源。

四、加速温室效应

政府间气候变化专门委员会（IPCC，2013）第五次评估报告（AR5）指出，全球气候变暖毋庸置疑，自 20 世纪 50 年代以来，观测到的许多变化在几十年乃至上千年时间里都是前所未有的。大气和海洋已变暖，积雪和冰量已减少，海平面已上升，温室气体浓度已增加。

1880—2012 年全球平均温度已升温 0.85 ℃，1885—1900 年平均温度与 2003—2013 年平均温度相差 0.78 ℃，1951—2012 年，地表温度的平均升温速率（0.12 ℃·a⁻¹）几乎是 1880 年以来升温速率的两倍。过去的 3 个连续 10 年比之前 1850 年以来的任何一个 10 年都暖。预计到 21 到世纪末，全球平均地表温度可能在目前基础上升 0.3 ~ 4.8 ℃。全球海洋升温幅度最大的是在洋面，1971—2010 年期间，洋面层（0 ~ 75 m）的海水升温速率达到 0.11 ℃·a⁻¹，海洋上层（0 ~ 700 m）的热含量约增加了 17×10^{22} J。海洋在气候系统能量储存中占主导地位，人类活动排放温室气体增加的净能量中有 60% 储存于海洋上层，33% 储存于 700 m 以下的深海，3% 加热冰冻圈，3% 加热陆地，只有 1% 被用来加热大气圈。

过去 20 年，格陵兰岛和南极冰盖已大量消失，世界范围内的冰川继续萎缩，北极海冰和北半球春季积雪范围在继续缩小。在 1971—2009 年间，全球山地冰川的冰体平均损失速率是 226 Gt·a⁻¹。格陵兰冰盖的冰储量损失平均速率已经从 1992—2001 年的 34 Gt·a⁻¹，持续增加到 2002—2011 年的 215 Gt·a⁻¹；南极冰盖的损失平均速率从 1992—2001 年间的 30 Gt·a⁻¹，增至 2002—2011 年间的 147 Gt·a⁻¹；1979—2012 年间，北极海冰范围缩小速率为每 10 年 3.5%～4.1%（相当于每 10 年减少 $45 \times 10^4 \sim 51 \times 10^4$ km² 海冰面积）；北半球春季积雪范围每 10 年缩小 1.6%。

由于海水受热膨胀及大量冰雪融水的涌入，1901—2010 年，全球平均海平面上升了 0.19 m，全球平均海平面上升速率为 1.7 mm·a⁻¹，1971—2010 年间为 2.0 mm·a⁻¹，1993—2010 年高达 3.2 mm·a⁻¹。19 世纪中叶以来的海平面上升速率比过去两千年来的平均速率要高。

自工业革命以来，大气中主要温室气体 CO_2、CH_4 和 N_2O 的浓度持续增加，分别比工业革命以前增加了 40%、150% 和 20%，为近 80 万年来的最高。温室气体浓度的增加首先是由于化石燃料的排放，其次是由于土地利用变化导致的净排放。在 1750—2011 年间，因化石燃料燃烧和水泥生产生释放到大气中的 CO_2 约 365 GtC，因毁林和其他土地利用变化估计已释放 180 GtC，因此，人为累积排放量已达 545 GtC，其中已有 240 GtC 累积在大气中，155 GtC 被海洋吸收，而自然陆地生态系统累积了 150 GtC。海洋吸收了大约 30% 的人为 CO_2 排放量，导致了海洋酸化，海表水的 pH 已经下降了 0.1，相对的氢离子浓度增加了 26%。

限制气候变化要大幅度持续减少温室气体排放，如果将 1861—1880 年以来的人为 CO_2 累积排放控制在 1 000 GtC，那么人类有超过 66% 可能性把未来升温幅度控制在 2℃ 以内（相对于 1861—1880 年）。未来留给人类的碳排放空间极其有限，因此，来来要实现升温不超过 2℃ 的目标，需要全世界共努力，大幅度减少温室气体排放。

第三节　森林的生态作用和生态效益

一、生态作用

1. 降低自然灾害

（1）护土固沙、涵养水源和增加降水。森林生态系统的重要功能之一，是承接雨水，减缓落地降水量，能使地表径流变为地下径流，涵养水源，保持水土。这些功能主要是通过林冠层、枯枝落叶层和土壤层 3 个作用层对降水的再分配过程来体现的。

① 林冠截留量可占大气年降雨 30% 以上，其中大部分蒸发到大气中，余下的降落到地面或沿树干渗透到土壤中成为地下水。但林木冠层对雨水截留的影响主要受到林分本身特点和环境因素的共同作用。各类森林冠层平均雨水截留率为 10%～40%，例如，温带针叶林雨水截留率为 20%～40%、寒温带林针叶为 20%～30%、热带雨林为 71.0%、落叶阔叶林为 19%（宗桦，2019）。穿透雨是由通过林冠间隙到达地表的自由穿落雨和溅落产生的雨滴（冠滴水量），国内

外通常认为森林冠层雨水穿透率为 60%～92%，如热带和温带森林的穿透率为 70%～90%，地中海林地为 70%～80%，常绿阔叶林为 74.7%～91.5%（刘泽彬等，2017）。相比而言，全球森林平均树干茎流量通常小于总雨量的 10%，在冠层雨水再分配中不占主体地位，某些研究甚至将这部分水量忽略。例如，热带雨林的树干茎流占降雨量 0.6%～18%，温带雨林为 1%～8%（Bahmani et al.，2012），寒温带针阔混交林低于 1%（石磊等，2017）。在同一生态区内树干茎流的变化以热带雨林最小，天然林茎流所占的比例大于人工林，无叶期高于有叶期（陈书军等，2013）。然而，树干茎流能将雨水聚集于树干周围，改变降水的空间分布，进而影响树干周围的地表径流、地下水、土壤水分、土壤养分以及林下生物的生存，在树干密度较高的森林生态系统中尤为重要（宗桦，2019）。

② 森林地表的凋落物层就像一块巨大的吸水海绵，被凋落物层吸收的水分一般可达自重的 40%～260%，凋落物的截留量可占降雨量的 1%～50%。例如，南美巨桉林、展松林和金合欢林的凋落物层截留量分别占总降水量的 8.5%、6.6% 和 12.1%（Bulcock et al.，2012），智利森林凋落物层的雨水截留率占总降雨量的 8.9%，辽东杂木林凋落物层的雨水截留率为 14.31%～43.15%。枯枝落叶转变的腐殖吸水量可提高自重的 2～4 倍，一方面能削弱林内雨对土壤表层的溅击强度及冲刷，另一方面通过吸收部分降水可减少林内雨滴侵蚀土壤的程度和地表径流的产生，起到保持水土和涵养水源的作用。枯枝落叶层和土壤层作为水源涵养效应的作用层，储存着 85% 以上的大气降水（陈严武等，2015）。

③ 林地的土壤疏松，孔隙多，含腐殖质丰富，对雨水的渗透性能强，降雨的 50%～80% 可以渗入地下，使地表径流大部分转变为地下径流存贮起来，补充河水和地下水；一旦森林根系空间在土壤达 1 m 深时，每 hm² 森林可贮水 500～2 000 m³，1 万 hm² 森林的蓄水量即相当于约 1 000 万 m³ 库容的水库（陈超然等，2018）；森林植被的根系向水平和纵深方向生长，盘根错节，能紧紧固定土壤，能使土地免受雨水冲刷，避免水土流失和沙化；由于森林树干、枝叶的阻挡和摩擦消耗，进入林区风速会明显减弱，夏季浓密树冠可减弱风速，最多可减少 50%；风在入林前 200 m 以外，风速变化不大，过林之后，要经过 500～1 000 m 才能恢复到过林前的速度，人类便利用森林的这一功能造林治沙（左贵文，2011）。

森林对降水量的影响虽然人们还存在着不同的看法，但实际证明，无论是对水平降水和垂直降水都有重要作用。森林里的云雾遇到林木和其他物体凝结而成水滴，或冻结成为固体（雾凇）融化而成水滴降落地面，这就是水平降水。水平降水一般所占比重不大，但个别地区、特别是山地森林，由于水汽丰富，云雾较多，林木使云雾凝结成水滴的作用比较突出。森林能增加局部或地形降雨，已为学术界公认。森林植被覆盖率与降水量具有线性相关趋势，不同地形条件、不同大气环境下，森林植被覆盖率对降水量作用强度不同，森林植被覆盖率增加，区域气候趋于稳定（王日明等，2020）。森林的蒸腾作用对自然界水分循环和改善气候都有重要作用。

（2）稳定河流减免旱涝灾害。俗语说"穷山必有恶水"。近些年来，洪涝灾害肆虐全球，造成的经济损失和人员伤亡十分严重。由于森林被大量砍伐，孟加拉国洪水灾害由历史上每 50 年 1 次上升到 20 世纪后期的每 4 年 1 次,我国长江流域洪水在近 50 年就发生了近 20 次。中国是世界上最大的发展中国家,人口众多、人均资源禀赋不足,还没有完成工业化、现代化。2009—2010 年,中国受到了严重的气候灾害侵袭。2009 年,遭受了夏季高温和冬季多年不遇低温的袭击;2009—2010 年,西南地区发生了有气象记录以来最为严重的秋冬春持续特大干旱;2010 年入汛后,华南、江南地区连遭 14 轮暴雨袭击;北方和西部地区连遭 10 轮暴雨袭击;多地高温突破历史极值。气象灾害的异常性、突发性、局地性十分突出,极端气象事件多发偏重,并引发其他严重的自然灾害,造成重大人员伤亡和经济损失(国家发展和改革委员会,2011)。

2. 调节温度和湿度

森林浓密的树冠在夏季能吸收和散射、反射掉一部分太阳辐射能和蒸散来降低夏季气温,有 20%~50% 的光辐射量会被树冠直接反射回天空,还有近 35% 的辐射量被树冠吸收,减少地面增温;冬季森林叶子虽大都凋零,但密集的枝干仍能削减吹过地面的风速,使空气流量减少,起到保温保湿作用;林地土壤中含蓄水分多,林木根系深入地下,源源不断地吸取深层土壤里的水分供应树木,可以保持较多的林木蒸腾和林地蒸发的水汽,加上林内外气体交流弱,因而林内相对湿度比林外高,一般可高出 10%~26%,有时甚至高出 40%,当大气湿润时,会造成植物气孔张开,提高气孔导度(Calfapietra et al., 2013),植物通过蒸腾作用从周围环境中吸取大量的热量,并散失水分,降低了环境的温度并增加了湿度。乔灌草结构的绿地在夏季比非绿地气温降低 4.8℃,湿度增加 10%~20%。森林的这种降温增湿功能,通过合理的植物结构配置,在炎热的夏季,可以充分发挥其降温增湿、调节小气候作用(韩明臣,2011)。

3. 保障人体健康

(1)森林是空气的净化器。随着现代工业的发展以及人类生活用矿物燃料的剧增,不仅消耗大量的 O_2,放出大量的 CO_2,而且还排放 SO_2、氟化氢、氯气、氮的化合物等有毒气体。许多植物都能吸收一定量的有毒气体而不受害,降低大气中有毒气体的浓度,使污染的空气得到净化。随着工业活动的增加,大气中气态污染物浓度严重超标,对生存环境、人类健康及工农业生产等产生很大危害,而森林具有强大的净化气态污染物的功能(徐兰等,2018)。

① 植物吸收 SO_2。SO_2 是大气污染物中主要污染物之一,不但促进酸雨形成,腐蚀城市基础建设设施、艺术品等,还直接对人体的呼吸系统产生危害。植物吸收是清除大气中硫化物等污染物的主要途径。

王荣新等(2017)的研究表明,北京不同污染区域不同种绿化树种的叶片吸硫量不同,旱柳吸收 SO_2 极强,吸硫量高达量 2.38 mg·g^{-1},国槐吸硫量为 1.18 mg·g^{-1},榆树吸收能力相对较弱,吸硫量为 0.43 mg·g^{-1}(表 3-10)。同一种植物在 SO_2 污染区和非污染区的含硫量差异很大,说明植物对 SO_2 具有一定的吸收净化能力。

当绿地面积较大时,这种降毒效果是十分明显的。1 hm² 柳杉林每月可吸收 60 kg SO_2;1 hm² 垂柳每月可吸收 10 kg SO_2;100 平方英里的紫花苜蓿每年可吸收 6×10^5 kg SO_2 以上;松林每天可从 1 m³ 空气中吸收 20 mg SO_2;1 hm² 森

表 3-10　北京市不同污染区域 9 种供试树种叶片硫含量的比较

树种	重度污染区	叶片硫含量 / (mg · g^{-1})		清洁对照区	相对吸硫量
		轻度污染区	中度污染区		
侧柏 *Platycladus orientalis*	1.52 hA	1.23 hB	1.03 iC	0.79 hD	0.47
油松 *Pinus tabulaeformis*	1.77 fA	1.39 fB	1.08 hC	0.92 eC	0.49
榆树 *Ulmus pumila*	1.73 fA	1.32 gB	1.16 fC	0.97 dD	0.43
国槐 *Sophora japonica*	3.15 bA	1.95 bA	1.68 bB	1.08 cC	1.18
毛白杨 *Populus tomentosa*	2.46 cA	1.83 cB	1.42 cC	1.15 bD	0.75
旱柳 *Salix matsudana*	6.98 aA	3.27 aB	2.67 aC	1.93 aD	2.38
臭椿 *Ailanthus altissima*	2.01 dA	1.49 dB	1.28 dC	0.84 gD	0.75
黄栌 *Cotinus coggygria*	1.95 eA	1.51 dB	1.21 eC	0.88 fD	0.68
色木槭 *Acer mono*	1.68 gA	1.43 eB	1.13 gC	0.83 gD	0.58

资料来源：王荣新等，2017。

林每年可吸收 74t SO$_2$ 和 0.38 t NO$_2$（刘勇等，2012）；另外，加杨（*Populus × canadensis*）、新疆杨（*Populus alba* var. *pyramidalis*）、水榆（*Sorbus alnifolia*）、垂柳（*Salix babylonica*）、夹竹桃（*Nerium oleander*）、梧桐（*Firmiana platanifolia*）和山楂（*Crataegus pinnatifida*）等都是吸硫能力较强的植物（崔凤国，2012）。

②植物吸收氟化物。氟化物有氟化氢、四氟化硅、硅氟酸及氟气等，其中排放量最大、毒性最强的是氟化氢。植物对大气中的氟化物具有一定的净化作用，由表 3-11 可以看出相对清洁区中植物中总的含氟量明显比污染区植物中总的含氟量要低。不同类型植物对大气中氟化物的净化效益是不相同的，其中在污染区常绿阔叶植物含氟量是针叶植物的 1.43 倍，常绿阔叶植物含氟量是灌木的 2.54 倍，中华常春藤、香樟、新樟及小叶榕对大气中的氟化物的净化效益较高。据测定，氟化氢通过 40 m 宽的刺槐林带比通过同距离的空旷地后的浓度可降低近 50%；某化肥厂在距高炉 10～30 m 范围内生长的植物，叶片中含氟量：桑（*Morus alba*）叶为 1 735 mg/kg，拐枣（*Hovenia acerba*）为 3 835 mg/kg，垂柳为 5 125 mg/kg，这些植物叶片具有惊人的吸氟能力（庞融等，2006）；其他吸氟量高的树种有枣树（*Ziziphus jujuba*）、榆树、桑、山杏（*Armeniaca sibirica*）等。

③植物吸收氯气。受氯气污染的地区，一般树木的叶子都有吸收氯的能力（表 3-12）。但是不同树种在相似的环境条件下，叶子吸氯量不同。在离污染源 2 000 m 范围生长的树木，洋槐（*Robinia pseudoacacia*）每克干叶中含氯量为 3.31 mg，银桦（*Grevillea robusta*）为 6.39 mg。同种植物由于离污染源距离不同，体内含氯量也有变化，如生长在离污染源较近的洋槐，每克干叶含氯量为 16.68 mg，远离污染源生长的洋槐，则含氯量在 0.5 mg 以下，这说明污染区叶片中含氯量增加与大气中氯浓度有关，植物可以从大气中吸氯。根据杜国坚等（2009）的测定，净化氯气强的树种有火棘（*Pyracantha fortuneana*）、珊瑚朴（*Celtis julianae*）、国槐、红叶小檗（*Berberis thunbergii*）、美国枫香（*Liquidambar styraciflua*）、米老排（*Mytilaria laosensis*）、香樟、常春藤等。

表 3-11　昆明不同污染区不同植物中总氟化物的含量（mg·kg⁻¹）

表 3-11　昆明不同污染区不同植物中总氟化物的含量（$mg \cdot kg^{-1}$）

植物	污染区	缓冲区	相对清洁区
中华常春藤 Hedera nepalensis var. sinensis	2 182	1 743	1 380
香樟 Cinnamomum camphora	1 997	1 654	1 364
石楠 Photinia serrulata	1 967	1 598	1 328
新樟 Neocinnamomum delavayi	1 934	1 549	1 329
小叶榕 Ficus microcarpa var. pusillifolia	1 745	1 526	1 284
华山松 Pinus armandii	1 550	1 254	799
云南松 Pinus yunnanensis	1 532	1 221	832
龟甲冬青 Ilex crenata f. convexa	908	656	241
小叶女贞 Ligustrum quihoui	873	621	238
小叶黄杨 Buxus sinica subsp. sinica var. parvifolia	792	599	211

资料来源：聂蕾等，2017。

表 3-12　植物吸收氯气量（mg/g 干重）

植物	1987 年 8 月	1987 年 11 月	富集 /%	植物	1987 年 8 月	1987 年 11 月	富集 /%
木槿	19.8	27.7	39.9	侧柏	5.7	9.3	53
雀舌黄杨	16.0	24.8	55	夹竹桃	6.9	7.0	1.4
银桦	9.5	11.5	22	桃	6.0	6.3	5
垂柳	7.3	11.9	63	枇杷	3.0	11.8	290
蓝桉	8.6	9.2	7	香樟	7.6	9.3	22.4
龙爪柳	7.7	8.2	6.5				

资料来源：王焕校等，1987。

④ 植物对臭氧（O₃）、氮氧化物（NOₓ）净化作用。大气中约 90% 的臭氧（O₃）位于平流层，可以保护地球上的动植物和人类免受过量的紫外线照射。而近地面大气中的 O₃ 却是一种主要污染气体，其主要来源是氮氧化物（NOₓ）和挥发性有机物等在太阳光照射下发生光化学反应，同时大气垂直湍流输送和远距离水平传输也是其重要来源，NOₓ 是导致大气酸沉降、臭氧、灰霾、光化学烟雾等环境问题的主要原因。高浓度 O₃ 影响植物生长发育、光合作用和产量形成，全球地面 O₃ 浓度每年以 0.5%～2.0% 的速度在逐渐增加（王迪等，2018）。随着工业化和城市化的迅速发展，各种交通和工业排放的 NOₓ 也在快速增加，世界各地出现不同程度的 O₃、NOₓ 污染（高峰等，2017）。英国、法国、德国、瑞士和意大利等多个欧洲国家曾经持续 10 天的 O₃ 浓度都超过了 90 $nmol \cdot mol^{-1}$，亚洲和拉丁美洲等快速发展中国家的 O₃ 平均浓度也超过 40 $nmol \cdot mol^{-1}$（Matyssek et al.，2014），中国人口密集的特大城市（如北京、上海、广州等）O₃ 浓度超过 100 $nmol \cdot mol^{-1}$（Li et al.，2011）。2015 年我国氮氧化物排放量为 18.52 万 t，其中工业氮氧化物排放量为 11.81 万 t，城镇生活氮氧化物排放量为 0.65 万 t，机动车氮氧化物排放量为 5.86 万 t（中华人民共和国环境保护部，2017）。在适宜

条件下产生的高浓度 O_3 已经开始威胁到我国的粮食产量。

植物通过气孔吸收 NO_x，并通过吸收、同化过程将其在植物体内降解、排出或储存，从而起到绿色、经济、高效地净化空气的作用（潘文等，2012）。植物自身释放 NO 和萜类等气体能够中和大气中的 O_3，因为单萜类化合物能够使植物抵消氧化应激作用，地中海常绿硬叶植物通过排放大量单萜类化合物来降低空气中的 O_3 和 NO_2 浓度。国外学者利用 ^{15}N 标记法从 70 种行道树中筛选出黑杨（*Populus nigra*）、洋槐、槐和日本晚樱（*Cerasusserrulata* var. *lannesiana*）4 种阔叶落叶树，作为对城市大气中 NO_2 的最佳吸收植物（Takahashi *et al.*，2005）；我国研究证明刺桐（*Erythrina variegata*）对空气中的 NO_2 削减效率较高，大叶女贞（*Ligustrum compactum*）、法国梧桐、广玉兰（*Magnolia grandiflora*）、桂花（*Osmanthus fragrans*）、小叶榕、女贞、香樟在对 NO_x 的净化作用中表现出较强的能力（李艳梅等，2016）。乔灌草的复合群落结构的净化能力最强，达到 66.8 $\mu g/m^2$；冠幅较大的阔叶乔木密度为 450～675 株 /hm^2，冠幅较窄的针叶树及阔叶树种密度为 750～900 株 /hm^2 时，植物群落对大气污染物表现出明显的消减效果；林带最佳结构为林带宽度 40～50 m，郁闭度 0.70～0.85，疏透度 0.15～0.30，即可发挥林带的最大净化效应（王晓磊等，2013）。

（2）森林有自然防疫作用。城市大气中通常存在杆菌、球菌、丝状菌、芽生菌等，其中有不少对人体有害。森林通过叶、茎、树皮、果实、草丛、凋落物、蘑菇以及苔藓等植物和微生物释放出有香味的挥发性物质和无味的非挥发性物质，即植物杀菌素（芬多精）。芬多精是一种芳香性碳氢化合物，主要包括萜烯、倍半萜烯和双萜烯类物质，能杀死细菌和真菌，防治森林病虫害。芬多精的抗菌作用能使空气得到净化，人呼吸到新鲜空气可以达到醒神之效，对人类有一定保健作用。目前的研究表明，具有除菌作用的树种主要有七叶树（*Aesulus chinensis*）、云杉（*Picea asperata*）、圆柏（*Sabina chinensis*）、女贞、油松、核桃、白皮松（*Pinus bungeana*）、石楠、雪松（*Cedrus deodara*）、悬铃木（*Platanus acerifolia*）、龙柏（*Sabina chinensis*）、侧柏、大叶桉（*Eucalyptus robusta*）、柠檬桉（*Eucalyptus citriodora*）、腊梅（*Chimonanthus praecox*）、银杏（*Ginkgo biloba*）、碧桃（*Amygdalus persica* var. *persica*）、珍珠梅（*Sorbaria sorbifolia*）等，其中珍珠梅对金黄色葡萄球菌和绿脓杆菌的杀菌作用很强，杀菌效果达 100%，碧桃对黑曲霉、黄曲霉均有 100% 的杀菌力（冯俊涛等，2001）。香樟叶中木脂素化合物具有抗病毒、抑菌作用（李应洪等，2018）。范亚民（2003）测定不同的乔灌草及水体组合的除菌作用由大到小依次为：乔灌草 > 乔草 > 稀乔水 > 草地 > 稀灌，且乔、灌、草结合型绿地模式的减菌效益明显高于其他模式。

（3）森林有防尘滞尘作用。由于工业生产和交通运输等导致化石燃料大量消耗，使得空气中的颗粒物含量急剧增大，造成空气浑浊、大气能见度下降、雾霾日数和危害程度增加等问题（张懿华等，2011），进一步导致空气中可吸入颗粒物（PM10）特别是可入肺颗粒物（PM2.5）含量的大幅升高，对人民身体健康构成严重威胁（Valavanidis *et al.*，2008）。

植物叶片表面不平、多皱纹、多绒毛，能分泌黏液、油脂及汁液，对各种飘尘能滞留、吸附、过滤，宛如一个天然的滤尘器，即树木防治空气颗粒物污染主要有滞尘作用、吸尘作用和阻尘作用等（左海军等，2016）。但不同树种，其滞尘、吸尘的能力存在显著差异，马元等（2018）研究表明，3 种植物叶面滞尘能力：圆柏＞银杏＞油松，分别为 4.79 mg·g^{-1}、2.48 mg·g^{-1}、1.42 mg·g^{-1}；林星宇等（2018）对青岛市 8 种园林乔木进行研究，发现单位叶面积滞尘量最大的是紫叶李（*Prunus cerasifera*），高达 7.2 g·m^2，最低为绦柳（*Salix matsudana*）2.8 g·m^2，植物叶片中重金属含量与滞尘量之间均表现出正相关关系；胡舒等（2012）对徐州 6 种常见落叶绿化树种的研究结果表明，滞尘能力最强的树种和最弱的树种滞尘量相差 2.9～3.6 倍。李艳梅等（2016）对昆明不同污染区 10 年以上的 10 种树木滞尘效果进行研究，在同一污染区不同阔叶树种或针叶树种的滞尘量不同，天竺桂和龙柏的滞尘量最高，在工业区分别为 15.20 g/m^2 和 39.13 g/kg^2（表 3-13）。

　　表 3-14 所示，植物主要通过叶片上表面滞留大气颗粒物，测试树种上表面滞留颗粒物的数量约为下表面的 5 倍。叶片上表面 PM2.5 和 PM10 平均百分含量分别为 66.7% 和 98.3%，下表面滞留的粗颗粒分别为 43.4% 和 92.9%。从而揭示植物叶面滞留的大气颗粒物主要是对人类健康危害严重的 PM2.5 和 PM10，同时说明颗粒物附着密度较大的树种能够在降低大气 PM2.5 和 PM10 方面发挥重要作用。

表 3-13　昆明不同树种叶片的滞尘量

区域	阔叶树种	滞尘量 / (g·m^{-2})	针叶树种	滞尘量 / (g·kg^{-2})
工业区	天竺桂（*Cinnamomum japonicum*）	15.20	龙柏（*Sabina chinensis*（L.）Ant. cv. Kaizuca）	39.13
	桂花（*Osmanthus fragrans*）	12.06	塔柏（*Sabina chinensis*（L.）Ant. cv. Pyramidalis）	37.08
	大叶女贞（*Ligustrun lucidum*）	11.06	柳杉（*Cryptomeria japonica*）	27.45
	法国梧桐（*Platanus acerifolia*）	7.33	雪松（*Cedrus deodara*）	22.29
	滇朴（*Celtis kunmingensis*）	5.11		
	广玉兰（*Magnolia grandiflora*）	4.98		
主城区	天竺桂（*Cinnamomum japonicum*）	8.54	龙柏（*Sabina chinensis*（L.）Ant. cv. Kaizuca）	20.00
	桂花（*Osmanthus fragrans*）	6.91	塔柏（*Sabina chinensis*（L.）Ant. cv. Pyramidalis）	15.93
	大叶女贞（*Ligustrun lucidum*）	3.83	柳杉（*Cryptomeria japonica*）	15.20
	法国梧桐（*Platanus acerifolia*）	2.88	雪松（*Cedrus deodara*）	8.05
	滇朴（*Celtis kunmingensis*）	1.48		
	广玉兰（*Magnolia grandiflora*）	0.46		
清洁区	天竺桂（*Cinnamomum japonicum*）	1.48	龙柏（*Sabina chinensis*（L.）Ant. cv. Kaizuca）	5.56
	桂花（*Osmanthus fragrans*）	1.00	塔柏（*Sabina chinensis*（L.）Ant. cv. Pyramidalis）	4.06
	大叶女贞（*Ligustrun lucidum*）	0.35	柳杉（*Cryptomeria japonica*）	5.13
	法国梧桐（*Platanus acerifolia*）	0.29	雪松（*Cedrus deodara*）	3.45
	滇朴（*Celtis kunmingensis*）	0.28		
	广玉兰（*Magnolia grandiflora*）	0.30		

表 3-14 北京市 11 种园林植物叶面滞留大气颗粒物密度及颗粒物粒径大小分析

树种	颗粒物附着密度 / (g·m⁻²)	叶片上表面		叶片下表面	
		PM2.5 百分含量 /%	PM10 百分含量 /%	PM2.5 百分含量 /%	PM10 百分含量 /%
白蜡 *Fraxinus chinensis*	6.40	72.0	97.8	68.6	100
紫丁香 *Syringa oblata*	2.23	74.7	100	42.9	100
毛白杨 *Populus tomentosa*	1.30	66.0	99.0	18.2	90.9
胡桃 *Juglans regia*	1.27	62.4	96.4	3.7	88.9
加拿大杨 *Populus canadensis*	0.78	62.0	95.7	50.0	97.5
旱柳 *Salix matsudana*	1.02	68.3	100	62.7	98.3
桃 *Prunus persica*	2.11	80.3	100	65.2	100
国槐 *Sophora japonica*	5.40	51.4	99.6	50.0	80.0
臭椿 *Ailanthus altissima*	2.69	87.0	100	73.7	94.7
冬青卫矛 *Euonymus japonicus*	20.8	52.1	94.4	13.3	100
五叶爬山虎 *Parthenocissus quinquefolia*	15.11	57.1	98.4	28.6	71.4
平均		66.7	98.3	43.4	92.9

资料来源: 王蕾等, 2006。

马远等(2018)研究北京市不同道路防护林的滞尘能力发现, 3 种防护林树种叶面滞尘能力差异显著, 圆柏 > 银杏 > 油松, 分别为 (4.79 ± 0.20) mg·g⁻¹、(2.48 ± 0.07) mg·g⁻¹、(1.42 ± 0.04) mg·g⁻¹, 3 个防护林滞尘量为圆柏林 (20.54 kg·hm⁻²) > 油松林 (15.79 kg·hm⁻²) > 银杏林 (5.22 kg·hm⁻²); Tallis 等 (2011) 研究发现大伦敦地区城市植被可减少空气中 0.7% ~ 2.6% 的 PM10 含量。

(4)森林是天然的消声器。交通和工业噪声是现代城市的一种公害, 它破坏正常的生活环境, 使人烦躁不安, 损害人的听力和智力, 降低人们的工作效率和影响身心健康。森林、城市林木和绿地, 作为天然的消声器有着很好的防噪声效果。多人的研究发现, 乔木、灌木和地被植物(或草坪)组成高低错落的绿地结构降噪效果最佳(耿生莲等, 2013), 其次为乔木类和灌木类, 草坪类最差(陈龙等, 2011)。配置模式为乔木 + 灌木 + 地被的绿地植物群落的降噪效果最佳, 且乔木和灌木交错的种植形式在降噪效果上优于灌木在前、乔木在后的排列式种植(金邑霞等, 2018)。

表 3-15 显示, 乔木 + 灌木 + 地被植物组成高低错落的绿地能使交通噪声降低 9.23 dB, 比用乔木树种组成乔木绿地降噪值高 44.4%, 比用乔木 + 灌木组成的绿地降噪值高 7.5%, 说明乔木 + 灌木 + 地被或乔木 + 灌木混合型绿地从多方位、多角度对交通噪声起到折射、反射与吸收作用, 使交通噪声明显减缓, 而乔木绿地组成单一, 降噪效应偏低; 同时对比研究 12 种绿化树种的降噪效果, 发现叶面粗糙且被毛的树种具有较好的降噪能力, 如河北杨(*Populus hopeiensis*)、小叶杨(*Populus simonii*)、毛白杨降噪效果最好。

表 3-16 显示相似的结果, 不同组成结构的道路绿地降噪能力不同, 其中乔

表 3-15　3 种绿地与对照交通噪声观测值

绿地类型	对照声级 /dB	绿地声级 /dB	降噪值 /dB
乔木＋灌木＋地被	68.07	58.76	9.23
乔木	69.97	63.79	5.13
乔木＋灌木	69.96	60.55	8.54

资料来源：耿生莲等，2013。

灌草结构道路绿地降噪能力最强，其次为乔木类和灌木类，草坪类最差，各类型绿地降噪能力均随宽度的增加而增加。他们的研究还发现，北京市城区道路绿地年降 9.35×10^7 dB（A）· a^{-1}，其中乔灌草结构绿地占 92.95%，单位面积道路绿地平均降噪 20 477 dB（A）· hm^{-2} · a^{-1}，其中乔灌草结构绿地最高，为 23 505 dB（A）· hm^{-2} · a^{-1}，分别是乔木类的 2.92 倍，灌木类的 17.92 倍，草坪类的 18.64 倍；北京市城区道路绿地消减噪声的年价值为 7.13×10^8 元 · a^{-1}，单位面积道路绿地降噪价值为 156 033 元 · hm^{-2} · a^{-1}。研究表明，北京市城区道路绿地结构搭配较为合理，在消减噪声方面发挥了重要作用，具有可观的生态效益。

表 3-16　不同结构的道路绿地降噪能力

绿地类型＼绿地宽度	噪声净衰减值 /dB（A）				相对降噪值 /%			
	10 m	20 m	30 m	40 m	10 m	20 m	30 m	40 m
乔木类	1.56	2.02	2.48	4.66	2.24	2.90	3.56	6.69
灌木类	0.99	2.22	3.12	4.30	1.42	3.19	4.48	6.17
草坪类	0.62	0.92	1.55	2.19	0.90	1.32	2.23	3.15
乔灌草	2.29	3.48	3.75	7.70	3.29	4.99	5.39	10.16

资料来源：陈龙等，2011。

（5）空气负离子浓度。空气负离子能吸附、聚集和沉降空气中的污染物和悬浮颗粒、净化空气，对皮肤、呼吸、神经、消化、循环系统等疾病有辅助疗效，被誉为空气维生素和生长素。综合国内外大量研究表明，森林能有效地增加空气负离子的数量，其空气中负离子浓度明显高于无林地，究其原因主要有以下几点：①森林中的植物通过光合作用释放的大量氧气与蒸腾作用产生的大量水汽容易离化产生自由电子，同时这些自由电子最易被氧气捕获，从而形成大量负氧离子；②森林的滞尘能力比裸地高 75 倍，因而森林中尘土减少了，负离子损耗则降低；③森林植物分泌的各种植物杀菌素也能促进空气电离而产生离化（张艳丽等，2016）。空气负离子浓度受环境和海拔因素影响，海拔在 1 000～2 000 m 的森林山区空气负离子浓度更为密集；其次，森林覆盖率对空气负离子浓度影响明显，当森林覆盖率达到 35%～60% 时，空气负离子浓度较高，而当森林覆盖率低于 7% 时，空气负离子浓度仅为前者的 40%～50%（韩明臣，2011）。

4. 供氧、碳汇，减缓地球"温室效应"

（1）森林是天然的制氧工厂。森林通过光合作用吸收大量 CO_2 放出 O_2，树木每吸收 44 g 的 CO_2，就能排放出 32 g O_2，1 hm^2 的阔叶林在生长季节一天可吸收 1.0 t 的 CO^2、释放 0.73 t 的 O_2，陆地的绿色植物提供了地球上 60% 以上的 O_2（殷茵等，2016）。森林每生长 1 m^3 木材，约吸收 1.83 t CO_2，释放 1.62 t O_2，全球森林年均吸收 CO_2 占生物碳总量的 80%。目前，我国森林年均净增长活立木蓄积量 5 亿 m^3，年均净吸收 CO_2 约 9 亿 t，为我国每年排放 CO_2 增量的 3 倍左右（黄淼，2009）。O_2 是人类维持生命的基本条件，一个人要生存，每天需吸入 0.8 kg O_2，排出 0.9 kg CO_2，1 hm^2 森林制造的 O_2 可供 1 000 人呼吸；一个城市居民只要有 10 m^2 的森林或 25 m^2 的草地绿地面积就能把一个人呼吸出的 CO_2 全部吸收，供给所需 O_2，如果再加上燃料燃烧产生的 CO_2，一个城市的居民则每人必须有 30~40 m^2 的森林绿地面积。就全球来说，森林绿地每年为人类处理近千亿 t CO_2，为空气提供 60% 的净洁 O_2（张丕德，2011）。

（2）森林碳汇。《联合国气候变化框架公约》将"碳汇"定义为：从大气中清除 CO_2 的过程、活动或机制；相反，向大气中排放 CO_2 的过程、活动或机制，就称为"碳源"（田甜，2020）。森林碳汇是指借助森林生态系统中植物（光合作用）吸收大气中的 CO_2，并固定在植被与土壤中，以减少大气中 CO_2 的浓度（袁胜全，2019）。作为陆地生态系统的主体，森林是陆地上最大的储碳库，在降低大气温室气体浓度、减缓全球气候变暖中，具有十分重要的作用。据 IPCC 估算，全球陆地生态系统中储存了 2.48 万亿 t 碳，其中 1.15 万亿 t 碳储存在森林生态系统中（刘金山等，2012），森林储存了全球约 80% 的地上碳储量和 40% 的土壤碳储量，是全球碳循环重要的库与汇（田甜，2020），全球森林对碳的吸收和储存约占全球每年大气和地表碳流动量的 90%，因而森林是地球上最经济有效的吸碳器。生态系统碳平衡的长期研究发现，1990—2007 年全球森林是一个巨大而持续的碳汇（即森林生长吸收的碳大于森林的碳排放），平均每年从大气中净吸收 24 亿 t 碳，而同时，世界范围内（尤其是热带森林区）的毁林造成每年 13 亿 t 的碳排放。最近的全球碳平衡研究的结果：2006—2015 年，全球陆地生态系统（主要是森林）平均每年从大气中吸收 31 亿 t 碳，而毁林和森林退化在这 10 年间平均每年造成 10 亿 t 的碳排放（陈家新等，2018）。这些研究都佐证了全球森林在调控大气 CO_2 浓度方面发挥着重要作用，造林、森林可持续管理和减少毁林是林业部门减缓气候变化最具有成本效益的选择。

中国是世界人口大国，CO_2 排放总量居世界第二位，但中国林业建设在减缓气候变暖的各种对策中，具有十分重要的和不可替代的地位和作用，中国森林固碳能力的显著增加，主要归因于中国是全球最大的人工造林大国，大规模的植树造林不仅保护和改善了中国的生态环境，也为减缓全球气候变暖做出了巨大贡献。1981—2000 年间，我国森林生态系统总碳汇为 29.9 亿 t，可抵消同期工业总排放量的 22.6%，每增加 1% 的森林覆盖率，可从大气中吸收固定 0.6 亿~7.1 亿 t 的碳（王可达，2011）。中国向国际社会承诺到 2020 年，中国单位国内生产总值 CO_2 排放比 2005 年下降 40%~45%，这一目标远远高于美国宣布的减排 17%、欧盟提出的最高减排 30% 的目标。2016 年，我国碳强度较 2005 年下降 43%，已经超额完成了到 2020 年碳强度下降 40%~45% 的目标任务。这其中，我国林业每年形成 5 亿~6 亿 t 的碳汇，为落实应对气候变化的目标做出了贡献（国家林业局，2017）。

5. 美化观赏、游憩休闲

绿色象征着生命力，绿色赋予朝气，21 世纪是一个绿色文明的时代。随着经济社会的快速发展，人们对森林生态功能、保健功能、文化功能的需求越来越旺盛，越来越迫切，以走进森林、回归自然为特征的森林生态旅游正逐步成为社会消费的热点。中国地理环境复杂，具备多种地貌类型，如平原、丘陵、台地、高原和山地等，中国南北跨越五个气候带，分别是热带、亚热带、暖温带、温带和寒温带。气候的多样性不仅给我国带来了种类繁多的生态景观，也孕育了灿烂的地域人文社科景观，这给森林生态旅游创造了良好的条件（王虹，2018）。森林生态旅游是在被保护的森林生态系统内，把人文、社会景观融入到自然景观中，使人们在森林中近距离的与大自然接触，陶冶情操，获得精神上的满足（张占林，2018）。山间明月，林中清风都可令人脑醒神明，风光旖旎的大森林，处处成景，奇岩险峰令人心驰神往，森缘海滩，成为人们休闲度假的最佳场所。

我国森林生态旅游起步较晚，1982 年建立了第一个国家森林公园——张家界森林公园，经历 80 年代初步发展和 90 年代飞速发展两个阶段后，森林生态旅游已经逐步形成了一个成熟的体系，森林生态旅游的崛起也为我国林业的可持续发展提供了潜在的生态价值与经济效益，推动林业向现代化的规范性产业迈进，森林生态旅游不仅从经济角度为林业基地的运转提供了充足的资金，也使其逐步脱离了政府拨款，开始向自给自足的第三产业靠拢。截至 2018 年，全国已建立国家级森林公园 897 处，规划面积 1 278.62 万 hm²。国家级森林公园建设在有效保护森林风景资源、弘扬传播生态文化、满足公众美好生活需求、助力精准扶贫等方面发挥着重要作用，取得了显著成绩（国家林业局，2018）。2011年，整体森林旅游及休闲人数已达 11.24 亿人次，林业旅游与休闲服务产业创收达 1 863.07 亿元（刘牧等，2019）。森林生态旅游每年可为旅游行业创收达 20 多亿元，已经成为我国旅游行业的重要组成部分（王霞，2019）。

总之，森林具有多种功能，对人类社会所能发挥的效益也是多方面的。归结起来，一是为人类提供生产、生活所需的物质资料，这是直接效益；二是涵养水源、保持水土、防风固沙、调节气候、净化空气等环境保护方面的作用，这是间接效益，其作用远远超过了森林所提供的木材和林产品的价值。我国是一林业大国，对环境保护的贡献不小（表 3-17）。

二、生态效益

关于森林生态效益的概念有多种说法，其内涵和定义还没有统一的概念。张建国（1994）认为森林的生态效益是指在森林生态系统及影响所及范围内，森林改造环境对人类社会有益的全部效用。从国外提供的现有文献资料来看，日本、韩国及美国等一些国家都认为森林具有经济和公益两方面的效能，森林的公益效能又分为环境效能和文化效能；而森林公益效能的计量化主要集中在不包括森林文化价值的环境效能上，即森林公益效能的计量化，包括对森林净化大气、涵养水源、防止水土流失、森林游憩以及野生动物保护等公益效能的价值进行评价。而我国则认为森林具有经济、生态和社会三大效益。虽然各国在对森林所具有的

表 3-17 "九五"和"十五"期间中国森林生态系统功能

功能	指标	"九五"期间	"十五"期间	增长 /%
涵养水源	调节水量 / (亿 m³·a⁻¹)	4 039.71	4 457.75	10.35
保育土壤	固土 / (万 t·a⁻¹)	556 216.14	643 552.65	15.70
	N / (万 t·a⁻¹)	1 050.36	1 197.19	13.98
	P / (万 t·a⁻¹)	517.28	628.57	21.51
	K / (万 t·a⁻¹)	8 939.37	10 403.05	16.37
	有机质 / (万 t·a⁻¹)	18 611.83	21 091.24	13.31
固氮释氧	固氮 / (万 t·a⁻¹)	26 387.37	31 929.74	21.00
	释氧 / (万 t·a⁻¹)	90 411.43	102 844.46	13.75
积累营养物质	N / (万 t·a⁻¹)	728.41	819.65	12.53
	P / (万 t·a⁻¹)	126.00	140.29	11.35
	K / (万 t·a⁻¹)	390.65	447.02	14.43
净化大气	提供负离子 / (10²⁷ 个·a⁻¹)	1.40	1.54	10.00
	吸收 SO₂/ (万 kg·a⁻¹)	2 496 593.47	2 800 718.18	12.18
	吸收 HF/ (万 kg·a⁻¹)	91 908.74	101 205.97	10.12
	吸收 NO₂/ (万 kg·a⁻¹)	122 305.16	138 241.61	13.03
	滞尘 / (亿 kg·a⁻¹)	42 815.28	47 236.67	10.33

资料来源: 张永利等, 2010。

功能效益上的分类及称谓有所不同, 但研究的范畴及内容大体上是相同的。我国"森林生态效益"的计量实际上就是国外所指的不包括森林文化价值的森林环境效能, 即森林公益效能的价值。

依据全球静态总平衡输入输出模型评估生态系统服务的总价值, 最终得到地球上 7 种生态系统过程的净输出量总值按 1994 年价格为 33.29 万亿美元, 这一数值可细分为海洋生态系统过程的 20.95 万亿美元, 占总价值的 62.97%; 陆地生态系统过程的 12.32 万亿美元, 只占总价值 37.03%, 其中森林生态系统位居第四。海岸生态系统每年每公顷服务价值为 577 美元, 陆地生态系统每公顷服务价值 804 美元 (表 3-18)。

根据第五次全国森林资源清查资料估算了我国森林生态系统八项服务功能的总价值为每年 30 601.20 亿元 (表 3-19), 相当于 1998 年国内生产总值的 38.54%。其中间接价值是直接经济价值的 14.94 倍, 说明森林生态系统除为社会提供直接产品价值外, 还具有巨大的间接经济价值, 且这种价值对人类的贡献比林副产品提供的价值更为显著。

根据第七次全国森林资源清查资料和森林生态系统研究网路台站 (CFERN) 多年连续观测数据, 应用由国家林业局 2008 年发布的《森林生态系统服务功能评估规范》对 2009 年全国及各省级行政区森林生态系统服务功能进行价值评估。结果表明, 2009 年, 我国森林生态系统服务功能总价值为

表 3-18 全球生态系统年服务价值

生态系统			单位面积服务价值 （美元 /a · hm²）	总服务价值 （10 亿美元 /a）	构成 /%
海洋			577	20 949	62.97
	远洋		252	8 381	25.91
	海岸		4 052	12 568	37.78
		海湾	22 832	4 110	12.35
		海草	19 004	3 801	11.43
		珊瑚礁	6 075	375	1.13
		大陆架	1 610	4 283	12.87
陆地			804	12 319	37.03
	森林		969	4 706	14.15
		热带森林	2 007	3 813	11.46
		温带森林	302	894	2.69
	草地		232	906	2.72
	湿地		14 765	4 879	14.67
		湖藻湿地	9 990	1 648	4.95
		沼泽湿地	19 580	3 231	9.71
	湖泊河流		8 498	1 700	5.11
	农田		92	128	0.38
全球价值				33 268	100.00

资料来源：谢高地等，2001。

表 3-19 森林生态系统服务功能评价结果（亿元 / 年）

功能	直接经济价值			间接经济价值				
	林木、林 副产品	森林游憩	涵养水源	固碳释氧	养分循环	净化空气	土壤保持	维持生物 多样性
评价结果	1 787.21	133.02	3 305.27	14 399.23	1 220.73	5 112.77	4 558.72	84.25
	8.54	0.43	10.80	47.05	3.99	16.71	14.90	0.28
分类合计	1 920.23			28 680.97				
总计	30 601.20							

资料来源：余新晓等，2005。

100 147.61 亿元 · a⁻¹。其中涵养水源价值为 40 574.30 亿元 · a⁻¹；保育土壤价值为 9 920.59 亿元 · a⁻¹；固碳释氧价值为 15 593.55 亿元 · a⁻¹；林木营养物质积累价值 2 077.06 亿元 · a⁻¹；净化大气环境价值为 7 931.90 亿元 · a⁻¹；生物多样性保护价值为 24 050.23 亿元 · a⁻¹。各项森林生态系统服务功能价值表现为涵养水源 > 生物多样性保护 > 固碳释氧 > 保育土壤 > 净化大气环境 > 积累营养物质。森林生态系统服务价值较大的区域主要分布在我国西南部地区（四川和云南）和东北地区（黑龙江和内蒙古）以及南部地区（广东、广西和福建），我国北方地区总价值普遍低于南方地区，东部地区普遍高于西部地区（王兵等，2011）。

第四节 保护森林的对策措施

要保护和重建森林生态系统首先必须提高对森林生态价值的认识，要认识到森林生态效益远远超过森林的经济价值。森林是保障国土生态安全、促进社会经济可持续发展、向社会提供森林生态服务的宝贵资源。因此，破坏森林就是破坏生产力，就是剥夺人类的生存权。维持人与自然，特别是人与森林的和谐发展，改善自然环境，维护生态平衡，才能够实现经济和生态的和谐发展。

一、缔结国际森林公约

众所周知，森林在地球陆地生态系统中的巨大作用是不言而喻的。然而，到了 20 世纪 90 年代初，国际社会对森林的重视程度才上升到一个政治高度上。在 1992 年 6 月 14 日的联合国里约环境和发展大会上《生物多样性框架公约》《荒漠化防治公约》等得到了通过，而在森林议题上只通过了《关于森林问题的原则声明》，本声明的全称为"关于所有类型森林的管理、保存和可持续开发的无法律约束力的全球协商一致意见权威性原则声明"，这些原则的指导目标是要促进森林的管理、保存和可持续开发，并使它们具有多种多样和互相配合的功能和用途。在 1992 年联合国环境与发展大会以后，国际社会缔约了一系列的多边涉林环境公约，包括《湿地公约》《濒危野生动植物物种国际贸易公约》《国际热带木材协定》《21 世纪议程》《关于森林问题的声明》《生物多样性公约》《联合国气候变化框架公约》《京都议定书》《联合国防治荒漠化公约》等。到 2007 年，第 62 届联合国大会审议通过了《非法律约束力的关于所有类型森林的文书》，简称《国际森林文书》，作为国际森林问题谈判阶段性的成果，是各国政府达成基本共识的一个结果。

缔结森林公约既可唤醒各国人民更加珍惜弥足珍贵的森林资源，加倍爱护森林，爱护树木；又可强化各国对林业工作的重视，加大对林业的投资，促进发达国家向发展中国家提供先进的林业技术等；同时，还可利用国际立法的方式来规范林业活动，特别是伐木行为，以拯救日益减少的森林资源。

二、改变生产和消费方式

森林虽具可再生特点，但也经不起人类的大肆掠夺。森林资源锐减的一个重要原因，即是发达国家与可持续发展相悖的生产和消费方式。发达国家是国际木材市场的最大买家，亦即最大的消费源；如果按人均计算，发达国家高出发展中国家的若干倍。当然，发展中国家也有必要逐渐改变非持续的生产与消费方式。比如，发达国家风行、发展中国家存在的一次性筷子消费现象，每天就消耗掉无以数计的木材。

三、重建森林屏障

多管齐下是拯救森林资源必不可少的措施。一要立法执法，大力植树造林和保护森林资源，严格控制林木砍伐量，杜绝非法伐木行为。二要规范国际木材交易行为，在国际和国家两个层次上建立木材认证和标识制度，从而达到国际市场交易的任何木材均是出自可持续经营的森林的目标。三要开发研究木材产品的替代品，这样也可减少森林的消耗，从而达到有效保护森林资源的目的。

世界重点生态工程建设实践始于 1934 年的美国"罗斯福工程"。19 世纪后期，不少国家由于过度放牧和开垦等原因，经常风沙弥漫，各种自然灾害频繁发生。20 世纪以来，很多国家都开始关注生态建设，先后实施了一批规模和投入都很巨大的林业生态工程，其中影响较大的有美国的"罗斯福工程"、苏联的"斯大林改造大自然计划"、加拿大的"绿色计划"、日本的"治山计划"、北非五国的"绿色坝工程"、法国的"林业生态工程"、菲律宾的"全国植树造林计划"、印度的"社会林业计划"、韩国的"治山绿化计划"、尼泊尔的"喜马拉雅山南麓高原生态恢复工程"等。这些大型工程都为各国的生态环境建设起到了重要的作用（李世东等，2002）。

据我国林业生态工程建设的特点，可分为两个阶段：第一阶段是 1978—2000年的十大防护林体系建设工程，第二阶段是 2001 年至今的六大林业重点工程。

自 1978 年开始，我国先后实施了以改善生态环境、扩大森林资源为主要目标的十大林业生态工程，工程规划区总面积 705.6 万 km²，占国土总面积的73.5%，规划营造林总面积 7 495 万 hm²（许传德，1999）。这些工程基本覆盖了我国主要的水土流失、风沙危害和台风盐碱等生态环境最为脆弱的地区，构成了我国林业生态体系的基本框架。

2001 年，我国全面启动和实施六大林业重点工程，这不仅是对我国林业建设工程的系统整合，也是对林业生产力布局的一次战略性调整（景峰等，2017）。天然林资源保护工程、退耕还林工程、京津风沙源治理工程、"三北"和长江中下游地区等重点防护林建设工程、野生动植物保护及自然保护区建设工程、重点地区速生丰产用材林基地建设工程等六大林业重点工程，范围覆盖了全国 97%以上的县，规划造林任务超过 7 333.3 万 hm²，工程建设范围之广、规模之大、投资之巨为历史所罕见，它将为把我国建设成为人与自然和谐、可持续发展的社会主义现代化国家留下浓墨重彩的一笔（许传德等，2009）。

思考与讨论

1. 如何理解森林是大自然的总调节器、"地球之肺"？

2. 我国森林面积居世界第五位，人工林面积居世界第一位，为何我国还属于少林的国家？

3. 说说你对森林生态效益的理解。查阅资料，谈谈当前森林生态效益的计量方式有哪些？

4. 查阅资料，对森林是否增加降雨量进行讨论。

5. 分小组讨论，在森林保护中如何建立森林屏障？

第四章
资源问题

资源是人类赖以生存和发展的物质基础，随着经济和社会的发展，对资源的理解也随之扩大。资源不仅是指可用于人类生产和生活的部分，也包括能够给予人类精神文明享受的自然环境部分。目前资源可划分为自然资源和社会资源两大类。自然资源包括土地资源、气候资源、水资源、生物资源、矿产资源、能源资源、海洋资源、旅游资源等。社会资源包括人力资源、智力资源、信息资源、技术资源、管理资源等。本章仅介绍自然资源部分。

第一节　概述

一、自然资源

联合国环境规划署（UNEP）认为："所谓自然资源，是指在一定时间、地点条件下能够产生经济价值的、以提高人类当前和将来福利的自然环境因素和条件的总称"。由于自然资源的内涵和外延十分丰富而广阔，并随人类认识的不断发展而变化，至今还没有一个完善的自然资源分类系统。近年来，中国较为广泛使用的一种分类，是以自然资源的属性与用途为主要依据所作的多级综合分类，其分类系统见表 4-1。

二、我国自然资源的主要特点

1. 种类齐全，储量丰富

世界现已发现各类矿产 200 多种，截至 2018 年底，我国已发现 173 种矿产，其中已经探明一定储量的矿产约 162 种，发现矿产地 2 万多处；水资源 2.74 万亿 m²，居世界第 6 位；耕地面积 20 亿亩，居世界第 4 位；森林面积 31.2 亿亩，居世界第 6 位；草地面积 60 亿亩，居世界第 3 位；矿产资源按 45 种重要矿产的潜在价值计，居世界第 3 位。其他如水能、太阳能、煤炭保有储量分别居世界第一、二、三位。资源总量大的特点为我国经济发展提供了重要基础（成升魁等，2020）。

表 4-1　自然资源多级综合分类系统

一级	二级	三级
陆地自然资源系列	土地资源	耕地资源
		草地资源
		林地资源
		荒地资源
	水资源	地表及地下水资源
		冰雪资源
	气候资源	光能及热能资源
		水分资源
		风力资源
		空气资源
	生物资源	植物资源
		动物资源
		微生物资源
	矿产资源	金属矿产资源
		非金属资源
		能源资源
海洋自然资源系列	海洋生物资源	海洋植物资源
		海洋动物资源
		海洋浮游生物资源
	海洋矿产资源	深海海底矿产资源
		滨海砂矿资源
		海洋能源资源

资料来源: 孙鸿烈, 2000。

2. 人均资源量少

尽管我国资源总量不少, 但人均资源量很低。据 144 个主要国家人均资源量的比较, 我国人均资源量在 144 个国家中的位置如下: 耕地面积 126 位; 草地面积 76 位; 森林面积 107 位; 淡水资源量 121 位; 45 种矿产资源潜在价值 80 位。

3. 资源质量不高

我国虽然资源种类齐全、储量丰富, 但大多数重要资源的质量水平并不高。如国土中有 1/3 的面积是难以利用, 我国境内流动沙丘 6.7 亿亩, 戈壁 8.4 亿亩, 海拔 4 000 m 以上的高山 29.09 亿亩, 总面积达 44.19 亿亩。我国优等耕地面积占全国耕地评定总面积的 2.90%, 矿产资源除煤以外, 大多矿种中贫矿多, 富矿少; 复杂难利用矿多, 简单易利用矿少; 中小型矿多, 大型矿少。以铁矿石为例, 我国铁矿贫矿多, 富矿少, 铁矿石平均品位只有 34.2%, 比目前世界铁矿石供应大国平均品位低 20 个百分点。

4. 地域分布不均匀

我国自然资源分布极不均匀, 增加了利用的难度, 如水资源东多西少, 南多北少, 彼此差异很大。关于这部分将在以后各节中介绍。

5. 资源消耗量大

进入 21 世纪以来, 中国成为亚洲和世界上最大的资源消耗国, 中国作为世界上经济增长最快、资源消耗量也最大的国家而日益受到关注。中国资源利用总量由 1970 年的 16.22 亿 t 快速增长到 2005 年的 178.55 亿 t，远高于俄罗斯、澳大利亚、印度、日本等国家。21 世纪的第一个 10 年是中国资源消耗加剧膨胀的 10 年，使得中国成为当今世界的资源消耗大国（成升魁等，2011）。

本章的自然资源只介绍矿产、能源、耕地、水资源。生物资源将单独立章介绍。

第二节　矿产资源

矿产资源指经过地质成矿作用，使埋藏于地下或出露于地表、并具有开发利用价值的矿物或有用元素的含量达到具有工业利用价值的集合体。矿产资源是重要的自然资源，属于非可再生资源，其储量是有限的。

矿产资源是人类社会经济与文明发展的物质基础。随着社会的发展，人类对矿产资源的依赖越来越大，对矿产资源的数量和质量要求越来越多。据统计，1900 年全世界的粗钢产量只有 2 830 万 t，2019 年世界粗钢产量达 187 000 万 t，增长了 66 倍；根据国际铝业协会统计，2019 年全球原铝产量为 6 370 万 t；1900 年全世界石油年产量不到 3 000 万桶，2010 年底为 1.526 万亿桶，增长 50 867 倍；国际铜研究小组（ICSG）研究显示，全球铜矿总产量由 2002 年的 1 360 万 t 增加至 2019 年的 2 055.3 万 t，增长 51.1%。目前，世界上除建材矿物外，元素周期表中可提取和利用的元素已达 85 种以上，工业上利用的矿物已占已知 3 000 多种矿物的 15% 以上，其中非金属矿产品的品种、数量的增长和用途的扩大尤其引人注目，已从 21 世纪初的 60 种增加到目前的 300 多种，包括 200 多种非金属矿物和 50 多种岩石。

一、中国矿产资源概况

中国是世界上矿产资源比较丰富、矿种配套比较齐全的少数几个国家之一。截至 2018 年底，中国已发现矿产 173 种，探明有储量的矿产 162 种，其中金属矿产 59 种，非金属矿产 95 种，能源矿产 13 种，其他水、气矿产 6 种。煤炭、钢铁、10 种有色金属、水泥、玻璃等主要矿产品产量跃居世界前列，成为世界最大矿产品生产国。中国 45 种主要矿产中有 25 种居世界前三位，其中稀土、石膏、钒、钛、钽、钨、膨润土、石墨、芒硝、重晶石、菱镁矿、锑等 12 种居世界第一位，矿产储量总值占全世界的 9.86%，探明储量潜在价值仅次于美国和俄罗斯，居世界第三位，说明我国矿产资源的产值在世界上居重要位置。

1. 矿产资源总量丰富，人均占有量少

截至 2004 年，我国已发现矿床、矿点 20 多万处，已成为世界上矿产资源总量丰富、矿产种类比较齐全的少数几个资源大国之一。2018 年，中国天然气、铜矿、镍矿、钨矿、锂矿、萤石、晶质石墨等重要矿产查明资源储量增长。全国新发现矿产地 153 处，其中大型 51 处，中型 57 处，小型 45 处。探明地质储量

超过亿吨的油田 3 处、超过 3 000 亿 m³ 的天然气田 1 个。

中国已探明的矿产资源总量较大，约占世界的八分之一，但是人均占有量不足，仅为世界人均占有量的 58%，居世界第 53 位。按单位国土面积拥有的主要矿产储量价值计，每平方千米国土面积内拥有矿产资源价值为世界陆地平均水平的 1.54 倍，居世界第六位。但是，由于中国人口众多，人均拥有矿产资源量只相当于世界人均拥有资源量的 27%，相当于美国人均的 1/10、苏联人均的 1/7。尤其是石油、天然气、铬、钴、金刚石、钾盐等不到世界人均的 1/10，石油资源的人均占有量只有世界人均的 11%，天然气不足 5%。2017 年我国平均每人生活消费能源为 415.6 kg，其中煤炭 67.0 kg，电力 654.3 kW·h，液化石油气 23.3 kg，天然气 30.3 m³，煤气 3.7 m³。改革开放特别是进入 21 世纪以来，我国矿产资源勘查开发得到了极大的发展，在我国已发现和开发的 173 种矿产在我国西部地区均有发现，全国有探明储量的 162 种矿产中，西部地区达 138 种（高锡林，2010）。中东部地区已知的重要成矿带找盲矿床及新类型矿床的潜力也很大。

2. 大型超大型矿与露采矿少，支柱性矿产中的贫矿和难选矿多

我国矿产资源总体上是矿区数量多而单个矿床规模偏小，大型超大型矿与露采矿少。矿床规模大的矿种仅有钨、锡、钼、锑、铅锌、镍、稀土、菱镁矿、石墨、煤炭。一些支柱性矿产的矿床规模则以中小型为主，大型超大型矿床少，如铁、铜、铝、硫铁矿等，不利于大规模开发，单个矿区难以形成较大产能，影响资源开发总体效益。世界上储量超过 200 t 的超大型金矿床有 48 个，而我国黄金单个矿区探明储量大于 60 t 的仅有 7 处；从矿山开发规模来看，智利丘基卡马塔一个矿山年产金属铜达 65 万 t，而我国铜矿区在 2018 年达到 1 915 处，全国探明铜资源储量 11 443.49 万 t，我国中小型和地下采矿多，经济可利用的资源储量少，许多矿产资源的经济可采储量仅仅相当于其查明资源量的 20% ~ 30%。

我国的矿产资源在质量方面存在诸多不利因素，导致其开发的经济效益低，在国际市场上竞争力不强，制约其开发利用。我国支柱性重要矿产资源，如铁、锰、铝、铜、铅、锌、硫、磷等，贫矿多或难选矿多，这大大降低了矿产资源的利用效率，也不同程度地影响矿产资源的开发利用。我国铁矿石平均品位为 34.2%，比世界平均水平低 10% 以上。锰矿平均品位仅 22%，不及世界商品矿石工业标准 48% 的一半，而且不少矿区杂质磷含量较高，在利用以前，需做选矿和脱磷处理。铝土矿几乎全为一水硬铝石型，用其生产氧化铝的建设投资和生产成本，明显高于处理三水铝石和一水软铝石。品位大于 1% 的铜矿储量只占总量的 35%，平均品位仅为 0.87%，远低于智利、赞比亚等世界主要产铜国的铜矿品位。硫矿的矿源明显不同于国外，国外主要是从石油、天然气中回收，而我国是以硫铁矿为主，且贫矿多，富矿少，利用效益差。磷矿富矿少，平均品位仅为 16.95%，且胶磷矿多，选矿难度大。

3. 资源分布不均匀性和区带性

我国矿产资源总体分布广泛，全国各省（自治区、直辖市）均拥有不同类型、不同规模的矿产资源，但由于地质成矿条件不同，导致矿产分布具有明

显的地域差异。总体而言，我国矿产资源的 80% 分布在北方，化工矿产资源的 80% 分布于南方诸省，铁矿资源的大部分蕴藏于北方东部地区，有色金属的 60% ~ 70% 则集中在长江流域及以南地区（曹新元，2004）。

我国 90% 的煤炭资源集中于华北、西北和西南，而经济较发达、用煤量大的东南部地区则较紧缺，形成了北煤南调、西煤东运的局面。我国磷矿 77.7% 的保有储量集中于滇、黔、川、鄂、湘，北方大量用磷则需南磷北调（张苏江等，2014）。我国铁矿主要集中于辽、冀、晋、川，其开发利用同样受交通运输等外部条件的制约。因此，资源产区与加工消费区不匹配。此外，我国西部边远地区现有一些尚为开发利用的大型、超大型矿区，开发利用难度较大，如西藏的铬矿等。基于矿产分布的这种态势，今后我国矿业发展趋势之一必然是其重心逐渐西移。国家实施西部大开发战略，矿产资源开发利用作为其重要内容之一，随着西部地区基础设施、交通、能源条件的改善，市场开放程度的提高，西部地区矿产资源开发利用将得到快速发展。

二、矿产开发对环境的影响

1. 废石和尾矿对矿山环境的污染

采矿需要剥离地表土壤和覆盖岩层。开掘大量的井巷，因而产生大量废石，选矿过程亦会产生大量的尾矿。这对环境会造成一定的影响：首先，堆存尾矿和废石需要占用大量土地，农田和堵塞水体，因而破坏了生态环境；其次，废石、尾矿如堆存不当可能发生滑坡事故，造成严重后果；再次，某些废石堆或尾矿场会不断逸出或渗析出各种有毒物质污染大气、地表或地下水体；有的废石堆若堆放不当，在一定条件下会发生自热、自燃，成为一种污染源，危害更大；刮风季节会从废石堆、尾矿场扬起大量粉尘，造成大气的粉尘等。综上所述，废石、尾矿对环境的污染主要为：占用土地，损害景观；破坏土壤、危害生物；淤塞河道、污染水体；飞扬粉尘，污染大气。

2. 采矿对矿区大气的污染

造成矿区大气污染的原因是多方面的，主要原因是来自矿井排风、瓦斯抽放、燃煤锅炉排放、煤矸石自燃以及各种金属矿产品加工厂排放的废气（尘），这些废气（尘）对植物、土壤及人类都会造成危害。采矿过程中堆砌的废渣，选矿过程形成的尾矿砂，由于颗粒细小，多为粉尘物质，遇大风天气，粉尘飞扬、遮天蔽日，能见度降低，对周边环境造成严重污染，危害群众身体健康（刘树奎，2009）。

3. 采矿对地下水和地表水的影响

采矿会破坏矿区本来的地质结构，破坏地下水的储存结构，导致地下水的流量和流向发生变化，影响地下水的补给和贮存，进而影响地表水的状态，甚至影响周围居民及工农业用水。采矿产生的矿坑水、选矿的工艺废水、矿区生活污水等会通过渗透、渗流和径流等途径流入周围环境，造成水质污染和农作物受害。被污染过的河流又进一步将污染范围扩大，从而造成更大范围的污染，影响环境中生物生长和人体健康。矿业废水中的污染物主要是酸和碱、重金属离子、固体悬浮物、选矿各种药剂和其他有害物质，此外还有硫化物、铅、镉、砷等有害物质（胡明，2011）。由于废水可以随地面扩散，将污染范围扩大，导致矿山周围水质恶化，有害有毒物超标，造成严重的环境污染。页岩气的开采过程中有返排液的处理环节，一旦处理不当就会污染地表水。据有关研究，页岩气开采过程中也会产生大量的废水，当压裂过程结束，压力释放，工作液就会顺着套管返流回地面，若此时对压裂液处理不当，或储存的过程会出现泄漏或是不合理排放、含有化学物质的洗井废水和场地雨水的排放也会对地表水造成污染（李健飞，2019）。

4. 采矿造成噪声污染

矿山设备的噪声级都在 95~110 dB（A），有的超过 115 dB（A），均超过国家颁发的《工业企业噪声卫生标准》。长期在高噪声的环境下工作会导致职业性耳聋，而且会引起心血管系统、消化系统和神经系统等的多种疾病。

5. 采掘工作破坏地面或山头植被

地下坑道的开掘破坏岩石应力平衡状态。在一定条件下会引起山崩、地表塌陷、滑坡、泥石流和边坡不稳定，造成环境的严重破坏和矿产资源的损失，甚至可能酿成严重的矿毁人亡重大恶性事故（张炳锋，2012）。

三、对策及措施

解决矿产资源紧缺的措施包括减少浪费、增加利用率；有计划进口，尽量减少或推迟我国的资源耗竭；增加开发新资源的研究和开发内容等。

1. 综合利用资源

由于矿产开发产生的废弃物是主要污染源，因此首先要做的是从源头做起，对资源进行综合利用，以减少废弃物的产生量，这是既有效又经济的方法。在生产实际中，除了要通过技术攻关提高矿石中主要元素的回收率外，还要考虑提炼伴生、共生的元素的综合回收，矿山废水治理与循环利用等措施，尽量减少尾矿的产出量。对于综合回收技术还不太成熟的复合多金属矿，可进行资源储备，待条件成熟时再开采利用，以避免资源的浪费（袁世伦，2004；杜学兵，2010）。此外，将采矿场作为独特的旅游资源进行生态性开发，可以做到生态效益、环境效益与经济效益并举，达到资源的充分利用和优化配置（陶云等，2005）。对于已经产生的尾矿，可对其中的有价金属元素以及非金属元素进行高效率的回收（袁世伦，2004；杜学兵，2010）。例如，可以采用如下几种处理方法：①利用尾矿制砖、水泥等建筑原料；②利用尾矿生产新型玻璃材料、建筑微晶玻璃等建材产品；③铁尾矿可大量用作路基的基础材料；④尾矿和废矿场中微量元素和稀有元素的再提炼、再利用。

2. 综合治理污染区

统一规划、综合建设污染区，比如，对固体废弃物堆积场进行复垦绿化，对已经污染的水源进行综合治理等，将环境污染治理与资源综合利用结合起来。同时要加强矿山固体废弃物堆场灾害的监测、控制和治理，避免溃坝、泥石流等灾害的发生。另外，可利用某些特殊植物对废水废气进行协助治理，此类植物可用来治理受污染的环境。研究表明，如紫花苜蓿和牧草等可吸收土壤中的砷（Clare，1997；倪师军等，2001）；不少藻类对酸性水具有很强的忍耐力，可对水体进行一定程度的净化（丛志远等，2003）；蜈蚣蕨和粉叶蕨也可富集大量砷（宋书巧等，2004）等。也可应用微生物，帮助增加植物的营养吸收效率、改进土壤结构、减少重金属毒害及增强对不良环境的抵抗力，从而在污染区重建与植被恢复中发挥重大作用（宋书巧等，2001）。

3. 健全法律和政策体系

健全相关法律体系，应在确定固体废弃物的综合利用和建设模式、指标体系等的基础上，制定矿产二次资源利用技术政策以及矿产采选情节生产技术的各方面要求、采场安全稳定性建设方案等，规范开发行为。同时建立覆盖黑色和有色金属等行业典型矿山固体废弃物堆场（库）灾害数据库等，建立相应倡导方案以及相关评价体系，以确保相关工作安全、高效地进行环保（伊彩文，2010）。

第三节　能源

能源是指可以从中取得能量以转换为人们所需要的热、光、动力、电力等的自然资源。能源资源为人类生存和生活乃至国民经济和社会发展提供了最基本的物质资源，始终是国家最重要的战略资源之一。在现代社会中，能源消费的水平在一定程度上是衡量国民经济发展和人民生活水平的一个重要指标，科学技术越发达，劳动生产率越高，社会产品越多，人民的生活越优越，能源的消耗量越大，对能源的依赖程度越高。因此，摸清和分析中国能源资源的现状和特点，充分合理地利用中国的能源资源，科学地探讨和预测中国能源发展的前景，有着重要的意义。

一、概况
1. 能源分类

能源根据其成因、性质和使用状况，一般可以分为两大类。一类是一次能源，是从自然界直接取得而不改变其基本形态的能源，或称天然能源。另一类是二次能源，又称人工能源，是经过加工转换成另一种形态的能源（表4-2）。

2. 世界能源资源分布

在全球范围内能源资源的分布是不均衡的。尽管煤炭资源分布范围广泛，地球上约15%的陆地总面积均有含煤地层，但北半球煤炭储量占全球地质储量的99.2%，主要分布在北半球中、高纬度地带。2000年，世界已经探明的煤炭可采储量为 $10\ 696.36 \times 10^8$ t，其中探明储量最多的国家是美国。石油资源主要集中在北半球的北纬 $20° \sim 40°$ 和 $50° \sim 70°$ 之间，波斯湾、墨西哥湾、北非、北海油田等石油产区均在这些纬度带内。世界石油探明可采储量为 $2\ 446 \times 10^8$ t，其中沙特阿拉伯储量为 409×10^8 t；天然气探明可采储量为 198.8×10^{12} m³，储备最多的国家为俄罗斯；水能资源开发量为 $124\ 622 \times 10^8$ kw·h，水能资源最多的国家是中国，可开发量是 $20\ 501 \times 10^8$ kw·h；全球铀矿资源储量为 397.2×10^4 t，非洲铀矿资源储量占全球总量的30.8%，亚洲占25%，北美洲占20.4%，探明储量最多的国家是美国。截至2019年，全球钴矿产量 158.1×10^3 t，全球钴储量为

$6\,569\times10^{3}$ t，刚果民主共和国钴储量占比最高为 51.8%（《2020 年 BP 世界能源统计年鉴》）。

表 4-2　能源分类

按使用状况分	按性质分	按成因分	
		一次能源（天然能源）	二次能源（人工能源）
常规能源	燃料能源	泥煤 褐煤 烟煤 无烟煤 石煤 油页岩 油砂 原油 天然气 生物燃料	煤气 焦炭 汽油 煤油 柴油 重油 液化石油气 丙烷 苯胺、火药 甲醇、乙醇 余能、电能
	非燃料能源	水能	蒸汽 热水 余热
新能源	燃料能源	核燃料	氢
	非燃料能源	太阳能 风能 地热能 潮汐能 海水热能 海流、波浪动能	激光

二、中国的能源特点

1. 能源消费结构

能源消费是指生产和生活所消耗的能源。能源消费按人平均的占有量是衡量一个国家经济发展和人民生活水平的重要标志。人均能耗越多，国民生产总值就越大，社会也就越富裕。在发达国家里，能源消费强度变化与工业化进程密切相关。随着经济的增长，工业化阶段初期和中期能源消费一般呈缓慢上升趋势，当经济发展进入后工业化阶段后，经济增长方式发生重大改变，能源消费强度开始下降。

据《2019 中国统计年鉴》数据显示（表 4-3），在我国部门消费结构中，能源消费以工业部分为主，占 50% 以上，其次为运输部门和服务业部分。随着我国经济的发展，对能源消费的需求量不断加大，呈现出本地能源消费量不断攀升的趋势。2017 年的本地能源消费量相对于 2013 年上升了 7.58%。在分部门能源消费的比重中，工业部门所占比例呈现了较稳定的趋势。

我国一次消费总量与结构的变化

表 4-3　中国能源消费结构　　单位：万 t 标准煤

项目	2013 年	2014 年	2015 年	2016 年	2017 年
消费总量	416 913.02	425 806.07	429 905.10	435 818.63	448 529.14
农、林、牧、渔业	8 054.80	8 094.27	8 231.66	8 544.06	8 931.23
工业	291 130.63	295 686.44	292 275.96	290 255.00	294 488.04
建筑业	7 016.97	7 519.58	7 696.41	7 990.93	8 554.51
交通运输、仓储和邮政业	34 819.02	36 336.43	38 317.66	39 651.21	42 190.79
批发、零售业和住宿、餐饮业	10 598.16	10 873.01	11 403.69	12 015.23	12 475.43
生活消费	45 530.84	47 212.33	50 098.96	54 208.66	57 620.31
其他行业	19 762.59	20 084.01	21 880.78	23 154.47	24 268.83

资料来源：《中国统计年鉴》（2015—2019 年）

2. 主要能源分布

中国幅员辽阔，蕴藏丰富的能源资源，世界各国具有的能源类型，中国几乎都有，而且数量还很可观，矿产能源占目前中国国内能源生产的 93% 以上。从总量上来看，中国能源生产居世界首位。目前统计，中国水能资源蕴藏量居世界第 1 位，开发利用太阳能资源居世界第 1 位；煤炭资源总储量居世界第 4 位；石油资源储量居世界第 13 位，已探明储量居世界第 12 位。其他如天然气、潮汐、地热、风力和核能等资源都很丰富。本章主要介绍煤炭、石油、天然气。

（1）煤炭

中国煤炭产量近十几年来呈现逐年上升的趋势，特别是自 2002 年后随着中国经济的快速发展，煤炭产量增速明显上升，至 2010 年原煤生产量已达 22.7 亿 t，如图 4-1。《2019 中国统计年鉴》显示，自 1990—2019 年中国煤产量指标始终处于世界第一位。2010 年，全国探明煤炭基础储备为 2 793.93 亿 t，其中山西和内蒙古最为丰富。中国煤炭资源的地区分布很不平衡。从全国范围来看，山西省

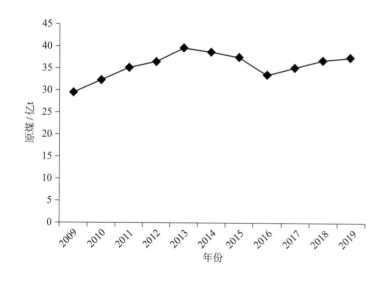

图 4-1　2009—2019 年中国原煤产量
数据来源：国家统计局。

依然是我国煤炭资源大省。内蒙古的煤炭基础储备已达到769.86亿t，居全国第二，不过煤种主要为褐煤，优质无烟煤和炼焦煤资源相对较少。

（2）石油

根据国土资源部《全国油气资源动态评价（2015）》，全国石油地质资源量1 257亿t，可采资源量301亿t。其中，陆上石油地质资源量1 018亿t，可采资源量229亿t；近海石油地质资源量239亿t，可采资源量72亿t。目前，中国石油的地质探明程度为22%，可采资源探明程度在65.7%左右。勘查实践表明，全国有100多个沉积盆地具备基本油气地质条件，40多个获得工业规模油气发现，主要分布在东部、中西部地区和海域（图4-2）。当前我国战略石油储备三期工程正在规划中，重庆市万州区、河北省曹妃甸等都有希望被选为三期工程的储油基地。2020年整个项目一旦完成，中国的石油储备能力将提升到约8 500万t，相当于90天的石油净进口量，这也是国际能源署（IEA）规定的战略石油储备能力的"达标线"。

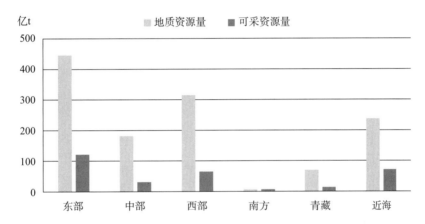

图4-2　中国石油地质资源量与可采资源量大区分布
数据来源：王陆新等，2018；《全国油气资源动态评价（2015）》

（3）天然气

根据国土资源部《全国油气资源动态评价（2015）》，我国常规天然气地质资源量90.3万亿m³（未包括南海中南部天然气资源），可采资源量50.1万亿m³。其中，致密气地质资源量22.9万亿m³，可采资源量11.3万亿m³，分别占全国总量的25.3%和22.5%。从区域分布看，我国天然气资源主要分布在中部、西部和近海（图4-3）。其中中部天然气资源最丰富，地质资源量36.2万亿m³，可采资源量19.8万亿m³，分别占全国的40.1%和39.8%。近海地质资源量20.8万亿m³，可采资源量12.2万亿m³。

当前我国天然气资源开发面临的问题与挑战主要表现在以下五个方面：

① 资源品质总体不高，且劣质化趋势明显。我国剩余常规天然气资源中80%以上属于低渗（渗透率＜1 md）、深层（3 500 m）、深水（＞500 m）以及高含硫气等。其中，待探明致密气地质资源量占总资源量的25.2%，深层和超深层地质资源量合计占近一半。在现有经济技术条件下，非常规天然气资源中具有

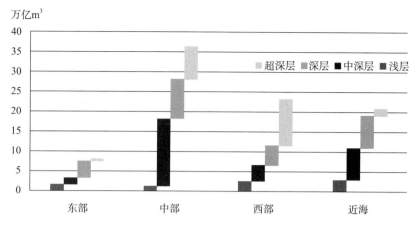

图 4-3　全国天然气资源量的区域和深度分布
资料来源：原始数据源于《全国油气资源动态评价（2015）》，
经整理成图

现实可开发价值的比例不高，页岩气经济可采资源量约 5.5 万亿 m^3，煤层气仅4 万亿 m^3。统计显示，近十年来，低渗、特低渗储量约占全国新增天然气探明地质储量的四分之三；天然气储量丰度不断降低，中、低丰度气藏储量占比超过60%；新发现气藏埋藏深度显著增加，中深层储量占比超过 40%。

② 勘探开发关键技术和重大装备创新不够。我国天然气勘探面临着"丰度低、埋深大、目标隐蔽"等问题，开发面临着储量品质低、地表条件恶劣等难题，亟需核心技术创新支撑。目前，复杂地质条件下的天然气资源地质理论和勘探技术有待完善；深层、致密、火山岩等气藏高效勘探开发配套关键技术亟待提高；深水气藏开发核心技术和关键装备仍然无法满足大规模勘探开发需要；页岩气和煤层气经济有效开发关键技术和核心装备仍需攻关，深部页岩气甜点预测理论与水力压裂开发技术体系尚未形成，海陆过渡相及陆相页岩气勘探开发、低煤阶煤层气勘探开发技术仍处于探索阶段。

③ 上游开放程度有限，勘探开发投入不足。目前，我国油气矿业权高度集中，超过 90% 的优质区块仍集中在少数石油企业手中，油气矿业权竞争性出让市场制度有待完善推广，区块退出机制和油气矿业权转让机制仍不健全，充分竞争的多元化勘查开采体系尚未形成，这一切制约了社会资本投入。

④ 资源开发支持政策体系亟待完善。我国尚未建立差别化油气资源税政策。成本高、风险大，但潜力巨大的深层天然气勘探开发缺少相应的支持政策。大量品位低、效益差的致密气储量在低油价下难以动用，财税政策支持欠缺。我国页岩气勘探开发仍处于起步阶段，海陆过渡相和陆相地层资源开发潜力有待落实，海相页岩气开发经济性有待提高，大规模增储上产面临诸多不确定性，财税支持政策仍待制定和延续。

⑤ 产业结构性矛盾突出，制约上游发展。一是我国储气调峰能力不足和天然气消费季节性差异导致天然气生产峰谷差大，2017 年天然气生产峰谷差高达7 000 万 m^3/ 日，过高的采气速度可导致气藏过早见水，进而采收率下降。二是我国天然气市场化定价机制尚未实现，国产陆上气销售门站价格主要由政府采用

市场净回值法确定，季节性调峰价格尚未推广，削弱了价格杠杆调节上游投资的作用，制约了储气库等基础设施建设。

3. 能源特点

（1）人均占有量少

我国人均煤炭矿山可采储量不足100 t，相当于世界平均值的1/2。BP数据显示，2016年中国人均石油占有量为2.54 t，是世界平均水平的8%；天然气人均占有量为3 916 m³，是世界平均水平的15%；煤炭人均占有量为177 t，达到世界平均水平。中国人均能源消费量为2.21 t油当量，略高于世界平均水平，约为经合组织的二分之一（表4-4）。国际能源署的数据显示，2015年中国尚有约三分之一人口未能使用上清洁的炊事能源。对于人口大国来说，我国是能源短缺的国家。

表4-4 中国与世界人均石油资源量、产量、消费量对比（t/人）

	人均最终石油可采资源量	人均石油产量	人均石油消费量
中国	11	0.122	0.125
世界	60	0.57	0.56
中国占世界的比例/%	18.3	21.7	22.3

数据来源：资源量、产量、消费量来自中国石油天然气总公司信息研究所；人口数量根据《中国统计年鉴》。

我国石油和天然气储量少，随着国民经济的持续发展，远远不能够满足国民经济发展的需要。我国对自产能源的消费主要是依靠煤气和电力资源，对进口能源的消费主要是依靠石油和煤炭资源，并且进口石油资源均占能源供给比重的50%以上（表4-5）。

（2）能源利用率低

我国人均资源量少，但由于对资源缺乏正确的资源观和技术水平较低，因此能源利用率很低，浪费严重。我国能源利用效率很低，一般只有30%左右，能

表4-5 中国自产能源和进口能源状况

项目	2013年	2014年	2015年	2016年	2017年
能源总供给/万t标准煤	417 415	426 095	429 960	431 842	446 007
自产能源/万t标准煤	358 784	361 866	361 476	346 037	358 500
石油/万t	20 992	21 143	21 456	19 969	19 151
煤炭/万t	397 432	387 392	374 654	341 060	352 356
电力/亿kW·h	54 316	56 496	58 146	61 425	64 951
进口能源/万t标准煤	73 420	77 325	77 451	89 730	99 957
石油/万t	34 265	36 180	39 749	44 503	49 141
煤炭/万t	32 702	29 122	20 406	25 555	27 093
电力/亿kW·h	74	68	62	62	64

数据来源：《中国统计年鉴（2019—2016）》。

源系统的总效率更低，只有 9.3%。这意味着 90% 以上的能源在开采、加工、储运、转换和终端利用过程中损失和浪费掉，还污染了环境。我国 1 t 煤产生的效率仅相当于美国的 28.6%，欧盟的 16.8%，日本的 10.3%，工业用水重复利用率要比发达国家低 15% ~ 25%。另外，我国矿产资源的总回收率大概是 30%，比国外先进水平低了 20%；我国建筑节能、建筑高能耗问题十分突出，建筑物能耗比国外先进水平要高 50% 以上。

三、解决能源短缺的措施

解决能源短缺必须执行节能与开发并举，以节能为主，努力提高能源利用效率。我国能源政策是：保障能源安全、优化能源结构，提高能源效率、保护生态环境、继续扩大开放、加快西部开发。

1. 开发新能源和可再生资源

（1）沼气能。沼气能是一种综合利用的清洁能。在农村每家每户都可以利用人粪尿、猪牛粪和秸秆作为沼气能的原料。沼气能利用后的沼气渣又可以培养食用菌、蚯蚓，其后的培养渣又可当肥料，使能源得到充分利用。

目前，中国作为世界上积极开发利用沼气能的国家之一，全国有 1 800 多个县超过 2 000 万位农民用上了这种新能源，共兴建沼气池 400 万个，沼气集中供应站 1 580 处。中国的沼气应用发展也很快，已从单纯炊事、照明发展到综合利用的新阶段（欧阳雨祁等，2019）。

（2）太阳能。太阳能是清洁能源，资源丰富。我国有 2/3 的国土每年太阳能辐射总量大于 502 万 kJ/m^2，我国约有太阳能资源相当于 1.9 万亿 t 标准煤，若按达到地面的太阳能平均功率 1 kW/m^2 计，全国太阳能功率可达 9.6 万亿 kW。全国使用的太阳能电池达 6 000 kW，预计 2030 年可达 5 000 万 kW。

（3）核能。核能是安全清洁能源，核电厂对环境的影响远小于燃煤电厂，由于核电厂不放出二氧化碳、二氧化硫和氮氧化物，不会造成大气污染、温室效应，从而保护了人类赖以生存的生态环境。核反应堆的安全性是大家最关心的问题，但核电站的潜在事故发生的概率很小。据有关专家估计，非核事故每年在 1 600 人中有一人死亡，而核事故每年在 3 亿人中才有一人有可能死亡的危险（表 4-6）。

（4）风能。我国风能资源丰富，资源总量为 32.26 亿 kW，可开采利用的风能资源为 2.53 亿 kW。我国已经把风力发电作为新能源发电的重点之一，目前主

表 4-6　人为事故对人类的危害

事故类型	总死亡人数	每个人死亡的概率
机动车辆事故	55 791	1/4 000
火灾和烫伤	7 451	1/25 000
飞机失事	1 778	1/100 000
电伤害	1 148	1/160 000
核反应堆事故（以 100 座计）		$1/3 \times 10^8$

资料来源：刘培桐，2000。

要问题是我国还不具备制造大型风力发电组关键部件技术和能力；在风场的选择、风电场建设上还缺乏科学的手段和标准规划。要加强科学研究，使风能的利用逐步进入规模化。

（5）地热能。我国已发现地热点3 200多处，地热水温在140~330℃。地热可采储量约为4 627亿t标准煤。其他如海洋能等都将是今后能源开发的重要方向。

（6）页岩气。页岩气是蕴藏于页岩层中的天然气，成分以甲烷为主，与"煤层气""致密气"同属一类。页岩气是一种清洁、高效的能源资源和化工原料，主要用于民用和工业燃料、化工和发电等，具有广阔开发前景，页岩气的开发和利用有利于缓解油气资源短缺，增加清洁能源供应，是常规能源的重要补充。国家发改委发布的《页岩气发展规划》显示，到2015年，中国页岩气年产量将达到65亿m³，2020年力争达到300亿m³。"十四五"及"十五五"期间，我国页岩气产业加快发展，海相、陆相及海陆过渡相页岩气开发均获得突破，新发现一批大型页岩气田，并实现规模有效开发，2030年实现页岩气产量800亿~1 000亿m³（《页岩气发展规划（2016—2020年）》）。

（7）生物质能。生物质能就是太阳能以化学能形式贮存在生物质中的能量形式，即以生物质为载体的能量。它直接或间接地来源于绿色植物的光合作用，可转化为常规的固态、液态和气态燃料，取之不尽、用之不竭，是一种可再生能源，同时也是唯一的一种可再生的碳源，包括木本油料、微藻能源、秸秆乙醇能等清洁能源。生物质能具有可再生性，低污染性，广泛分布性，总量丰富，应用广泛的特性。

除了开发新能源外，在当今全球化、市场化的趋势下，利用目前有利的时机到国外去勘察开发资源，建立一批国外供能基地，保证我们石油等能源的正常供应。在国内对石油等战略物资要采取防护性的开发政策，不能够"肥水快流"。

2. 节约能源

推进能源消费革命。实施全民节能行动计划，全面推进工业、建筑、交通运输、公共机构等领域节能，实施锅炉（窑炉）、照明、电机系统升级改造及余热暖民等重点工程。大力开发、推广节能技术和产品，开展重大技术示范。实施重点用能单位"百千万"行动和节能自愿活动，推动能源管理体系、计量体系和能耗在线监测系统建设，开展能源评审和绩效评价。实施建筑能效提升和绿色建筑全产业链发展计划。推行节能低碳电力调度。推进能源综合梯级利用。能源消费总量控制在50亿t标准煤以内。

提高能源利用率是节约能源的主要措施。我国民用能源总利用率仅20%，发达国家为70%。我国总能源利用率仅30%。如我国新建的火电站平均热效率仅29%，今后采取新工艺，新增的发电装置热效率平均以37%~38%计，每年可节约标准煤5 000万t，相当于原煤1亿t。如果我国所有蒸汽轮机效率能够提高1%，则每年可多发电20亿kW·h。煤气化是节能的一项重要措施。1 t商品煤变为煤气供民用可顶1.9 t标准煤的直接燃烧，热效率可提高近1倍。我国城市每年耗煤1亿t，即可节省5 000万t。

第四节　土地资源

　　耕地是一种特定的土地，是人类活动的产物，是人类开垦以后用于种植农作物，并且经常进行耕耘的土地，也是农业生产最基本的不可代替的生产资料。我国国土面积虽然很大，但由于人口众多、可利用耕地减少，再加上不合理利用，土地浪费、退化非常严重。耕地面积不断减少会很难承受今后人口继续增加和国民经济增长的需要。了解我国的耕地资源状况，是实施耕地综合调控，促进农业可持续发展的基础。那么如何面对这个现实是本节讨论的主要内容。

一、概况

1. 耕地面积现状

　　我国国土面积 960 万 km^2，占世界陆地面积 7%，居全球第三位（俄罗斯第一，加拿大第二）。2017 年我国共有耕地 134 881.2 万 hm^2，主要分布在黄淮海平原区、东北平原区、四川盆地以及云南。其中尤以黑龙江、河南、山东、内蒙古和河北等省（自治区）的耕地面积占比较高，均超过 5%。相对而言，东南沿海、京津沪三个直辖市以及青藏地区的耕地分布较少。青藏地区因气候恶劣，地形坡度大、土壤贫瘠，耕地资源分布较少，西藏和青海两个省区的耕地面积仅占全国总量的 0.3% 和 0.45%。此外，东南沿海诸省份以及京津沪三个直辖市，虽然水热条件较好，但受多年来建设占用以及本辖区面积的影响，耕地面积占比也较低（表 4-7）。

表 4-7　2017 年底各地区耕地面积及占比

地区	耕地面积 / 千 hm^2	占比 /%
地方合计	134 881.2	100
北　京	213.7	0.19
天　津	436.8	0.36
河　北	6 518.9	5.19
山　西	4 056.3	3.33
内蒙古	9 270.8	5.87
辽　宁	4 971.6	3.36
吉　林	6 986.7	4.55
黑龙江	15 845.7	9.72
上　海	191.6	0.20
江　苏	4 673.3	3.91
浙　江	1 977.0	1.58
安　徽	5 866.8	4.71
福　建	1 336.9	1.09
江　西	3 086.0	2.32

地区	耕地面积 / 千 hm²	占比 /%
山　东	7 589.8	6.17
河　南	8 112.3	6.51
湖　北	5 235.9	3.83
湖　南	4 151.0	3.11
广　东	2 599.7	2.33
广　西	4 387.5	3.47
海　南	722.4	0.60
重　庆	2 369.8	1.84
四　川	6 725.2	4.89
贵　州	4 518.8	3.69
云　南	6 213.3	4.99
西　藏	444.0	0.30
陕　西	3 982.9	3.33
甘　肃	5 377.0	3.83
青　海	590.1	0.45
宁　夏	1 289.9	0.91
新　疆	5 239.6	3.39

数据来源：《中国统计年鉴（2019）》。

2. 耕地结构现状

我国耕地的组成结构从高到低分别为：旱地、灌溉水田、水浇地、望天田和菜地。不同省份旱地的比重为 55.13%，在耕地中占有绝对优势；而灌溉水田和水浇地比重相对较低。旱地没有灌溉设施，主要靠天然降水种植旱作物，其质量相对于灌溉耕地要低。我国的耕地以旱地为主，客观上也造成了耕地质量总体水平偏低。中、南部和东南沿海的上海、广东、浙江、湖南、福建、江西、江苏、湖北等 9 省市的灌溉水田在耕地中的比重超过 50%。这些区域一般水热条件较好，且多为低海拔平原区，是我国优质耕地分布的主要聚集地。耕地结构以旱地为主的省份主要分布在东北、黄土高原、西北、西南地区，包括黑龙江、吉林、辽宁、甘肃、山西、内蒙古、陕西、云南、贵州、青海、宁夏等省区，旱地比重均超过 60%。这些区域降水量多介于 400 ～ 800 mm，气候较为干燥，耕地质量较差。

3. 耕地面积变化

全国耕地面积变化情况如表 4-8 所示，2000—2008 年，全国耕地面积净减少了 652 万 hm²，平均每年净减少 81.5 万 hm²。2008—2011 年，全国耕地面积呈净增加趋势，2011—2017 年，虽然耕地面积总量减少，但是减少幅度明显下降。

一定数量的耕地资源是粮食安全的最直接保障，国家划定了 18 亿亩耕地红

表 4-8　1980—2017 年间全国耕地面积变化情况

年份	1980	1990	2000	2001	2002	2003	2004	2005	2006	2007
面积 1	13 527	13 032	12 824	12 762	12 593	12 339	12 244	12 208	12 178	12 174
面积 2	202 902	195 481	192 365	191 424	188 894	185 088	183 666	183 124	182 664	182 603
年份	2008	2009	2010	2011	2012	2013	2014	2015	2016	2017
面积 1	12 172	13 538	13 575	13 598	13 516	13 516	13 506	13 500	13 492	13 486
面积 2	182 574	203 077	203 630	203 981	202 738	202 745	202 586	202 498	202 382	202 294

注："面积 1"和"面积 2"均为全国耕地总面积数，前者单位为万 hm^2，后者单位为万亩。耕地面积数为中华人民共和国自然资源部公布数据。

数据来源：2001—2017 年中国国土资源公报。

线是要求数量与质量并举的红线。由于我国自然条件差异大，不同区域耕地质量存在宏观差异，同一区域内部耕地质量也有差异，所以耕地的粮食生产保障能力差异巨大，正是基于此，国家又通过设定 15.6 亿亩基本农田，对耕地质量进行保护。不仅要对优质耕地进行保护，还要进行建设，只有如此，才能为粮食生产提供最重要、最坚实和最基础的保障。

二、耕地减少原因分析

我国土地资源总量多，人均占有量少，尤其是耕地少，耕地后备资源少。随着人口的增加和经济的发展，土地资源形势日趋严峻。我国耕地面积大量减少，土地退化、损毁严重，土地后备资源严重不足，60% 以上的耕地分布在水源不足或者水土流失、沙化、盐碱化严重的地区，通过开发补充耕地的潜力也十分有限，土地利用粗放，利用率和产出率低，浪费土地的情况十分严重。造成耕地减少的因素主要包括非农建设占用、生态退耕、农业结构调整和灾害损毁 4 个方面。

1. 非农建设占用

目前，我国正处在"经济中等发达、稳增长、耕地快速减少"的阶段。耕地被建设占用是必然经历的阶段。2001—2007 年，全国共有 154.1 万 hm^2 耕地转变为建设用地，造成了社会经济发展的代价性损失。2017 年，供应国有建设用地 60.32 万 hm^2（904 万亩），同比增长 13.58%。其中，工矿仓储用地 12.28 万 hm^2，同比下降 0.2%；商服用地 3.09 万 hm^2，同比下降 11.97%；住宅用地 8.43 万 hm^2，同比增长 13.15%；基础设施及其他用地 36.52 万 hm^2，同比增长 22.39%（图 4-4）。在国家建设用地中，住宅用地供应占到了 13.98%，商服用地供应占 5.12%，工矿仓储供应占 20.36%，基础设施及其他用地占 60.54%（图 4-5）。

2. 生态退耕

保护环境是各个国家共同高度关注的主题，生态退耕也是势在必行的，而且生态退耕是引起耕地减少的主要原因。生态退耕主要是对陡坡耕地、严重沙化耕地、严重盐碱化不宜继续耕种的耕地，以及生态脆弱区的耕地等进行生态还林、还草或还湖治理。由于历史上不合理的滥垦滥伐、过度放牧等造成水土流失或土地荒漠化，使得一些地区生态系统退化，通过生态退耕，可以恢复一部分生态系

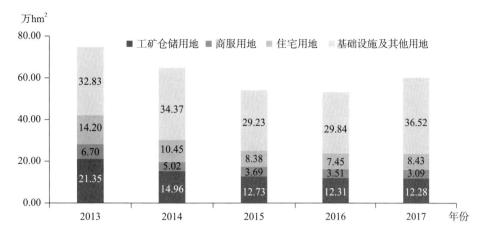

图 4-4　2006—2011 年国有建设用地供应变化

数据来源:《2017 年中国国土资源公报》。

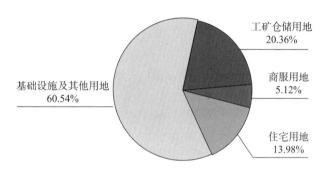

图 4-5　2017 年国有建设用地供应结构

数据来源:《2017 年中国国土资源公报》。

统的服务功能。

　　生态退耕是具有周期性的,到了一定阶段生态退耕会趋于缓和。1999—2008 年间,全国生态退耕面积达到 1.04 亿亩。2001—2008 年,生态退耕是我国耕地减少的最大流向,其中,2001—2005 年,因为生态退耕而减少的耕地面积占耕地减少总量比例排在第一位。2006 年和 2007 年生态退耕的力度逐渐下降。2016 年,全国耕地保有量 20.24 亿亩,较 2010 年净减少 520 万亩,年均减少 87 万亩,不足"十一五"期间年均减少量的一半,耕地面积减少趋势总体趋缓,但与 2015 年净减少 88 万亩相比,2016 年同比净减少 116 万亩,减少幅度加大。从区域分布来看,生态退耕主要位于黄土高原区,尤其是内蒙古及长城沿线的农牧交错区,退耕面积较多的省区依次为内蒙古、陕西、四川、河北、山西、甘肃和宁夏。

　　3. 农业结构调整

　　农业结构调整对耕地的影响,既包括将园林地、牧草地或水域等调整为耕地,也包括将耕地调整为园林地、牧草地或水域等,前者会增加耕地,后者会减少耕地。近年来我国耕地面积总体呈减少的趋势。2015 年,全国农业结构调整导致耕地面积减少的比率为 8.71%。天津、山东、黑龙江和内蒙古等地的农业结构调整致使耕地减少的比率均在 15% 以上。农业结构调整引起耕地减少主要是为了优化农村经济结构，发展高效农业，建立相应的现代农业示范园区和基地，加快推动农业和农村的现代化步伐（张露，2018）。

4. 灾害损毁

灾害损毁耕地指因水冲、沙压、山崩、泥石流、沟蚀、地震等自然灾害破坏而使得耕地不能耕种。其具有很强的随机性，规律性不强，但也会随着我国防灾技术水平的提高和生态防护力度的加强而减少。灾害损毁耕地主要与自然因素有关，四川、重庆、云南等地属于地质灾害的高发区，灾害损毁耕地面积较大。东北和西北地区受沙漠化威胁较大，而西南地区易受水土流失的影响。

三、保护土地资源的措施

1. 加大耕地保护力度

土地是农业生产的物质基础。我国是一个人口众多而人均耕地面积少的国家，退耕还林、退耕还草、城市化进程的进行，都相应造成了耕地的流失，播种面积也相应减少，因而应采取有效措施。依据国家相关法规，严格控制非农业用地，防止工业化、城市化过度挤占耕地，尤其是优质耕地，建立基本农田保护区，将耕地保护逐步纳入法制轨道，确保耕地总量动态平衡。此外，还应发展先进农业科学技术，加强耕地的深度开发，提高耕地的使用效率，从而相对增加播种面积。

2. 改造中低产田

低产田往往是投入不足、管理粗放甚至没有管理。在种植粮食的过程中，只是不断掠夺地力而没有培肥土壤，这同样引起了土地退化和生态环境问题。全国现有中低产田约占耕地总量的 70%，低产原因除水利设施配套不足外，主要为土壤原生与次生障碍并存，应根据不同区域和土壤障碍类型的特点开展中低产田改造。中低产田改造工程要与建设高标准农田相结合，以农田水利建设为基础，进行改土培肥；建立合理的轮作制度，特别是增加牧草、绿肥种植面积，秸秆还田，提高土壤有机质含量，使之尽快成为高标准农田。

3. 增加农业科技投入

我国地少山多、人均占有耕地面积较少，再加之耕地分布零散，不适宜进行大面积耕种。因此，适当对农业机械进行深度开发，提升农业机械的科技含量，开发适宜小面积耕地操作使用的农业机械不仅能提高粮食生产的机械有效覆盖率，同时也能尽最大程度的利用土地资源。

4. 加强农业基础设施建设

我国目前抵御自然风险的能力比较薄弱，各种自然灾害严重危及土壤生产和供给的安全性。因此，我们必须增加土壤生产中防灾抗灾基础设施建设的投入，加强农业基础设施建设，加强以农田水利为重点的粮食生产基本建设，加强粮食生产耕地抵御各类灾害的能力，改善耕地生产条件，确保在粮食生产过程中少减产、多增收。

第五节　水资源

一、概况

地球上的水多以气态、固态、液态三种形态存在于空气中、地表、地下，形成大气水，陆地水（包括河水、湖水、沼泽水、冰雪水、土壤水和地下水）和海洋水等。有少量存在于生物体内。

地球上水资源的总储量为 1.38 亿 km³。其中海洋水占 97.5%，覆盖地球表面的 71%。淡水仅占地球总水量的 2.5%，而其中又有 70% 以上属固态水（冰）储存在极地和高山，只有不到 30% 的淡水存在于河流、湖泊、地下、土壤中。地球各种水的储量如表 4-9。

表 4-9　地球上各种水的储量

水的类型	分布面积/万 km²	水储量/10⁴ 亿 m³	占全球水总储量的 %	占全球淡水总储量的 %
1. 海洋水	3 613	1 338 000	96.5	
2. 地下水	13 480	23 400	1.7	30.1
其中淡水		12 870	0.94	
3. 土壤水	8 200	16.5	0.001	0.05
4. 冰川和永久雪盖	1 622.75	24 064.1	1.74	68.7
5. 永冻土底冰	2 100	300.00	0.222	0.86
6. 湖泊水	206.87	176.40	0.013	0.26
其中淡水	123.64	91.00	0.007	
7. 沼泽水	268.26	11.47	0.000 8	0.03
8. 河水	14 880	2.12	0.000 2	0.006
9. 生物水	51 000	1.12	0.000 1	0.003
10. 大气水	51 000	12.90	0.001	0.04

数据来源：南京水利网，2007。

水是一种可更新资源，但在地球上分布极不均匀。适于人类生活用水的淡水非常少，不到地球总水量的 1%。在陆地上水资源最丰富的地区是赤道，而亚热带和高纬度地区水量就非常少，某些内陆沙漠地区降水量更少。再加上季节分配不均，造成某些地区和季节水资源严重不足。几个国家水资源总量及人均占有量列举见表 4-10。从表中可以看出，各个国家的水资源总量和人均占有水资源量相差悬殊。

二、中国水资源特点

1. 总量多，人均占有量少

我国水资源总量多，但人均占有量少。我国陆地水资源总量为 3 090 亿 m³，

表 4-10　近年来几个国家水资源总量及人均占有量

国家	总量 / 亿 m³	人均占有量 /m³
波黑	375	9 429
白俄罗斯	580	5 918
爱尔兰	510	13 400
罗马尼亚	2 119	9 445
荷兰	910	5 651
乌兹别克斯坦	163	1 937
哈萨克斯坦	754	7 307
吉尔吉斯斯坦	465	4 039
塔吉克斯坦	668	2 424
土库曼斯坦	14	4 333
中国	3 090	2 200

占世界第六位，其中可利用水资源为 8 000～9 500 亿 m³。目前我国一年的用水总量已达到 6 022 亿 m³，预计到 2030 年全国用水总量将达到 8 000 亿 m³，接近我国可利用水资源的极限。我国水资源总量不少，但人均占有量很低。人均水资源量为 2 200 m³，不足世界人均水量的 1/4。若按年降水量 400 mm 等雨线划分，我国约有 45% 的国土面积处于干旱、半干旱、少雨和缺水地区。从总体上说，我国属于贫水国家。预计到 2030 年我国人口增至 16 亿时，人均水资源量将降至 1 750 m³。

2. 空间上分布不均匀

长江以南的珠江、浙、闽、台、西南诸河流域国土面积占全国的 36.5%，水资源却占全国的 81%，人均占有量为 4 100 m³，亩均占有量为 4 130 m³，分别为全国平均值的 1.6 倍和 2～3 倍。长江以北诸水系流域面积占国土面积的 63.5%，水资源只占 19%；西北、内陆河地区面积占全国的 35.0%，水资源只占 4.8%；辽河、海河、滦河、黄河、淮河等北方地区，国土占全国的 18.7%，耕地占 45.2%，人口占 38.4%，水资源仅占 10%。

我国地下水矿化度小于 2 g/L 地区的浅层地下水资源量为 8 417 亿 m³，也呈现南多北少：北方平均地下水资源量为 2 700 亿 m³，占全国的 32%，南方平均年地下水量为 5 718 亿 m³，占全国的 68%。南方年地下水资源模数（单位面积地下水资源量）较北方大 2.5 倍。

3. 时间上分配不均

我国降水季节分配不均，北方 6—9 月的降水量占全年的 85%，南方地区 4—7 月降水量占全年的 60%，而且在夏秋季节多暴雨，形成江河汛期的洪水和非汛期的枯水。我国主要河流径流量变化如表 4-11。

表 4-11　我国主要河流径流量变化

河流	水文站	控制流域面积 / 万 km²	年径流量 / 亿 m³		年输沙量 / 万 t	
			近 10 年平均	2019 年	近 10 年平均	2019 年
辽河	铁岭 + 新民	12.64	26.12	26.82	173	200
闽江	竹岐 + 永泰	5.85	635.3	747.1	312	538
黄河	潼关	68.22	282.3	415.6	17 200	16 800
淮河	蚌埠 + 临沂	13.16	218.6	90.06	305	181
长江	大通	170.54	9 004	9 334	12 100	10 500
松花江	佳木斯	52.83	661.7	985.6	1 190	1 820

数据来源:《中国河流泥沙公报》, 2019。

据 2018 年中国水资源公报[1]显示, 2018 年全国水资源总量为 27 462.5 亿 m³, 与多年平均值基本持平, 比 2017 年减少 4.5%。其中, 地表水资源量 26 323.2 亿 m³, 地下水资源量 8 246.5 亿 m³, 地下水与地表水资源不重复量为 1 139.3 亿 m³。全国水资源总量占降水总量 42.5%, 平均单位面积产水量为 29.0 万 m³/km²。2018 年全国供水总量 6 015.5 亿 m³, 占当年水资源总量的 21.9%。其中, 地表水源供水量 4 952.7 亿 m³, 占供水总量的 82.3%; 地下水源供水量 976.4 亿 m³, 占供水总量的 16.2%; 其他水源供水量 86.4 亿 m³, 占供水总量的 1.5%。与 2017 年相比, 供水总量减少 27.9 亿 m³; 其中, 地表水源供水量增加 7.2 亿 m³, 地下水源供水量减少 40.3 亿 m³, 其他水源供水量增加 5.2 亿 m³。

4. 浪费严重

我国水资源极为贫乏, 但浪费非常严重, 这样就更加剧了水资源的亏缺。农业是我国用水大户, 农业用水量占总用水量的 61% 左右, 某些地区竟高达 90% 以上, 如表 4-12。但我国农业用水存在着利用效率低下的问题, 与发达国家相比存在着很大的差距, 水资源浪费问题比较严重。有效利用率不高, 一般只有 30% ~ 40%, 而发达国家一般在 70% ~ 80%, 以色列高达 90% 以上。据悉我国一般采用漫灌, 它比喷灌多耗水 30%, 比滴灌多耗水 70%。

灌渠渗漏是我国农业用水浪费的重要原因之一, 每年约损失 1 700 多亿 m³ 水, 约占农业用水量的 50%。如果农业用水利用率能够达到 90%, 则每年能节约 1 818 亿 m³ 水; 如果农业用水有效率达 70%, 则每年可节约水 1 091 亿 m³, 相当于 2 条黄河总水量或 5 个三峡水库的蓄水量, 足以解决我国水资源的亏缺问题。另外, 我国工业耗水量也大。我国生产 1 t 钢用水 23 ~ 56 m³, 而美国、日本、德国还不到 6 m³。城市用水浪费也很严重, 仅自来水管网泄漏一项就高达城市用水量的 20%。

从上述数字可看出, 我国水资源不是资源型亏缺, 而是浪费型亏缺。只要能科学地节约用水, 就能够满足现在及今后较长一段时间内对水资源的需要。

1　中华人民共和国水利部. 2018 年中国水资源公报. http://www.mwr.gov.cn/sj/tjgb/szygb/

表 4-12　中国农业用水情况

地区	总用水量 / 亿 m³	农业用水量 / 亿 m³	农业用水占比 /%
松花江片	479.2	399.0	83.3
辽河片	193.7	130.5	67.4
海河片	371.3	217.0	58.4
黄河片	391.7	264.4	67.5
淮河片	615.7	406.9	66.1
长江片	2 071.6	995.1	48.0
珠江片	826.3	487.0	58.9
东南诸河片	304.6	136.2	44.7
西南诸河片	106.5	84.9	79.7
西北诸河片	654.9	572.1	87.4
合计	6 015.5	3 693.1	61.4

数据来源：中国水资源公报，2018。

三、水资源亏缺的严重后果

据联合国可持续发展委员会审议的《全面评估世界淡水资源》报告中提出的标准：人均水资源为 2 000 m³ 为缺水边缘；1 000 m³ 为人类生存的起码需要；500 m³ 属极端缺水地区。据此标准，全球约有 80 个国家属水资源不足，20 亿人口饮水得不到可靠的保证，12 亿人口面临中度到高度缺水的压力；2 500 万人因极度缺水而沦为"生态难民"。据亚洲开发银行（2000 年 4 月）指出：现亚太地区有 8.3 亿人缺乏符合卫生标准的饮用水，20 亿人因缺水而不得不停止使用卫生设备。又根据联合国世界卫生组织调查，淡水资源的消耗速度每 20 年翻一番，比人口增加速度快 2 倍。2050 年缺水人口将达到 28 亿～33 亿，生态难民将增加 3 倍。

我国严重缺水引起严重的后果主要体现在以下几方面：①造成多流域断流。中国古代丝绸之路的著名驿站楼兰，已消失在漫漫黄沙之中。塔里木河是世界第二大内陆河、中国第一大内陆河，由于缺水在人们的注视下一段段消失。黄河多年的平均径流量为 661 亿 m³，而每年要从黄河取走 500 亿 m³ 的水，由于过量取水和气候变化的原因，20 世纪 70 年代至 90 年代黄河频繁断流。2003 年上半年，黄河径流量大大少于正常年份，水量总共只有 117 亿 m³，比沿黄河各地需要的 167 亿 m³ 水量少了 50 亿 m³，缺口占需求量的三分之一左右（侯继虎，2011）。昔日"黄河之水天上来，奔流到海不复还"已不复存在，2010 年黄河流域缺水 40 亿 m³。若不加以保护，专家估计 2030 年将缺水 110 亿 m³，2050 年将缺水 160 亿 m³，如何解决黄河缺水问题已刻不容缓。②引起城市、农村严重缺水。我国已经有 440 多个城市缺水，150 个城市严重缺水，被列为水荒城市，日缺水 1 600 万 t。随着人口增加，城市化加速，生活水平提高，用水量持续大幅度上升，供需矛盾将更为突出。2010 年北京市人均水资源量为 124 m³，是全国人均水资源量平均值的 5.4%，平均每年实际用水量达 42 亿 m³，已接近平均年水资源的最高可供水量（40 亿～48 亿 m³），大大超过了枯水年可供水量（33 亿～35 亿 m³）。其中矛盾最突出的地区是华北和山东地区、西北地区、辽中南地区及部分沿海城市。缺水地区的经济和社会发展将受到严重影响。

四、解决水资源亏缺的措施

1. 节水

（1）大力发展节水灌溉。我国农业用水占总供水量的 66% 左右，在北方缺水地区农业用水占总用水量的 70% 左右，如果农业灌溉用水的利用率提高 20%～30%，则全国农业用水节约 760 亿～1 140 亿 m³。从根本上因地制宜的发展节水灌溉，是解决水资源短缺，提高水利用率，实现农业可持续发展的有效途径。

（2）节约工业用水。节约工业用水是一项重要艰巨的任务，这牵涉到要改革工艺，提高科技水平。我国现已有不少城市在这方面做出榜样。如江苏淮安市 2008 年年底年工业用水重复利用率已达到 90%，全市单位工业增加值用水量（不含电力）由 2007 年 36 m³/万元下降到 25 m³/万元，年递减率为 30%。我国要力争工业万元产值用水量降低至 10 m³ 左右，水的重复利用率提高到 70%。以水定产，发展节水农业；以水定厂，发展节水工业；以水定规模，建设节水城市应是今后发展的重点方向。

2. 依法治水

水是一种资源，是有价的，因此必须要按照经济规律合理用水，把水用在最急需，效益最好的地方。依法治水获得成功的例子是 2000 年黄河流域大旱，黄河来水量比往年少一半，黄河却没有断流（20 世纪 90 年代黄河已连续断流 9 年）。这是因为 2000 年开始在黄河干流（甘肃、宁夏、内蒙古、河南、山东境内）实行统一用水，水量按月、逐旬乃至逐日统一调度，节约用水、依法治水，提高水资源的利用率。结果在 2000 年不仅不断流，反而比往年多灌溉耕地 400 多万亩，而且还能够挤出 10 亿 m³ 水支援天津，在大旱之年创造了奇迹。

要做到依法治水，实行统一调度，必须要成立有专业人士参加的流域水资源管理委员会，按流域管理与区域管理相结合的原则，以"一龙管水，多龙治水"的模式，对江河上、中、下游，城市与乡村生产用水和生态用水水量与水质，地表水与地下水，供水与需水，用水与防治污染实行统一规划和统一管理，并相应加强水资源立法和执法，只有这样才能够真正管好水。

3. 调节水价

水价太低影响节水的实施。黄河中上游为什么肯用 1 000 m³ 水浇一亩地，就因为黄河上游宁夏回族自治区农业用水价格只有 5～9 厘/m³，电力提灌水也只有 5 分/m³；山东灌区 1996 年农业水价不足 5 分/m³。1 000 m³ 黄河水买不到一瓶矿泉水。节水行动在这些地方开展不起来。而当水价合理调整后，用水量便能得到一定程度的控制。

4. 水源工程建设

我国降水相对集中，暴雨占的比例较大。由于缺乏足够的水库、湖泊等储水地，让宝贵的水白白地流失到大海。因此，今后要在每个流域进行规划，因地制宜地建设各类大、中、小型水利工程和各类池塘、湿地，使有限的水资源能够储存起来，最大规模地发挥其作用。特别是对我国西北和北方干旱地区显得特别重要。同时还要封山育林，退耕还林（草），植树种草，把有限的水资源保留在林地，源源不断地补充到江河、湖泊、水库，以满足当地的需要。如果我国水资源利用率从目前的 20% 提高到 30%，就能够解决我国部分地区严重缺水问题。

5. 中水回用

中水回用指城市生活污水经处理达到一定的水质标准后，可以在一定范围内重复利用的非饮用水。目前工业废水回用率很低，仅 3%～5%，如果全国废水回用率达到 20%，就可达 40 亿 m^3，能部分解决城市严重缺水问题。2010 年全国城市污水回收利用率为 8.5%，与城市用水的需求有相当大的缺口。目前已具备技术力量和经济实力来进行污水治理资源化的工作。实现污水治理资源化，提高水重复利用率，是今后长期治理污水的工作重点，是解决水资源短缺的根本出路（王熹，2014）。

6. 利用海水

海水含盐量高，不能饮用，一般也不能够作为工、农业用水。但作适当处理后，可作为某些工业用水。英、法、荷、意等国在火力发电、核电、冶金以及石油化工等行业的脱硫、回注采油、制冰和印染等方面，以及生活的冲厕、冲灰、洗涤和消防等方面直接利用海水代替淡水。当前中国海水淡化技术已进入加速发展期，主要采用低温多效和反渗透技术淡化海水，已初步形成了海水淡化装备设计、加工制造等新的产业集群。我国的天津、大连、青岛、上海等沿海工业城市，都逐渐开始使用海水作为工业用水，随着科技发展，海水淡化技术的成本将不断降低。终有一天，海水将用作农田灌溉和城市绿化用水。

7. 跨流域调水

对于某些严重缺水地区和城市，实行跨流域调水是势在必行。我国正在拟议或已经开始施工的跨流域调水工程主要有：松花江北水南调至辽河中下游；额尔齐斯河水南调至玛纳斯；黄河小浪底水库北调至华北平原。长江水北调解决西北、华北平原地区缺水问题是最宏大的工程。长江水北调有三个方案：

（1）东线方案。从长江下游引水沿京杭运河输水到北京。输水主干线长 1 150 km，引水 192 亿 m^3，改善和增加灌溉面积 280 万 hm^2，将扭转华北地区水资源紧缺的局面。主要问题是东线方案所带来的水质欠佳，目前污染较重，必须加紧治污，绝对不允许把污水引到北方。

（2）中线方案。先从丹江口水利枢纽工程引汉江水，平均引水 100 亿 m^3（远景设想从三峡水库引水）。总干渠 1 241 km，一期工程完成后可解决工业城市用水，增加灌溉面积 65 万 hm^2。二期工程完成后输水 230 亿 m^3，增加和改善灌溉面积 160 万 hm^2，能解决海河平原、京津用水和黄河下游补水。该水引到北京至少可达二级标准，水质好。

（3）西线方案：在西南海拔 2 000～4 000 m 的长江上游干支流河谷建筑高坝

再向北引导，由于穿越众多的山地，沿途需开凿隧道或盘山渠道。主要解决西北干旱地区缺水。全线长 3 000 km，每年引水量 1 000 亿 m³。该工程量大，经费高，近期内难以施工。

8. 水污染治理

有些地方属污染型缺水，有水不能用。南水北调更不能把污染的水调到北方。因此应加强污水治理力度，使水的质量有明显好转。关于这方面内容将在第六章有关部分叙述。

思考与讨论

1. 中国作为世界上经济增长迅速、资源消耗量巨大的国家，如何在正确开发自然资源和发展经济之间取得平衡？

2. 矿产资源在人类社会经济与文明发展的过程中担任了怎样的角色？我国矿产资源有何特点？

3. 我国的能源政策有哪些？这些能够从根本上解决能源短缺的问题吗？

4. 如何保障我国的耕地红线，达到粮食安全生产的目的？

5. 我国是世界上最大的发展中国家，在实现经济快速发展的同时，势必会涉及自然资源开发的问题。自然资源的不合理开发利用，虽然在一定程度上，提升了地方经济，但是从长远看来，这种模式弊大于利，对生态环境造成了严重破坏，甚至影响到了社会生产力的发展，你认为目前自然资源利用和环境保护中存在哪些问题？

6. 自然资源是一个相互作用、相互联系的整体，一种资源的开发利用，必然导致与其联系的其他资源的变化。试讨论一种资源的开发利用对其他资源的影响。

7. 请你针对中国自然资源的特征和利用现状，说明我们应当如何进行科学有效的环境治理和保护，促进资源利用模式的转型升级，以实现资源利用与生态环境的可持续发展。

8. 资源在开采的过程中会对环境产生影响，如果开采量超过当地的环境承载力，会对周围的环境产生破坏。我们如何确定某个区域的环境能够承载的最大资源开采量，在发展经济的同时保证环境的可持续发展？

9. 试分析资源开发对生态系统的影响方式及途径，探索生态系统对资源开发的反馈机制。

第五章

生物多样性

生物多样性是人类赖以持续生存的基础，无论是在中国还是在世界范围内，生物多样性正受到严重威胁：生态系统类型减少、物种数量下降、基因多样性降低。生物多样性的丧失已经威胁到人类的持续生存。为了人类的生存和发展，必须充分认识生物多样性对人类的重要价值，减少人类活动对生物多样性的破坏，在加强保护的前提下合理开发和持续利用生物多样性，这是关系到人类生存与发展的当务之急。中国既是生物多样性特别丰富的国家，又是生物多样性受到严重破坏的国家之一，对生物多样性的认识和保护尤为重要。

第一节　生物多样性及生物多样性科学

一、生物多样性

生物多样性这一概念由美国野生生物学家和保育学家雷蒙德（Ramond F. Dasman）1968 年在其通俗读物《一个不同类型的国度》（A Different Kind of Country）一书中首先使用的，是 biology 和 diversity 的组合，即 biological diversity。此后的十多年，这个词并没有得到广泛的认可和传播，直到 20 世纪 80 年代，"生物多样性"（biodiversity）的缩写形式由罗森（W. G. Rosen）在 1985 年第一次使用，并于 1986 年第一次出现在出版物上，由此"生物多样性"才在科学和环境领域得到广泛传播和使用。

根据《生物多样性公约》的定义，生物多样性是指"所有来源的活的生物体中的变异性，这些来源包括陆地、海洋和其他水生生态系统及其所构成的生态综合体；这包括物种内、物种之间和生态系统的多样性"。生物多样性是生物及其与环境形成的生态复合体，以及与此相关的各种生态过程的总和，由遗传（基因）多样性、物种多样性和生态系统多样性三个层次组成。遗传（基因）多样性是指生物体内决定性状的遗传因子及其组合的多样性；物种多样性是生物多样性在物种上的表现形式，也是生物多样性的关键，它既体现了生物之间及环境之间的复杂关系，又体现了生物资源的丰富性；生态系统多样性是指生物圈内生境、生物群落和生态过程的多样性。

二、生物多样性等级

多样性是生命系统的基本特征，生命系统是一个等级系统，包括多个层次或水平——基因、细胞、组织、器官、种群、群落、生态系统、景观。每一个等级或层次都具有丰富的变化，即都存在多样性。但在理论与实践上较重要、研究较多的主要有遗传（基因）多样性、物种多样性和生态系统多样性。

1. 生态系统多样性

生态系统多样性是指生物圈内生境、生物群落和生态过程的多样性。生境的多样性主要指无机环境，如地形、地貌、气候、水文等的多样性，生境多样性是生物群落多样性的基础。生物群落的多样性主要是群落的组成、结构和功能的多样性。它们的生态过程是指生态系统组成、结构和功能在时间、空间上的变化（蔡晓明，2000）。

2. 物种多样性

物种多样性是指在一个特定的生物组织（种群、生态系统、地球）中发现的物种数量和相对丰度。在世界范围内，大约175万种不同的物种已经被确认。然而，许多环境和生物群落没有得到足够的研究。

3. 遗传多样性

遗传多样性是指生物体内决定性状的遗传因子及其组合的多样性。

物种多样性在生物多样性体系中起着承上启下的联系和枢纽作用：物种既是生态系统的基石，又是基因的载体，任何一个特定个体的物种都保持着大量的遗传类型，是一个基因库。生态系统的多样性依赖于物种多样性，物种多样性又取决于遗传多样性，而生态系统多样性是物种多样性和遗传多样性的保证。遗传多样性和物种多样性是生物多样性研究的基础，生态系统多样性是生物多样性研究的重点。

三、生物多样性的分布

在自然状况下，生物多样性分布受下列因素的影响：①地理因素，生物多样性随纬度的增加而减少，随海拔的增加而减少。②历史因素，进化时间越长，允许产生的新物种越多，多样性越高。③空间异质性，生境的物理和生物条件越复杂，变化越大，越能够提供更多的生态位，就可能有更多的物种。④竞争，竞争有利于缩小生态位宽度，允许更多的物种生活；竞争也可能排斥其他物种，甚至使其灭绝。⑤干扰，中度干扰时多样性最大。⑥能量，物种多样性由每个物种所分配到的能量决定。生态系统的生产力越高，越有利于物种之间的资源分配，也越能够支持更多的物种数。

地球上究竟存在多少物种？我们目前仍不知晓，可能连1/10都尚未掌握。科学家们估计，在地球上1 000万~3 000万的物种中，只有175万已经被命名或被简单地描述过，其中包括75万种昆虫、4万多种脊椎动物和25万种高等植物。这些物种大多数存在于热带雨林地区。物种的丰富程度从赤道到极地呈递减趋势。密闭的热带森林几乎包含了世界物种的一半以上，充满着各种生命：林木、灌木、藤本植物；附生植物、寄生植物；地衣、苔藓、水藻、真菌、蕨类等。在秘鲁 1 hm² 的森林中，就发现了 283 种树木和 17 种藤本植物，在一棵树上就有 43 种蚂蚁，几乎同整个英国的蚂蚁种类差不多。在厄瓜多尔 0.1 hm² 的森林中，就有 365 种有花植物，比英国全部植物种类还多 20% 以上，在巴西瑙斯地区 1 hm² 的森林中，发现了 179 种直径 15 cm 及以上的树木。

四、中国生物多样性的特点

1. 生物多样性丰富

中国国土辽阔，气候多样，地貌类型丰富，河流纵横，湖泊众多。如此复杂的自然地理条件为各种生物及生态系统类型的形成与发展提供了多种生境。而且第三纪及第四纪相对优越的自然历史地理条件更为中国生物多样性的发育提供了可能。从而使中国成为世界上生物多样性最为丰富的国家之一，拥有森林、灌丛、草甸、草原、荒漠、苔原、湿地、海域等众多自然生态系统。根据全国生态环境十年变化（2000—2010 年）遥感调查与评估项目统计，面积排列前四位的生态系统分别是草地、森林、农田和荒漠，四类生态系统面积之和占全国生态系统总面积的 82.7%。据统计，中国的生物多样性居世界第八位，北半球第一位。拥有陆地生态系统 599 个类型，有高等植物 32 800 种，位居世界前三，其中特有高等植物 17 300 种，如百山祖冷杉、银杉、珙桐、银杏等树种为中国特有珍稀濒危野生植物；脊椎动物 7 300 多种，已定名昆虫约 130 000 种，其中大熊猫、朱鹮等 600 多种野生动物为中国特有；兽类 564 种、鸟类 1 445 种、两栖类 416 种、爬行类 463 种，鱼类 4 969 种。中国共有家养动物品种和类群 1 900 多个，水稻地方品种 50 000 多个，大豆 20 000 个，经济树种 1 000 种以上。这些多样的农作物、家畜品种及其至今仍保有的野生原型和近缘种，构成了中国巨大的遗传多样性资源库。

2. 特有程度高

中国生物物种不仅数量多，而且特有程度高。高等植物中特有种最多，约 17 300 种；7 300 种脊椎动物中，特有种 667 种。中国拥有众多有"活化石"之称的珍稀动植物，如人们所熟悉的大熊猫、白鳍豚、银杉、银杏等。

3. 区系起源古老

中国生物区系起源古老，成分复杂，并拥有大量的珍稀孑遗物种。由于中生代末中国大部分地区已上升为陆地，第四纪冰期不少地区未遭受大陆冰川的影响，许多地区都不同程度保留了白垩纪、第三纪的古老孑遗物种。如松杉类，世界现存 7 个科中，中国有 6 个科；动物中大熊猫、白鳍豚、扬子鳄等都是古老孑遗物种。

4. 经济物种异常丰富

在长期的自然选择和人工选择作用下，为适应形形色色的耕作制度和自然条件，形成了异常丰富的农作物和驯养动物遗传资源。中国是世界八大栽培植物起源中心之一。中国经济植物和家养动物的丰富程度居世界首位。培育和驯化了大量经济性状优良的作物、果树、家禽、家畜物种和数以万计的品种。因此在世界生物多样性中占有重要地位。栽培植物、家养动物及其野生亲缘的种质资源非常丰富。

5. 受威胁严重

无论是从生态系统水平、物种水平，还是基因水平来看，中国都是生物多样性受到严重威胁的国家。这一点将在第三节中作详细讨论。

第二节　生物多样性的价值

生物多样性是地球生命的基础，它对人类的惠誉不仅仅在于其对物质福祉与生计的贡献，而且还包括其对安全、自愈能力、社会关系、健康以及选择和行动自由等方面的贡献（Anantha *et al.*，2005）。生物多样性重要的社会经济伦理和文化价值不仅在宗教、艺术、文学、兴趣爱好，以及社会各界对生物多样性保护的理解与支持等方面反映出来，它还在维持气候、保护水源、土壤和维护正常的生态学过程中做出了巨大贡献。一般认为，生物多样性的价值可以归纳为以下三个方面：

一、经济价值

生物多样性具有直接的经济效益，这部分价值属于直接使用价值。长期以来，它们为人类的生存与发展提供了必不可少的生活物质。人类从生物多样性中得到了所需的全部食品，许多药物、工业原料及能源。联合国环境规划署的研究显示，地球生态系统每年为人类生存提供的基础服务价值最高可达 70 多万亿美元。中国生物多样性的经济价值与生态价值为每年 4.6 万亿美元。生物多样性的经济价值主要表现在以下几个方面：

1. 提供食物

生物多样性资源是人类文明发展的基础。鱼类为近 30 亿人口提供了 20% 的动物蛋白，人类膳食中超过 80% 来自植物。与异常丰富的地球生物多样性相比，我们赖以生存的可食用植物种类范围太窄，所以人类生产和保存农作物的能力对于保障粮食安全和可持续发展意义重大。联合国粮农组织发布的《世界粮食和农业植物遗传资源状况第二份报告》指出，面对现在尚有约 10 亿的饥饿人口和预计到 2050 年全球人口将达到 90 亿的世界，各国必须做出更大努力促进粮食和农业生物多样性的保护和利用。

2. 提供药物资源

生物多样性具有多方面的价值和功能。第一产业的农、林、牧、渔各业直接以生物资源作为经营的主要对象，它为人们提供了必要的生活物质。第二产业的许多行业也直接以生物资源及其产品为原料，特别是制药业，世界上 50% 以上的药物成分来源于天然动植物中（环境保护部，2014）。我国的中医，数千年来一直以天然植物和动物作为药物的主要来源，已经有记载的中药资源 1.2 万多种。随着科学技术的发展，将不断从许多原来不知名的物种中找到能治病的药物成分。目前，很多国家都从野生植物中筛选抗癌药物。然而，具有药用价值的野生植物还有大部分没有被利用，如果我们继续以现在的速度丧失物种，人类将永远失去不计其数的药用生物。

3. 提供工业原料和能源

植物和动物是主要的工业原料，现存和早期灭绝的物种支持着工业的过程。纺织、造纸、化工等工业生产都依赖于生物多样性提供的大量的、多样化的原材料和能源。

二、生态价值

生物多样性的生态功能价值是巨大的，它属于间接使用价值，主要与生态系统的功能有关。通常它并不表现在国家核算体制上，但如果计算出来，它的价值大大超过其消费和生产性的直接使用价值。根据资料（孙儒泳，2000），在全球水平上，生物多样性提供的生命支持系统包括：①能量转换：能量从太阳光到植物，再通过食物网进行再分配。②有机物的贮存、释放和再分配。③养分循环：如 N、P 在"空气 - 水体 - 土壤 - 生物"体系中进行循环。④水循环：净化和分配水资源。⑤氧循环：通过植物和动物进行二氧化碳及氧气交换的。

这些功能构建的气候环境给人类创造了一个适宜的生存条件。而这些功能的发挥需要系统内许多物种的联合行动和相互作用，在生态系统内部，各个物种在提高人类的生存及生活质量中都有特殊作用。例如，蜜蜂等传粉者是生态魔术师，它们使大多数植物的繁殖成为可能；蜻蜓等是害虫的天敌，因而也可以利用生物多样性进行病虫害的生物防治。

生物多样性的丧失将降低生态系统服务的频率和容量。区域内物种的减少将极大地阻碍生态系统的循环，整个系统将变得不稳定，这种不稳定性将减弱系统对极端环境和灾害事件（如洪灾、旱灾）的抵抗能力，并降低区域生产力。如果没有自然界提供的这些服务，人类将不可能生存，更别说繁荣发展了。

三、社会价值

除了经济价值和生态价值之外，生物多样性还具有重大的社会价值，如艺术价值、美学价值、文化价值、科学价值、旅游价值等。这部分价值属于间接使用价值。千姿百态的生物给人以美的享受，是艺术创造和科学发明的源泉，人类文化的多样性在很大程度上起源于生物及其环境的多样性。人类利用动植物的历史表明，即使是看上去最无用的物种，也会偶然地、意想不到地变为有用的物种。例如，发现犰狳是唯一与麻风病有关的动物，它是研究治疗麻风病的宝贵材料；北极熊的毛是高效能吸热器，这为科研人员提供了设计并制造防寒衣服及太阳能采热器的线索；响尾蛇以热定位确定猎物的位置，为导弹的红外线自动引导系统提供依据；昆虫的平衡棒能够保持航向不偏离，为制造控制高速飞行的飞机和导弹航向及稳定的振动陀螺提供依据；对一些孑遗植物的研究可以了解生物进化规律及其对环境变迁的适应。

归纳起来，生物多样性的价值包括以下 14 个方面：①对空气和水的净化；②减轻洪水和干旱灾害；③对废弃物的分解和脱毒；④土壤及其肥力的产生和更新；⑤对作物和自然植物的传粉；⑥控制农作物的病虫害；⑦促进种子的扩散和营养物的搬运；⑧保护人类免受紫外线的危害；⑨对气候有部分的稳定作用；⑩缓和风、浪和极端的温度变化；⑪支持各种人类文化；⑫提供科学研究的材料和思路；⑬提高人类美、乐的精神生活；⑭提供食物、药品及工业原材料。

四、生物多样性价值的经济估算

要使公众和政府认识生物多样性保护的重大意义，主要困难在于人们如何才能认识和掌握自然系统种种有价值的成分，并加以定量化，把非财政利益转换为财政利益。那么，生物多样性到底值多少钱？1997 年，美国马里兰大学生态经济研究所所长科斯坦扎（R. Costanza）等人在《自然》杂志上发表了《世界生态系统服务和自然资本的价值》一文，提出全球生态系统提供的服务，按最低估计为每年 16 万亿～54 万亿美元，平均为 33 万亿美元，与之相比，全球国民生产总值（GNP）的年总量为 18 万亿美元。随后，劳什（W. Roush，1997）在《科学》杂志上发表了全球生态系统服务的价值（表 5-1）。其中单位面积价值最高的是湿地（25 682 美元 /hm²·年），远高于热带森林（5 264 美元 /hm²·年）。

根据《中国生物多样性国情研究报告》的研究成果，中国生物多样性的经济价值初步评估为 39.33 万亿元人民币（表 5-2）。

据估计，2000 年中国森林生态系统在产品提供、固碳释氧、涵养水源、土壤保持、净化环境、养分循环、休闲旅游、维持生物多样性等方面的服务价值约为 1.4 万亿元人民币 / 年，相当于同期中国国内生产总值的 14.2%。草原是地球的碳库，中国草原生态系统总的碳储量约为 440.9 亿 t；草原是天然蓄水库和能量库，80% 的黄河水量、30% 的长江水量、50% 以上的东北河流的水量直接来源于草原地区。中国草原生态系统的总价值达到 12 403 亿元人民币（相当于 1 497.9 亿美元），约合每公顷草地 3 100 元人民币，远超过其生产所直接创造的价值。中国湿地贮存着约 2.7 亿 t 淡水，占全国可利用淡水资源总量的 96%，在涵养水源、调节水文、净化水质、补充地下水及抗旱防涝中发挥着重要作用。湿

表 5-1　全球生态系统服务的价值

生态系统	面积 / 百万 hm²	价值 / （美元 /hm²·年）	全球价值 / （万亿美元 / 年）
海洋	33 200	491	8.4
大陆架	3 102	2 222	12.6
热带森林	1 900	5 264	3.8
温带森林	2 955	3 013	0.9
草地	3 898	2 871	0.9
湿地	330	25 682	4.9
湖泊河流	200	4 267	1.7
耕地	1 400	5 567	0.1
城市		6 661	

资料来源：孙儒泳，2000。

表 5-2　中国生物多样性的经济价值初步评估（单位：万亿元人民币）

价值类型		价值
直接使用价值	产品及加工品年净价值	1.02
	直接服务价值	0.78
	小计	1.80
间接使用价值	有机质生产价值	23.3
	CO_2 固定价值	3.27
	O_2 释放价值	3.11
	营养物质循环与贮存价值	0.32
	土壤保护价值	6.64
	涵养水源价值	0.27
	净化污染物价值	0.40
	小计	37.31
潜在使用价值	选择使用价值	0.09
	保留使用价值	0.13
	小计	0.22

资料来源：《中国生物多样性国情研究报告》编写组，1998。

地为全球 20% 的已知物种提供了生存环境，维护着丰富的生物多样性，是宝贵的种质和基因资源库。湿地是巨大的"储碳库"，占陆地生态系统碳储量的 35%。昆虫授粉对中国水果和蔬菜生产发挥了十分巨大的作用。2008 年，昆虫授粉对中国水果和蔬菜产生的经济价值为 521.7 亿美元，占 44 种水果和蔬菜总产值的 25.5%（环境保护部，2014）。

第三节　生物多样性下降及其原因

一、生物多样性下降

1. 生态系统受损严重

人类行动正在彻底地，并在更大程度上不可逆地，转变地球的生物多样性，这些变化更多的是生物多样性的丧失。实际上，地球上所有的生态系统由于人类的活动都发生了显著的转变。1950 年后的 30 年间，土地开垦为耕地的面积超过 1700—1850 年间 150 年的总和。有充分数据显示，20 年间，一些国家（约占红树林总面积的一半）的红树林消失了约 35%。在 20 世纪的最后几十年中，约 20% 的珊瑚礁遭到破坏，另有 20% 出现退化。虽然目前生态系统最迅速的变化出现在发展中国家，但工业化国家在历史上也曾经历过类似的变化（国家环境保护总局，2005）。

中国是世界上生物多样性最为丰富的 12 个国家之一，拥有森林、灌丛、草甸、草原、荒漠、湿地等陆地生态系统，以及黄海、东海、南海、黑潮流域大海洋生态系统。但是目前中国部分生态系统功能在不断退化。中国人工林树种单一，抗病虫害能力差。90%的草原不同程度地退化。内陆淡水生态系统受到威胁，部分重要湿地退化。海洋及海岸带物种及其栖息地不断丧失，海洋渔业资源减少（环境保护部，2011）。

2. 物种及遗传多样性丧失加剧

生物物种的灭绝是自然过程，但灭绝的速度则因人类活动对地球的影响而大大加速，野生动植物的种类和数量以惊人的速度在减少。2019年5月，联合国框架下的生物多样性与生态系统服务政府间科学政策平台（IPBES）发布《生物多样性和生态系统服务全球评估报告》显示，如今在全世界800万个物种中，有100万个正因人类活动而遭受灭绝威胁，全球物种灭绝的平均速度已经大大高于1 000万年前。栖息地减少、自然资源过度开采、气候变化和污染是地球物种损失的主因，全世界40%以上的两栖动物物种、33%的造礁珊瑚和1/3以上的海洋哺乳动物都因此面临灭绝风险。

中国政府采取多种措施保护生物多样性，生物多样性保护的目标已基本实现。无脊椎动物受威胁（极危、濒危和易危）的比例为34.7%，脊椎动物受威胁的比例为35.9%；受威胁植物有3 767种，约占评估高等植物总数的10.9%；需要重点关注和保护的高等植物达10 102种，占评估高等植物总数的29.3%。遗传资源丧失的问题突出，根据第二次全国畜禽遗传资源调查的结果，超过一半的地方品种的群体数量呈下降趋势（《中国履行〈生物多样性公约〉第五次国家报告》）。遗传资源不断丧失和流失。一些农作物野生近缘种的生存环境遭受破坏，栖息地丧失，野生稻原有分布点中的60%~70%已经消失或萎缩。部分珍贵和特有的农作物、林木、花卉、畜、禽、鱼等种质资源流失严重。一些地方传统和稀有品种资源丧失（环境保护部，2011）。

二、生物多样性下降原因分析

虽然自然原因会导致生物多样性和生态系统服务的变化，但目前的变化主要是由于人类活动的间接驱动力引起的。特别是由于人口的增加和人均消费的增长造成了对生态系统服务的消费不断增加。这使得对生态系统和生物多样性的压力也持续增加。在1950—2000年，全球经济活动增长了7倍。在联合国开展的千年生态系统评估中，预计到2050年人均GDP增长系数将由1.9增加到4.4。全球人口在过去40年中翻了一番，预计到2050年人口将增加至81亿~96亿。生物多样性丧失和生态系统服务变化的最重要的直接驱动力包括栖息地变化，如土地利用的变化、珊瑚礁消失、拖网捕鱼造成海底受损、气候变化、外来物种入侵、物种过度利用和污染（国家环境保护总局，2005）。

1. 掠夺式利用生物资源

由于人口增长和经济发展，对野生动植物资源的开发利用程度急剧增大，特别是国际贸易的不断增长，使野生动植物资源遭到很大程度的破坏，造成了部分物种的生存面临严重威胁。野生生物资源的过度开发、利用，造成生物种群数量急剧下降，导致生物资源的枯竭和衰退。中国草原过度放牧现象严重，全国重点天然草原的牲畜平均超载率为 28%。长期过度放牧破坏了草原植被，造成草原退化、沙化。目前，全国 90% 的草原存在不同程度的退化和沙化。中国海洋捕捞渔业在整个渔业体系中举足轻重，海洋年捕捞量达 1 500 万 t。高强度捕捞加剧了海洋渔业资源的衰退，小型鱼、低龄鱼、低值鱼比例增加，渔业资源营养级降低。野生动植物由于具有药用、食用、观赏等多方面的经济价值，往往成为非法贸易的对象（环境保护部，2011）。

2. 生境的破坏

每个物种的生存与繁育都要求有特定的生境。随着人类利用和改造自然能力的极大加强，人类活动已经深深地介入地球生态系统运动的全过程，使得许多物种的生境发生根本性变化，并导致一些物种的生存和繁衍难以为继。中国 20 世纪 50—90 年代的湿地开垦造成湿地面积大幅度减小。近年来，虽然内陆水域面积有所增长，但滩涂围垦面积仍在扩大。2008—2012 年，全国填海造地面积达 650.6 km²。由于滩涂围垦，中国的红树林资源下降了约 2/3，直接造成了部分重要保护物种栖息和繁殖场所遭到破坏。近些年来，草地开垦的事件仍然有所发生。铁路和公路建设使野生动植物栖息环境破碎化，种群繁衍面临直接威胁。中国水电装机容量突破 2.3 亿 kW，居世界首位。兴修水利和建闸筑坝造成湖泊、江河的隔断，改变了河道的自然状态，对鱼类繁殖造成不良影响。

3. 外来生物入侵

外来入侵物种（alien invasive species）是指从自然分布区进入当地的自然或半自然生态系统中形成了自我再生能力，给当地的生态系统或景观造成明显的损害或影响的物种。2019 年 5 月，经 132 个成员国的代表审议，由联合国发布的《生物多样性和生态系统服务全球评估报告》指出，自 1970 年以来每个国家入侵的外来物种数量增加了约 70%，外来物种入侵已成为过去 50 年对全球生态系统产生严重影响的五大因素之一。截至 2020 年 8 月，生态环境部日前发布的《2019 中国生态环境状况公报》显示，中国已发现 660 多种外来入侵物种，入侵途径主要是人为引进、沾黏在旅游者身上带入以及自然传播。中国幅员辽阔，跨越近 50 个纬度、5 个气候带，多样化的生态系统使中国更易遭受外来入侵物种的侵害，来自世界各地的大多数外来物种都可能在中国找到合适的生境。中国是世界上遭受外来入侵物种危害最严重的国家之一（环境保护部，2014）。

4. 环境污染

环境污染会导致生物多样性在遗传、种群和生态系统等层次上降低。因为污染会影响生态系统的结构、功能和动态；污染还能够使敏感种群及敏感个体消失。自 1950 年以来，富营养化（人类造成的氮、磷、硫和其他含有营养物的污染物的增长）已成为陆地、淡水和沿海生态系统变化的最重要驱动力，预计这一驱动力在未来还将大幅增长（国家环境保护总局，2005）。自 20 世纪 50 年代以来，昆明滇池由于水体污染导致富营养化，高等水生植物种类丧失了 36%，鱼类种类丧失了 25%。中国管辖海域水环境状况总体较好，但近岸海域海水污染依然严重。海洋环境污染对海洋生物多样性造成严重损害，因此而引起赤潮等多种海洋生态灾害。

5. 单一品种的大规模种植

随着新品种的开发和广泛使用，栽培的作物集中在少数几个品种中，单一品种的推广面积大幅度提高，而许多拥有重要基因资源的传统品种遭到淘汰，甚至永远消失。联合国粮农组织 2019 年 2 月发布的《世界粮食和农业生物多样性状况》指出，人类粮食系统的根基面临严重威胁，在约 6 000 个粮食作物品种中，仅有不到 200 种为全球粮食产量做出了实质性贡献，其中仅 9 个品种就贡献了 66% 的作物总产量。各国报告称，在近 4 000 个野生粮食品种中，有 24% 的数量出现锐减，并主要涉及植物、鱼类和哺乳动物。而且，由于所报告的野生粮食品种中有超过一半的状况未知，正在减少的野生粮食物种比例可能更高。

6. 全球气候变化

联合国政府间气候变化专门委员会（IPCC）第五次评估报告表明，气候变暖已成为毋庸置疑的事实。气候变暖和极端气候事件已经或正在对世界各国的自然生态保护、粮食安全和区域生态安全产生显著影响，主要包括使生境退化或丧失、物种灭绝速率上升、物种分布变化、生物物候和繁殖时间改变、种间关系变化等。气候变化导致物种多样性丧失、生态系统服务降低和区域生态安全屏障功能受损，威胁到中国国土生态安全格局和生态脆弱区域的可持续发展，给生物多样性保护带来新的挑战（李海东等，2020）。

第四节　生物多样性保护

由前面的介绍我们知道了生物多样性的价值及其面临的严重威胁。那么，如何解决这些问题呢？

一、生物多样性保护的意义

由于普遍缺乏对生态价值的认识，常常导致决策的失误，以破坏自然生态系统为代价来获得短期或局部效益的掠夺性开发，带来的损失却是久远的，物种的消失和生态过程的改变，给人类造成了永久的、无法弥补的损失。每一物种的消失，减少了自然和人类适应变化条件的选择余地。生物多样性减少必将使人类生存环境恶化，限制人类生存与发展的选择。

生物多样性保护关系到中国的生存与发展。中国是世界上人口最多、人均资源占有量低的国家，对生物多样性具有很强的依赖性。中国是近年来经济发展速度最快的国家之一，在很大程度上加剧了人口对环境特别是生物多样性的压力。保护生物多样性就是保护生态环境，也就是保护人类自己。2020 年 5 月 22 日是国际生物多样性日，中国生态环境部围绕《生物多样性公约》第十五次缔约方大会（COP15）确定的主题"生态文明：共建地球生命共同体"这一主题，旨在倡导推进全球生态文明建设，强调人与自然是生命共同体，强调尊重自然，顺应自然和保护自然，努力达成《生物多样性公约》提出的到 2050 年实现生物多样性可持续利用和惠宜分享，实现"人与自然和谐共生"的美好愿景。

二、生物多样性保护的现状

在 1972 年联合国人类环境会议决议的基础上，1973 年，在华盛顿签署了《濒危野生动植物种国际贸易公约》（也称《华盛顿公约》），并于 1975 年 7 月 1 日正式生效，其宗旨是对全球野生动植物贸易实施控制，防止因过度的国际贸易和开发利用而危及物种在自然界的生存，避免其灭绝。目前，世界上已有 153 个主权国家加入《华盛顿公约》，先后召开了 11 次缔约国大会，通过了近 500 项决议，3 万多种野生动植物种列入了公约附录，其中动物 5 000 多种，植物 25 000 多种，世界范围内 60%～65% 的野生动植物贸易得到了有效控制。《华盛顿公约》现在已经成为控制野生动植物及其产品的国际贸易的一个最有效的措施。当前世界各国的公众及领导人都很重视生物多样性问题，其焦点是生物多样性的保护，根本目的是保护人类的生存环境。联合国教科文组织等 6 个国际组织于 1990 年发起和组织了"国际生物多样性项目"（DIVERSITAS）。1992 年，在巴西里约热内卢召开的地球最高级会议上通过了国际《生物多样性公约》，标志着生物多样性研究及保护已经成为当前世界的热点问题。公约要求缔约国通过法律，采取各种方法和手段，以保护生物多样性，保证从生物多样性取得的利益的公正性等。在后续的 1997 年东京会议上，设置了统一的、包括各种费用在内的全球生物多样性基金，包括发达国家和发展中国家的共同协作。因为发达国家具有财政手段和有效保护所需要的科学家，而发展中国家则保留了大部分生物多样性。

中国是世界上生物多样性最丰富的国家之一。长期以来中国政府十分重视生物多样性保护，制定了国家战略和行动计划，实施了一系列保护生物多样性的法律法规；加强了保护设施建设；开展了科学研究、宣传教育和人员培训工作，并积极承担国际义务，广泛开展国际合作，使中国生物多样性工作取得显著成效。科学家们做了大量工作，多年来不断对中国生物多样性资源进行调查编目，初步建立了生物多样性信息系统。不但签署了《生物多样性公约》，制定了《中国生物多样性保护行动计划》，撰写和发布了《中国生物多样性国情报告》，并把保护生物多样性列入《中国 21 世纪议程》，而且被国家科委、国家自然科学基金委列入优先发展领域。近 10 年来，为了遏制生物多样性锐减的趋势，中国制定了一系列与生物多样性保护有关的法律法规，初步形成了生物多样性保护的法律法规体系，主要有《环境保护法》《海洋环境保护法》《森林法》《草原法》《渔业法》《野生动物保护法》等。在完善生物多样性立法体系的同时，也增强了执法力度，查处了一批破坏生物多样性的违法犯罪行为，并对犯罪分子予以严惩。

为加强生物多样性保护和持续利用的研究与实践，在中国政府、中国科学院等有关部门组织推动下，1989 年，开始酝酿成立中国科学院生物多样性工作小组。1990 年，中国科学院召开第一次生物多样性学术会议，从而正式开展中国生物多样性的研究工作。1992 年 3 月，正式成立中国科学院生物多样性委员会，确定了委员会的职能和第一届委员会委员。主任委员由中国科学院副院长李振声院士担任。2010 年，联合国大会把 2011—2020 年确定为"联合国生物多样性十年"，国务院成立了"2010国际生物多样性年中国国家委员会"，召开会议审议通过了《国际生物多样性年中国行动方案》和《中国生物多样性保护战略与行动计划（2011—2030年）》。2011年6月，国务院决定把"2010国际生物多样性年中国国家委员会"更名为"中国生物多样性保护国家委员会"，统筹协调全国生物多样性保护工作，指导"联合国生物多样性十年中国行动"。先后发布了《中国履行〈生物多样性公约〉第五次国家报告》全面评估《中国生物多样性保护战略与行动计划（2011—2030年）》以及"爱知生物多样性目标"的中国进展状况。

三、生物多样性保护的措施

1995年的《全球生物多样性评估》提出，人类对生物多样性的管理应解决4个问题：

（1）不同文化的社会对生物多样性的价值估计有何不同？

（2）人类活动如何影响生物多样性？

（3）生物多样性如何持续利用？

（4）人类如何公平、公正地共享生物多样性的利益？

可见，生物多样性保护是一个系统工程，涉及人类生活的方方面面。由于本书特点及篇幅有限，这里主要关注生物多样性保护的技术措施。

从技术层面上看，生物多样性保护的措施主要包括下面几种方法：

1. 就地保护

就地保护是生物多样性保护的基本措施之一。既保护了生态系统，还通过保护生态系统从而保护了物种及遗传资源。自然保护区、国家公园及风景名胜区是生物多样性就地保护的场所，它们的功能主要是保护濒危物种和典型生态系统，同时具有教育、科研和生态旅游的功能。保护区工作已有相当长的历史，从保护区的选址、设计和建立，到管理和评价，已经有很丰富的经验。

为更有效地保护地球上的生物多样性，在现有条件下，必须首先确定生物多样性保护的优先地区或关键地区。生物多样性的热点（hotspots）地区被认为是本地物种多样性最丰富的地区或是特有物种集中分布的地区，也是对人为干扰非常敏感的地区，这些地区的生物多样性具有不可替代性和不可恢复性，也是生物多样性保护的优先地区。这些地区往往被辟为自然保护区或森林公园，对生物多样性实施就地保护。一般在保护区中划分核心区、缓冲区和实验区。

中国从1956年建立第一个自然保护区——肇庆鼎湖山森林保护区以来，截至2019年年底，各级各类自然保护区达到11 029处，总面积达17 280万 hm²，约占陆域国土面积的18%（表5-3）。其中包括国家公园体制试点10个，国家级自然保护区474处，国家级风景名胜区244处，世界自然遗产13项，自然和文化双遗产4项，世界地质公园37处，国家地质公园212处，国家级海洋特别保护区71处；高于全球平均水平13.4%（邱胜荣，2018）。截至2016年12月底，云南省已建各种类型、不同级别的自然保护区161个，总面积286.76万 hm²，占全省国土总面积的7.3%，位居全国自然保护区数量的第6位，面积居第9位。其中，国家级21处，面积150.97万 hm²；省级38处，面积67.78万 hm²；

表 5-3　中国自然保护区历史、面积和数量

年份	自然保护区数量	面积 / 万 hm^2	占陆域国土面积比例 /%
1956	1	11.33	
1965	19	64.89	0.07
1978	34	126.5	0.13
1985	119	193.3	2.10
1989	573	2 706.3	2.82
1995	799	7 190.7	7.49
2000	1 227	9 821.0	9.85
2005	2 394	14 995.0	15.03
2010	2 588	14 944.0	14.99
2017	2 750	14 700.0	14.74
2019	11 029	17 280.0	18.00

注：根据历年中华人民共和国环境公报数据汇总。

州（市）级 57 处，面积 44.14 万 hm^2；县级 45 处，面积 23.87 万 hm^2（徐吉洪等，2018）。

由于遗传漂变和环境的随机变化，小种群灭绝的风险大。种群数量下降过低的不利后果是遗传多样性丧失，从而降低对环境变化的适应能力和对新的致病因素的抵抗能力。因此，一个种群要长期存在并保持基因的多样性，要求其规模不小于最小可存活种群，在进行保护区设计时需要估计维持可存活种群的最小保护面积。一般来说，保护区面积越大，区内物种数就越多，但是，许多小保护区总和起来可能比一个同样面积的大保护区有更多的物种。

2. 物种迁地保护

动物园、植物园等迁地保护是人类对生物资源的保护、管理采取的三种主要措施之一。作为一个科学术语来说，尽管有各种叫法，如异地（translocation）、引种（introduction）、再引种（re-introduction）、搬迁（relocation）、增援（re-enforcement）、再贮备（restocking）和补充（supplementation）等（黄宏文等，2012 年），迁地保护还属于较新鲜事物，它的提出至今仅二三十年的历史。

迁地保护是指将野生生物迁移到人工环境中或易地实施保护。在动物园、植物园、濒危物种保护中心进行人工繁殖，是防止物种直接灭绝的重要手段。它已成为全球生物多样性保护行动计划的一个重要组成部分，是人类抢救生物多样性的重要措施之一。

迁地保护的最终目的是物种的回归，在生物多样性的保护上，回归是稀有、濒危动植物就地保护的一种重要的辅助方法。稀有、濒危动植物的回归也称为"再引种"，是把经过迁地保护的人工繁殖体重新放回到它们原来自然和半自然的生态系统或适合它们生存的野外环境中去。这种方法是联系稀有、濒危动植物迁地保护与就地保护的一座重要桥梁，也是迁地保护的稀有、濒危动植物的最终归

宿。回归的成效取决于回放生境的质量、面积和人类干扰强度，在实际操作中有许多困难。对生物实行迁地保护要耗费较大的资金和资源，而且它们又离开了原来的生态系统，必然遇到一系列问题如迁地保护不可能维持足够大的种群，物种在动物园、植物园中存活率低等问题。生物迁地保护的作用是有限的，它仅是生物多样性保护的一种辅助手段而已。因此，迁地保护应该仅仅是就地保护方法失败后的补救措施而不是常规方法。

3. 离体保护

除了上述方法外，还可以对物种的遗传资源，如植物种子、动物精液、胚胎和微生物菌株等进行长期保存。基因资源库为物种保存提供了新手段，中国科学院已经在上海细胞生物学研究所和昆明动物研究所建立细胞库，收集了 170 余种野生动物的细胞。

四、生物多样性保护的成果

1. 国家生物多样性保护目标及进展

针对生物多样性丧失的严峻形势，中国政府于 2010 年 9 月 17 日发布并实施了《中国生物多样性保护战略与行动计划（2011—2030 年）》（简称《战略与行动计划》）。中国从建设生态文明高度制定的相关国家规划与《战略与行动计划》一起，构建了比较全面的国家生物多样性保护目标体系：①近期目标：到 2015 年，力争使重点区域生物多样性下降的趋势得到有效遏制。②中期目标：到 2020 年，努力使生物多样性的丧失与流失得到基本控制。③远景目标：到 2030 年，使生物多样性得到切实保护。通过完善法律法规体系和体制机制，发布实施一系列生物多样性保护规划，加强保护体系建设，推动生物资源的可持续利用，大力开展生境保护与恢复，制定和落实有利于生物多样性保护的鼓励措施，严格控制环境污染和推动公众参与等措施实现了中期目标。

2010 年，中国政府发布并实施了《全国主体功能区规划》和《中国生物多样性保护战略与行动计划（2011—2030 年）》。国务院还批准实施了《全国生物物种资源保护与利用规划纲要》《中国水生生物资源养护行动纲要》《全国重要江河湖泊水功能区划（2011—2030 年）》《全国海洋功能区划（2011—2020 年）》《全国湿地保护工程"十二五"实施规划（2011—2015 年）》《全国海岛保护规划（2011—2020 年）》《全国畜禽遗传资源保护与利用规划》等一系列规划，推动了生物多样性保护工作。开展了生态省、市、县创建活动，已有 15 个省（区、市）开展生态省建设，13 个省颁布生态省建设规划纲要，1 000 多个县（市、区）开展生态县建设，建成 1 559 个国家生态乡镇和 238 个国家级生态村；启动全国水生态文明城市建设试点工作，首批确定 46 个全国水生态文明城市建设试点，使生物多样性纳入当地经济社会发展规划中。

截至 2013 年底，建立自然保护区 2 697 个，总面积约 146.3 万 hm^2，自然保护区面积约占全国陆域面积的 14.8%。另外还建立了大量风景名胜区、森林公园、自然保护小区、农业野生植物保护点、湿地公园、地质公园、海洋特别保护区、种质资源保护区。自然保护区有效保护了中国 90% 的陆地生态系统类型、85% 的野生动物种群和 65% 的高等植物群落，涵盖了 25% 的原始天然林、50%

以上的自然湿地、30% 的典型荒漠地区和近 3% 的主张管辖海域（环境保护部，2014）。

在实现全球 2020 年生物多样性目标（共有 20 个目标）方面，除目标 2、16 和 18 因缺乏相应指标无法评估外，目标 1、3、4、5、7、8、10、11、14、15、17、19、20 的相关评估指标均有不同程度的改善，表明这些目标的实施正沿着正确的轨道推进，特别是目标 3（鼓励措施）、目标 5（减少生境退化和丧失）、目标 8（控制环境污染）、目标 11（强化保护区系统和有效管理）、目标 14（恢复和保障重要生态系统服务）、目标 15（增强生态系统的复原力和碳储量）进展较大；但目标 5 中的草原生态系统保护，目标 6（可持续渔业）、目标 9（防治外来入侵物种）、目标 12（保护受威胁物种）、目标 13（保护遗传资源）的相关评估指标大多呈现恶化的趋势，表明虽然已开展了大量工作，但尚需采取更加有效的策略和措施才能实现这些目标（图 5-1）。

2. 典型案例

（1）塞罕坝从"荒原沙地"到"青山绿水"

塞罕坝，是蒙汉合璧语，意为"美丽的高岭"。地处河北省最北部，内蒙古高原浑善达克沙地南缘，阴山山脉与大兴安岭余脉交汇处，是清朝著名的皇家猎苑——"木兰围场"的重要组成部分。塞罕坝机械林场于 1962 年 2 月由国家林业部肇建。1968 年底至今，归属河北省林业厅管理。建场之初仅有有林地 24 万亩，森林覆盖率 11.4%，林木蓄积量 33 万 m^3；无霜期仅有 52 天，年均大风日数 83 天，年均降水量不足 410 mm。55 年来塞罕坝林场建设者造林 112 万亩，植树 4 亿多棵，建成了世界上面积最大的人工林，创造了"沙地变绿洲、荒原变林海"的绿色奇迹。1993 年，塞罕坝国家森林公园建成；2002 年，成立了塞罕坝省级自然保护区；2007 年，晋升为国家级自然保护区。林场现有总经营面积 140 万亩，森林覆盖率 80%。有林地面积 112 万亩，林木蓄积量 1 012 万 m^3，单位面积林木蓄积量是全国人工林平均水平的 2.76 倍，全国森林平均水平的 1.58 倍，世界森林平均水平的 1.23 倍。据中国林科院核算评估，塞罕坝机械林场森林资产总价值约 200 亿元，每年提供超过 142 亿元的生态服务价值。2014 年 4 月，中宣部授予塞罕坝机械林场"时代楷模"荣誉称号。2017 年 12 月 5 日，塞罕坝机械林场荣获联合国最高环境荣誉奖项——"地球卫士奖"之"激励与行动奖"。2017 年 8 月，习近平总书记对塞罕坝林场建设者的感人事迹作出重要指示：55 年来，河北塞罕坝林场的建设者们听从党的召唤，在"黄沙遮天日，飞鸟无栖树"的荒漠沙地上艰苦奋斗、甘于奉献，创造了荒原变林海的人间奇迹，用实际行动诠释了"绿水青山就是金山银山"的理念，铸就了牢记使命、艰苦创业、绿色发展的塞罕坝精神。他们的事迹感人至深，是推进生态文明建设的一个生动范例。像塞罕坝这样的森林旅游景区，全国目前已有 9 000 处，总面积约 150 万 km^2，超过中国国土面积的 15%。"十二五"期间，中国森林旅游游客量年增长率超过 15.5%。2016 年全国森林旅游游客量达到 12 亿人次，创造社会综合产值 9 500 亿元。

（2）四川省都江堰市自然保护与经济协调发展模式

都江堰市地处四川盆地西缘山地，位于北纬 30°45′—31°22′、东经 107°25′—

目标	指标	变化趋势	目标	指标	变化趋势
1.提高对生物多样性的认知	通过Google或百度检索到中国生物多样性的条目	✓	10.减少珊瑚礁和其他脆弱生态系统的压力	污染物削减量	✓
3.鼓励措施	生态补偿和重点生态工程投资	✓		森林蓄积量	✓
4.可持续生产和消费	污染物削减量	✓		减少的水土流失面积	✓
	可持续消费的指标	···		珊瑚礁的生物多样性	···
5.减少生境退化和丧失	森林生态系统面积和蓄积量	✓		气候变化对生物多样性的影响	···
	湿地生态系统面积	✓	11.强化保护区系统和有效管理	保护区的数量和面积	✓
	草地生态系统面积	⊗		保护区的生态代表性和管理有效性	···
	天然草原产草量	✓	12.保护受威胁物种	红色名录指数	⊗
	减少的沙漠生态系统面积	✓	13.保护遗传资源	地方品种资源量	⊗
	生态退化	···	14.恢复和保障重要生态系统服务	农村居民家庭人均纯收入和减少的贫困人口数量	✓
6.可持续渔业	海洋营养指数	✓		森林蓄积量	✓
	鱼类红色名录指数	⊗		减少的水土流失面积	✓
	渔业对生物多样性的影响	···		减少的沙化土地面积	✓
7.可持续农业、水产养殖业和林业	森林蓄积量	✓	15.增强生态系统的复原力和碳储量	森林蓄积量	✓
	天然草原产草量	✓		减少的水土流失面积	✓
	农林业对生物多样性的影响	···		减少的沙化土地面积	✓
8.控制环境污染	污染物削减量	✓	17.实施《战略与行动计划》	政策和规划的实施	✓
9.防治外来入侵物种	每20年新发现的外来入侵物种种数*	✓	19.发展和应用科学技术成果	有关生物多样性的论文	✓
				通过Google或百度检索到中国生物多样性的条目	✓
			20.大幅度增加资金	重点生态工程投资	✓

注：✓ 增加；⊗ 下降；··· 没有足够数据；*外来入侵物种对生物多样性造成的不利影响在加大。

图 5-1　中国实现全球 2020 年生物多样性目标的进展评估
资料来源：环境保护部，2014。

107°47′，面积 1 208 km²。都江堰市地貌类型多样，海拔高差大，云雾多、湿度大、日照少、霜期短，物种丰富。森林覆盖率 2003 年为 50.1%，2012 年增加到 58.9%。

都江堰市政府高度重视生物多样性保护工作，1992 年，建立了面积达 310 km² 的龙溪－虹口自然保护区，并将周边 117 km² 的乡镇划为外围保护带，参照保护区管理。1993 年，该保护区升级为省级自然保护区，1997 年，升级为国家级自然保护区。在联合国开发计划署、联合国基金、野生动植物保护国际（FFI）、中国环境与发展国际合作委员会生物多样性工作组的支持下，2003 年，编制完成了《都江堰市生物多样性保护策略与行动计划》。该行动计划指导着都江堰市生物多样性保护工作，推进当地社会经济协调发展。2006 年，青城山、赵公山等约 195 km² 的土地又被列入四川大熊猫栖息地世界自然遗产。目前，都江堰市有 622 km² 的土地属于严格保护区域，基本实现了行动计划确定的生物多样性保护目标。

都江堰市林业局、龙溪－虹口国家级自然保护区管理局大力支持山区农村经济发展，成立了"三木药材"合作社、林下种养殖合作社、高山野菜合作社等农村经济合作组织，实现林地多样化经营，减少了对森林资源的破坏。"三木药材"合作社现有社员 2 300 余户，带动周边林农 18 000 余户，基地面积 100 余km²，产值达 6 亿元以上。

都江堰市依托良好的自然资源发展旅游业，旅游收入已达 77.4 亿元。龙溪－虹口国家级自然保护区外围保护带虹口乡，依托良好的自然环境和保护区品牌，2000 年，在外围保护带范围建立了虹口景区，2011 年，创建为 4A 级景区。2013 年，景区接待游客 72.3 万人次，旅游收入 8 604 万元。

龙溪－虹口国家级自然保护区周边农民依托保护区的品牌和外围保护带良好的自然环境，开展农家乐经营，现已发展到 192 家。这些农家乐经营业主及相关从业人员都从传统的耕作、采集、伐木等生产生活方式转变为乡村旅游接待，经济效益明显提升，2012 年人均收入已达 10 542 元。同时，因较高的经济收入带来意识的转变，这些农民都自觉地参与到自然保护活动中来（环境保护部，2014）。

（3）黄山封闭轮休保护模式

黄山，1990 年 12 月被联合国教科文组织列入《世界文化与自然遗产名录》，2004 年 2 月，入选世界地质公园，是国家首批 5A 级旅游区。黄山风景名胜区管委会以景区封闭轮休为主要切入点，探索出一套对世界遗产进行完善保护与适度开发的可持续发展新模式。

（1）强化景区制度化管理。安徽省相关部门先后通过了《黄山风景名胜区管理条例》《黄山风景名胜区总体规划（2007—2025）》《黄山风景区生态环境保护规划》，从制度上规范了旅游区的开发与建设。

（2）创造性引入景点轮休制度。先后对天都峰、莲花峰、始信峰等主要景点，分别实施为期 2～4 年的封闭轮休保护措施。

（3）创新景区接待服务模式。2007 年以来，外迁黄山风景名胜区管委会机关和部分职工宿舍，提出"山上游山下住"的构想。核心景区已经实现用电为主、液化气为辅的能源消费格局。

（4）建立保护投入长效机制。设立地质遗迹保护专项资金，从每张门票收入中提取 10% 作为遗产地保护专项经费，"十一五"期间，累计投入遗产保护资金达 6 亿多元。

（5）加强国际合作与交流。2008 年，世界旅游组织在黄山建立世界遗产地旅游可持续发展观测站。2009 年以来，黄山先后加入世界自然保护联盟（IUCN）、全球可持续旅游委员会（GSTC）、世界旅游业理事会（WTTC）和亚太旅游协会

（PATA）等国际保护和旅游组织。2010 年，黄山荣获世界旅游业理事会（WTTC）颁发的"全球旅游目的地管理奖"。2011 年底，黄山作为亚洲的唯一代表，跻身首批全球目的地可持续旅游标准试验区，并与国际组织专家共同制定了《全球目的地可持续旅游标准》（环境保护部，2014）。

五、生物多样性保护的未来展望

生物多样性的保护工作在近 20 年来才受到重视，同时主要集中在濒危物种的研究上面，目前应该将研究重点转向生物多样性的生态系统功能。人类生活依赖于生物多样性和生态系统服务。生态系统服务是人类从生态系统中获得的各种惠益，既包括各类生态系统为人类所提供的食物、纤维、淡水、医药及其他工农业生产原料，也包括支撑与维持了地球的生命支持系统，如调节气候、维持大气化学的平衡与稳定、维持生命物质的生物地化循环与水文循环、养分循环、土壤形成与保持、生物防治和净化环境等，并受生物多样性调控（文志等，2020）。人类活动加剧引起的生物多样性丧失导致了生态系统服务严重退化，直接威胁到地球生态系统和人类社会的生存和发展。近年来，通过自然保护区管理、森林生态系统管理、退化生态系统恢复和农业生态系统改善等应用，使得以保护和恢复生物多样性改善和恢复生态系统服务功能形成二者相互促进的良性循环成为可能（Mori *et al.*，2017）。

2020 年 1 月，联合国《生物多样性公约》发布了"2020 年后全球生物多样性框架"草案，提出需要在全球、区域和国家层面采取紧急政策行动，转变经济、社会和金融模式，以在未来 10 年（到 2030 年）稳定生物多样性丧失的趋势，并在其后 20 年恢复自然生态系统，实现公约提出的"到 2050 年与自然和谐相处"的愿景。该框架分别制定了 2030 年中期和 2050 年长期目标，希望"到 2050 年，生物多样性受到重视、得到保护、恢复及合理利用，维持生态系统服务，实现一个可持续的健康的地球，所有人都能共享重要惠益"。这是新时代人类为改善生物多样性从而实现人与自然永续发展的最新努力，相信生物多样性的研究和保护工作将获得更好的发展，为最终实现人与自然和谐相处做出应有的贡献。

思考与讨论

1. 简述生物多样性及生物多样性科学。
2. 论述生物多样性的价值。
3. 叙述生物多样性下降及其原因。
4. 分析中国生物多样性的特点。
5. 论述生物多样性保护现状及存在问题。
6. 你认为应该怎样更好地保护生物多样性？

生物多样性保护的最新共识——《昆明宣言》

第六章

环境污染与人体健康

　　环境污染是指人类活动或自然因素使环境要素或其状态发生变化，环境质量恶化，扰乱和破坏了生态系统的稳定及人类正常生活条件的现象。污染源包括自然污染源和人为污染源。自然污染源分为生物污染源和非生物污染源：生物污染源包括细菌、蚊、蝇、鼠等；非生物污染源包括火山爆发、地震、泥石流、森林火灾、沙尘暴、洪水等。人为污染源分为生产性污染源和生活性污染源：生产性污染源包括工业、农业、交通、科研等；生活性污染源包括居住、饮食、医院、商业等。

　　近年来，国家采取各种环境保护措施，使环境污染状况恶化的趋势得到基本控制，全国生态环境质量持续改善，达到国家总体规划序时进度要求（《中国生态环境状况公报》2019 版）。这充分说明国家环境政策总体性原则确有其高瞻远瞩之处，得到了稳步的贯彻落实。

第一节　环境污染概述

一、污染物概述

　　污染物有多种分类方法，按《中国大百科全书·环境科学卷》的方法可作如下分类：

　　①按污染物的来源，可分为自然来源和人为来源的污染物。②按受污染物影响的环境要素，可分为大气污染物、水体污染物和土壤污染物等。③按污染物的形态，可分为气体污染物、液体污染物和固体废物。④按污染物的性质，可分为化学污染物、物理污染物和生物污染物。⑤按污染物在环境中物理、化学性状的变化，可分为一次污染物和二次污染物。此外，为了强调某些污染物对人体的某些有害作用，还可划分出致畸物、致突变物、致癌物、可吸入的颗粒物以及恶臭物质等（王现丽，2017）。

二、污染物影响人体健康的一般规律

影响人体健康的污染物进入大气、水、土壤中，并且种类和数量超过了正常变化范围时，就会对人体产生危害。从影响人体健康的角度来看，环境污染一般具有以下特征：①影响范围大：环境污染涉及的地区广、人口多，而且接触的污染对象，除从事工矿业的健康的青壮年外，也包括老、弱、病、幼，甚至胎儿。②作用时间长：接触者长时间不断地暴露在被污染的环境中，甚至每天可达24 h。③污染情况复杂：污染物进入环境后，受到大气、水体等的稀释，一般浓度往往很低。污染物浓度虽低，但由于环境中存在的污染物种类繁多，它们不但可通过生物或理化作用发生转化、代谢、降解和富集，从而改变其原有的性状和浓度，产生不同的危害，而且多种污染物可同时作用于人体，产生复杂的联合作用。

三、环境污染对人体健康的危害

人类的身体健康与赖以生存的环境密切相关。为了人类的身体健康，我们必须提高环保意识，加强对环境污染的治理。影响人体健康的环境污染物的种类繁多，大致可分为三类，即化学性因素、物理性因素和生物性因素，其中以化学性因素最为重要。当这些有害因素进入大气、水体、土壤中，并且种类和数量超过正常变动范围时，就可产生对人体的危害。有的污染物在短期内通过一定的途径即可危害人体健康；有些污染物则要经过相当长的时间才显露出对人体的危害。因此可把环境污染对人体的危害大致分为三个方面：

1. 急性危害

污染物在短期内通过空气、水、食物链等多种介质侵入人体，或几种污染物联合大量侵入人体，引起人体中毒、死亡，就是急性危害。如炼焦产生的烟尘、二氧化碳浓度超过人体的承受能力时，人马上感到胸闷、嗓子痛，引起咳嗽、呼吸困难、发烧等症状，程度严重时，可引起死亡。炼焦排放的污染物中有一氧化碳、二氧化氮、一氧化氮等光化学氧化剂，在强光照射下，产生光化学烟雾，也会对人体造成急性危害，引起眼结膜炎、流泪、眼痛、嗓子痛、胸闷等。

2. 慢性危害

有毒的化学物质污染环境，小剂量的污染物长期作用于人体，累积达到一定程度时，可以产生慢性中毒症状。慢性危害的发展一般具有渐进性，出现的有害效应不易被察觉或得不到应有的重视，一旦出现了较为明显的症状，往往已经成为不可逆的损伤，造成严重的健康后果。研究表明，城市大气污染是慢性支气管炎、肺气肿以及支气管哮喘等呼吸系统疾病的直接原因或诱发原因之一。又如，无机氟的长期暴露可造成牙釉质和骨骼的损害，使牙齿畸形、软化，牙釉质失去光泽、变黄，使骨骼变厚变软、骨质疏松、容易骨折；甲基汞的长期暴露可损害脑和神经系统，具体症状表现为精神障碍、谵妄、昏迷、震颤等。

3. 远期危害

环境污染对人体健康的危害，一般是经过一段较长的潜伏期后才表现出来，甚至有些会影响到子孙后代的健康和生命，这就更值得我们关注和重视。

（1）致癌作用。癌也叫恶性肿瘤。引起恶性肿瘤的作用，称为致癌作用。

据研究表明，许多肿瘤发病与环境因素有关，认为在人类癌症的病因中，有80%~90%是环境因素引起的。其中化学性因素的致癌作用占有重要地位，而这些致癌物质主要来自环境污染。

（2）致突变作用。环境污染物引起生物细胞的遗传信息或遗传物质发生突然改变的作用，称为致突变作用。这种致突变作用引起变化的遗传信息或遗传物质，能够在细胞分裂繁殖过程中，传递给子细胞，使其具有新的遗传特性。

（3）致畸作用。指环境污染物通过母体影响动物胚胎发育与器官分化，使子代出现先天性畸形的作用。化学因素、物理因素（如电离辐射）、生物学因素、母体营养缺乏或内分泌障碍等都可能引起先天性畸形。

第二节　化学污染物对人体健康的影响

随着社会科技的发展，化学科学和化学工业为人类提供了大量而丰富的化学产品，包括生产和生活用品，为现代化社会做出了重要贡献。但与此同时，大量的有害化学物质也进入了环境，降低了环境质量，直接或间接地损害人类的健康，影响生物的繁衍和生态平衡。

一、无机污染物与人体健康

1. 氟

氟是环境中主要污染物之一，磷矿、磷肥厂、砖瓦厂、钢铁厂、铝厂是其主要污染源。氟的环境空气质量标准为 7 μg/m³，氟在水和蔬菜、粮食中的环境卫生标准分别为小于 0.5 mg/L、0.5 mg/kg、0.5 mg/kg。人体每日摄取 8~10 mg 以上的氟就会产生氟骨症。主要症状是：骨硬化（棘突、骨盆、胸廓），不规则骨膜骨形成，异位钙化（韧带、骨间膜等），伴随骨髓腔缩小，不规则外生骨赘（Teotia，1976）。含氟量过多还会产生死胎、流产、早产及畸形儿增多。

2. 镉

镉是日本发生骨痛病的元凶。镉被吸收后，首先到肝，再被输送到肾，并积蓄起来。镉在人体内半衰期为 6~18 年。镉中毒后首先使肾及肝受损，其后是骨质软化和镉取代骨骼中的钙而使骨骼容易折断。镉慢性中毒到发病可延续 20 年。镉中毒的指标是门牙和犬牙有镉环。

3. 汞

汞主要是甲基汞进入人体后与—SH 结合形成硫醇盐，使含—SH 的酶包括过氧化物酶、细胞色素氧化酶、琥珀酸脱氢酶、葡萄糖脱氢酶失去活性进而使肝失去解毒功能和破坏细胞离子平衡导致细胞死亡。甲基汞还能侵害神经系统，特别是中枢神经系统，损害最严重的是小脑和大脑两半球，特别是枕叶、脊髓后束以及末梢感觉神经。汞也能够引起流产、死胎、畸胎等异常妊娠。

4. 铅

铅是主要的重金属污染物之一，主要引起中枢神经系统损伤和贫血。早期症状是头痛（晕）、失眠、味觉不佳和体重减轻。铅还能够降低人的生育能力。铅可进入神经系统各部位，导致中枢神经系统紊乱，运动失调、多动，注意力下降，智商下降，模拟学习困难，空间综合能力下降。

5. 砷

砷引起主要中毒症状为神经损害，早期症状包括末梢神经炎，有蚁走感，皮肤色素沉淀，运动功能失调，视力、听力障碍，肝损伤等。亚砷酸（三价）的毒性比砷酸（五价）大 10 倍。亚砷酸的 LD_{50} 为 10 mg/kg，而砷酸的 LD_{50} 为 138 mg/kg，无机砷是致癌物，能够引起皮肤癌和肺癌。砷的安全标准为：蔬菜 0.5 mg/kg、粮食 0.7 mg/kg、饮用水 0.05 mg/L。

6. 铬

铬对人体的毒害主要是引起呼吸器官损害和皮肤损害。例如，鼻中隔损伤、溃疡、穿孔和皮肤的腐蚀性反应和皮肤炎。铬还能够致癌，特别是肺癌。

二、有机污染物与人体健康

有机化合物的毒性大致有两类：一是由有机化合物本身特定的化学结构决定的，如生物碱、氯仿、乙醚等产生的毒性；二是毒性大小与代谢产物有关。当某有机化合物进入人体后，在酶等作用下，产生具有较强反应能力的不稳定的中间产物，其中一部分能够与蛋白质、核酸等活性物质结合，破坏具有活性的各种蛋白质，从而使酶失活、细胞死亡、组织坏死。下面介绍几种主要有机污染物。

1. 多环芳烃（PAH）

多环芳烃在煤、石油中有广泛分布，其中苯并芘（BaP）是一种强烈致癌（肺癌）物质，它主要存在于煤中。有不少物质能够诱发 BaP 的致癌作用，这是因为 PAH 几乎不与细胞内的成分起反应，为了能够和机体成分起反应，就要使细胞内的羟化酶活化，而羟化酶的活化需要过渡元素（如铁、镍等）。

2. N- 亚硝基化合物

N- 亚硝基化合物是强烈致癌（主要是肝癌）物质，它广泛分布在人类生活环境中。N- 亚硝基化合物有两个前驱物质：一是亚硝酸盐，存在于农产品中，其中特别是腌制品（火腿、腌肉、腌菜）中含量特别高。其他如放置时间太长的新鲜蔬菜以及焖煮时间太长的食品都会使其中亚硝酸盐的含量明显增加。亚硝酸盐除有强烈致癌作用外，还能够使血红蛋白失去输送氧的能力，让人出现不同程度的缺氧症状。二是仲胺，它是动物、植物蛋白质代谢的中间产物。海鱼中含有较高的二甲胺（DMA），鱼肉罐头含仲胺量很高。

3. 卤代烷类

以三氯甲烷、四氯化碳为代表的卤代烷类对肝有强烈的损害，并有致癌作用。自来水厂用液氯消毒的过程中常产生挥发性的卤代有机物，如三卤甲烷、二溴一氯甲烷和溴仿（THMS）。非挥发性卤代有机物如卤乙腈、卤乙酸、卤代酸、卤代酮、卤代醛等。在烧开水时适当多煮沸一段时间，使挥发性的卤代有机物蒸发掉，以减少水中的氯的次生代谢物的含量。

4. 农药

农药包括有机氯农药、有机磷农药、有机汞农药、氨基甲酸酯农药、除草剂等。有机磷农药包括对硫磷、马拉硫磷、乙硫磷、双硫磷、三硫磷等，因为极易分解，不易产生慢性中毒，但急性中毒反应较强，它能够使人的神经功能失调、嗜睡、语言失常。有机汞农药有西力生（氯化乙基汞）、赛力散（醋酸苯汞）等。这是一类剧毒的农药，能够破坏人体中主要酶系，在土壤中的半衰期长达10～30年。氨基甲酸酯农药如西维因等，较易分解，对动物毒性较小，但在体内能够与亚硝酸合成亚硝酸胺类，有致癌作用。除草剂一般都有致突变、致畸、致癌作用。

三、化学污染物对人群健康风险的评估

1. 化学物毒性

（1）化学物的特性及其毒性。毒物通常是指在一定条件下以较小的剂量作用于生物体，扰乱破坏生物体的正常功能，或引起组织结构的病理改变，甚至危及生命的一些外源化学物。

（2）剂量－反应（效应）关系。化学物的毒性大小不仅与它本身的化学结构和理化性质有关，还与机体吸收该化学物的剂量，进入靶器官的剂量及其所引起机体损害的程度有关。因此，化学物毒性大小，通常可用剂量－反应（效应）关系来表示。剂量－反应（效应）关系是指随着外源化学物的剂量增加，对机体的毒效应的程度增加，或出现某种效应的个体在群体中所占比例增加。如果以某种效应发生率为纵坐标，以剂量为横坐标，即可构成剂量－反应曲线。在低剂量范围内，随着剂量的增加，毒效应发生率增加较为缓慢；而在主要的剂量－反应曲线部分，随着剂量的增加，毒效应发生率急速上升，特别是在曲线的中点附近，剂量略有变动，反应即有大幅度的增减；而当剂量继续增加时，对效率的发生率又趋向缓和。通过对剂量－反应关系曲线的分析，可以确定引起毒效应的阈剂量（threshold dose）或无作用剂量（non-effect dose or level）、计算半数有效量（EDa）等。

（3）化学物在体内的作用机制及其研究价值。①化学物在体内的作用机制：主要研究化学物是如何进入机体、如何与靶分子交互作用、机体是如何应对这种侵害的过程。多数毒物发挥其对机体的毒性作用至少经历四个阶段：毒物转运到一个靶部位或多个靶部位、进入靶部位的毒物与内源靶分子交互作用、毒物引起细胞功能和结构的紊乱、机体启动分子、细胞和组织水平修复机制应对毒物对机体的作用。②化学物质在体内作用机制的研究价值：对于化学物在体内作用机制的研究为解释描述性毒理学的信息，以及评估某外源化学物引起有害效应的可能性等方面都提供了一定的理论依据。此外，还有利于对外源化学物毒性作用部位、生理、生化以及一些疾病的病理过程有更进一步的认识。

2. 化学物对人群健康风险的评估方法

人类在生活、生产活动中往往同时或相继接触两种或两种以上的化学物，而毒理学研究中又常常只涉及单一化学物在不同剂量情况下实验动物的急性或慢性毒性效应。毒理学家进行了大量实验研究，提出了多种预测方法和评价模式。

（1）半数致死量（LD_{50}）或半数有效量（ED_{50}）法

① 图解法。Loewe（1926）创立了等效线法，该法是用纵、横坐标分别代表两种化学物的剂量，并将取得同一效应的剂量（LD_{50}、ED_{50}）点相连即为等效

线，然后将两种化学物效应的 95% 置信区间的上、下限值分别连接。

② Bliss 法。Bliss（1939）提出根据剂量对数与死亡概率直线回归方程和化学物之间的联合作用模式（相加、独立、协同或拮抗）确定基本模型。

③ Finney 法。Finney（1952）根据图解法的重量比例原则提出了以 LD_{50} 或 ED_{50}（以下均以 LD_{50} 代表）为基础评价联合作用的数学模型。方法是分别测定混合物中各化学物质的 LD_{50}，按等毒效应剂量预测混合物的 LD_{50}，然后将混合物实测 LD_{50} 与预测值进行比较，两值相等属于相加作用；实测值小于预测值为协同作用；反之为拮抗作用。

④ 等概率和曲线法。该方法是根据混合物中各化学物的剂量 - 死亡概率回归曲线求出预期死亡概率，再对概率求和，推算死亡率。如以 50% 死亡率作为指标，统计量为 Q_{50}。

⑤ 共毒系数法。Sun（1950）提出用毒性指数作为指标，通过计算共毒系数评价混合物的联合毒性。

上述各种方法对混合物是否发生联合作用可进行定性或定量评价，已经成为有价值的工具。然而各方法均有各自的使用条件和优缺点，应用时应严格根据条件选择方法。

（2）复杂混合物联合作用的危险性评价

① 实际测量法即将混合物看作为单一物，直接测试接触混合物对健康的影响，目前已有柴油废气和污染地下水的两篇危险性评价报告。

② 相似混合物法，该法使用在构成上与待测混合物相似的混合物资料评估待测混合物。首先要判定两者的相似程度，其次要有已知混合物的体内资料，才能对待测混合物的毒性或致癌性进行评价。

③ 以成分为基础的方法

危害指数法：以每日允许摄入量（ADI）或参考剂量（RD）为标准对混合物各成分进行标化，即将混合物中各成分的剂量除以该成分的 ADI 或 RD，得到每种成分的危害比（HQ），求各成分危险商之和即得到该混合物的危害指数（hazard index，HI）。

字母数字权重法：由于上述数学模型只能做出相加和协同作用的评估，因此，有可能过高估价某些混合物的危险性。在计算危害指数时，Mumtaz 等（1992）提出了兼顾相加、协同、拮抗等作用几种情况的方法，称之为字母数字权重法，用以弥补上述评价方法的缺陷。

毒性等同因子法：毒性等同因子法适用于化学结构类似混合物的毒性或致癌强度评价。其原理是将一个混合物成分的短期测试所得的某观察终点的强度与参照标准进行比较，该参照标准为该类同系物中研究最多与毒性强度最大的化合物。

效应相加法：通常用于对低剂量化学混合物致癌危险性评价。其基本设想是混合物的成分通过不同机制作用于同一靶部位，因此机体对混合物成分的效应是相加的。危险性则是剂量和致癌强度的乘积，致癌强度使用其 95% 置信区间的上限。混合物致癌危险性是各成分的危险性总和。

3. 混合物危险性评价的模型

毒理学家们按毒物的作用机制应用致癌或非致癌模型进行了一些工作。如Kode（1991）应用两阶段克隆扩增模型进行致癌危险性评价，这一模型同时考虑到组织的增殖和细胞突变过程。

4. 接触低剂量复杂混合物的危险性评价

在职业、生活环境中人类经常接触的是低浓度混合物。在研究混合物危险性评价方法时，确定相加、协同和拮抗等联合作用的条件是十分有意义的。许多研究提示，当低剂量混合物成分因相同机制引起同类毒性效应时，往往发生相加作用。"低剂量"或"低水平"的定义不很明确。应该指出，上述危险性评价的规律在多数情况下是适用的，但也有例外，尤其是在外推到人体时更应慎重。因为人体在敏感性上差别很大，而且人比实验动物接触更多的化学物质，如酒精、治疗药物和其他环境化学物。这些化学物质此时可能增加或降低混合物对人体的毒性。总之，对接触化学混合物的危害和危险性评价方法还应做更广泛更深入的研究（卢伟等，2013）。

第三节　物理污染对人体健康的影响

各类物理污染逐渐出现在我们生活的方方面面，对我们的工作、生活、学习甚至身体健康都已经产生了比较严重的影响。因此，深入了解物理污染的产生源及其危害，是做好各种物理污染防治工作、降低其危害的重要前提。

一、噪声污染

凡是干扰人们休息、学习和工作的声音，即不需要的声音，统称为噪声。我国《环境污染防治法》中对环境噪声的定义是：在工业生产、建筑施工、交通运输和社会生活中所产生的干扰周围生活环境的声音。当噪声对人及周围环境造成不良影响时，就会形成噪声污染。

1. 环境噪声主要来源

（1）交通噪声。主要指机动车辆、飞机、火车和轮船等交通工具在运行时发出的噪声，如喇叭声、发动机声、进气和排气声、启动和制动声、轮胎与地面的摩擦声。这些噪声的声源是流动的，干扰范围大。由于机动车辆数目的迅速增加，使得交通噪声成为城市的主要噪声源。

（2）工业噪声。指工业生产劳动中产生的噪声，主要来自机器和高速运转的设备，是涉及面最广泛、对工作人员影响最严重的噪声，目前已成为主要污染因素之一。

（3）建筑施工噪声。主要指建筑施工现场产生的噪声。在施工中要大量使用各种动力机械，要进行挖掘、打洞、搅拌，要频繁地运输材料和构件，从而产生大量噪声。建筑噪声的特点是声级高，难控制，且多发生在人口密集地区，因此严重影响居民的休息与生活。如冲击式气锤打桩机运行时发出的噪声级达 99 dB（距离 10 m 以外测量的数据）。

（4）社会生活噪声。主要指人们在商业交易、体育比赛、游行集会、娱乐场所等各种社会活动中产生的喧闹声，以及收录机、电视机、洗衣机等各种家电的嘈杂声，这类噪声一般在 80 dB 以下。

2. 噪声的特征

（1）感觉公害。环境噪声是一种感觉公害。它是通过感觉对生理和心理因素的影响而对人产生危害。

（2）局限性和分散性。噪声传播的范围是有局部性的。声源发出的噪声能量向周围传播，其强度随着距离的增加及受建筑物的阻挡而衰减。噪声只影响声音附近的人，如工厂噪声影响工厂周围的居民，交通噪声影响道路两旁的人，不像大气污染和水质污染影响到一个大的区域。噪声声源分布上具有的分散性，导致其无法集中治理。

（3）暂时性噪声污染是瞬时性的。与其他污染源排污后污染物浓度长期残留积累起来不同，噪声源一旦停止发声，噪声立即消除，没有积累性，不会给周围的环境留下有毒害的物质。

3. 噪声污染危害

噪声污染对人体会构成危害，其危害程度主要取决于噪声的频率、强度及暴露时间。噪声危害主要包括：

（1）噪声对听力的损伤。噪声对听力的影响与噪声的强度、频率、与作用时间等因素有关。人们进入强噪声环境后，暴露一段时间，会感到双耳难受，甚至会出现头痛等感觉。离开噪声环境到安静的场所休息一段时间，听力就会逐渐恢复正常。这种现象叫作暂时性阈移，又称听觉疲劳。如果人们长期在强噪声环境下工作，听觉疲劳不能得到及时恢复，其内耳器官就易发生器质性病变，即形成永久性阈移，又称噪声性耳聋（表6-1）。

表6-1　听觉损失级别及耳聋程度

级别	听觉损伤程度	听力损失平均值 /"B	听觉能力
A	正常	<25	可听清低声谈话
B	轻度	25~40	听不清低声谈话
C	中度	40~55	听不到低声谈话
D	高度	55~70	听不清大声谈话
E	重度	70~90	听不到大声谈话
F	极重度	>90	很难听到声音

数据来源：李坚.人体健康与环境.北京：北京工业大学出版社，2015.

（2）噪声对视力的损害。人们只知道噪声影响听力，其实噪声还影响视力。实验表明，噪声能使人的视杆细胞区别光亮度的敏感性降低，识别弱光反应的时间延长，瞳孔直径会随噪声的强度升高而增大。

（3）诱发多种疾病。噪声通过听觉器官作用于大脑中枢神经系统，影响全身各个器官，除对人的听力、视力造成损伤外，还会对神经系统、心血管系统、内分泌系统、消化系统以及智力等有不同程度的影响。

（4）噪声对心理健康的损害。噪声对于人们心理方面的影响主要是烦恼，精力不集中，影响工作效率和休息，容易激动、发怒，甚至失去理智。

（5）噪声对正常生活和工作的干扰。噪声影响人们的正常生活和休息。噪声对人的睡眠影响极大，人即使在睡眠中，听觉也要承受噪声的刺激。噪声会促使人从熟睡转向浅睡，从而导致睡眠不足。噪声会导致多梦、易惊醒、睡眠质量下降等，突然的噪声对睡眠的影响更为突出。

综上所述，噪声污染对人的健康、生活质量以及周围环境的影响极大。当然，各个体之间对噪声的敏感度有很大差异，有的人对噪音比较敏感，有的人对噪音有较强的适应性，也与人的需要、情绪等心理因素有关（李坚等，2015）。

二、电磁辐射污染

电磁辐射污染通常是指人类使用产生电磁辐射的器具而泄漏的电磁能量传播到环境中，其量超出本底值，其性质、频率、强度和辐射时间综合影响到一些人，使这些人感到不适，并影响到人体健康和周围环境。

1. 电磁污染的传播途径

（1）空间辐射。电子设备在电气工作过程中相当于一个多向发射天线，不断地向空间辐射电磁能。

（2）导线传播。当射频设备与其他设备共用同一电源，或两者间有电气联系时，电磁能即可通过导线进行传播。此外，信号输出、输入电路等也能在该磁场中拾取信号进行传播。

（3）复合传播。污染同时存在空间传播与导线传播所造成的电磁辐射污染，成为复合传播污染。

2. 电磁辐射污染源来源

（1）天然电磁辐射。产生于自然界，由某些自然现象所引起，如雷电、云层放电、太阳黑子活动、火山喷发等。

（2）人为电磁辐射。产生于人工制造的若干系统，在正常工作时所产生的各种不同波长和频率的电磁波。影响较大的包括电力系统、广播电视发射系统、移动通信系统、交通运输系统、工业与医疗科研高频设备。

三、光污染及热污染

1. 光污染

光污染是指光辐射过量而对生活、生产环境以及人体健康产生的不良影响。光污染这个隐形健康"杀手"是一类新的、尚不完全被人们所认识的环境污染，但其无处不在，存在形式多种多样，严重危害生物及其环境，也对人类健康构成危害，这些现状应该引起人们的高度重视。

（1）光污染的分类。国际上一般将光污染分成 3 类，即白亮污染、人工白昼和彩光污染。①白亮污染是指阳光照射强烈时，城市里的玻璃幕墙、釉面砖墙、磨光大理石和各种涂料等反射的光线，明晃白亮、炫眼夺目。②人工白昼是指夜幕中商场、酒店上的广告灯，有些强光束甚至直冲云霄，使得夜晚如同白天一样。③彩光污染是指舞厅、夜总会安装的黑光灯、旋转灯以及闪烁的彩色光源

（李坚等，2015）。

（2）光污染的危害。正常情况下，人眼由于瞳孔的调节作用，对一定范围内的光辐射皆可适应，但当光辐射增至一定量时将会对生活和生产环境以及人体健康产生不良影响。人如果长期待在这样的环境下接受照射，会导致白内障、流鼻血等，照在视网膜上的灯光，即使在睡眠期间，也会减少褪黑素的生成，而褪黑素能帮助调节昼夜节律，还具有抗氧化的功能。

2. 热污染

所谓热污染，是由于人类活动的影响而使环境中的热能量超标的一种环境污染现象。热污染通过受体水和空气温度升高的增温作用污染大气和水体。热污染的危害主要体现在以下几个方面：

（1）水体热污染。水体温度升高到有害程度，引起水质发生物理的、化学的和生物的变化，称为水体热污染。其影响有：①对水生生物的影响。②对水质的影响。温度升高，水的黏度降低、密度减小，为水中含有的病毒、细菌形成了一个人工温床，使其得以滋生泛滥，造成疫病流行。③对地表水量的影响。

（2）大气热污染。现代社会生产、生活中的一切能量都可转化为热能扩散到大气中，大气温度升高到一定程度，引起大气环境发生变化，形成大气热污染。其影响有：①对气象产生的影响。人类使用煤、石油、天然气等矿物质燃烧的过程中产生大量温室气体，使气温上升。这些热量将会对大气环境产生严重影响。②生存陆地减少。近一个世纪以来，气候变暖导致海水热膨胀和极地冰川融化，海平面上升，加快了生物物种濒临灭绝。③对城市产生的影响。城市中企事业、饭店、汽车、电气化设施及居民住宅区等无时无刻不在排放着热量，在城市内形成了明显的热岛现象。

（3）危害人体健康。热污染对人体健康构成严重危害，降低人体的正常免疫功能。高温不仅会使体弱者中暑，还会使人心跳加快，引起情绪烦躁，精神萎靡，食欲不振，思维反应迟钝，工作效率低。高温助长了多种病原体、病毒的繁殖和扩散，从而使各种新、老传染病大为流行。热污染使气温上升，为蚊子、苍蝇、蟑螂、跳蚤和其他传染病昆虫以及病原体微生物等提供了最佳的滋生繁衍条件和传播机制，形成一种新的"互感连锁效应"，进而导致疟疾、血吸虫病、流行性脑膜炎等病毒病原体疾病的扩大和反复流行（李坚等，2015）。

第四节 生物污染物对人体健康的影响

生物污染是指可导致人体疾病的各种生物，特别是寄生虫、细菌和病毒等引起的环境（大气、水、土壤）和食品的污染（夏征农等，2009）。在自然界中一部分微生物能引起人或动、植物病害，称为病原微生物。本节主要论述针对微生物污染所损害的人体健康。

一、微生物污染

微生物污染是指由细菌与细菌毒素、真菌与真菌毒素和病毒造成的动物性食品生物性污染，包括细菌性污染、病毒和真菌及其毒素的污染。微生物污染是主要传染性疾病的源头。当前有 20% 的呼吸道疾病由大气微生物污染引起；世界上最主要的 41 种重大传染性疾病中，有 14 种是由空气中的微生物传播所致。微生物污染包括有害微生物污染、病原微生物污染和微生物毒素污染三种类型（吴楚材等，2013）。

1. 有害微生物污染

有害微生物污染是指因环境变化打破了正常的生态平衡体系，抑制一些微生物生长而促进另一些微生物生长，形成了不同于正常微生物群落结构的有害微生物群落，改变原来的生态功能，造成了环境质量的恶化，直接或间接地影响了其他生物生存的污染。与另外两种类型的微生物污染相比，这类微生物污染的毒性作用范围更广，后果更为严重（孟紫强，2009）。

2. 病原微生物污染

病原微生物污染是指可以通过一定的机制侵染动物、植物及其他微生物，并使其生病或死亡的一类微生物污染。引起人与动物生病的病原微生物种类很多，有寄生虫、真菌、细菌、病毒、朊病毒等。病原细菌的数量最大，引起的疾病最多，是人与动物传染性疾病的元凶之一，包括革兰阴性和阳性菌、支原体、衣原体、立克次氏体、螺旋体等，至少有 110 个属的细菌会引发人或动物的疾病。

3. 微生物毒素污染

微生物毒素污染是一类由微生物合成并释放到寄主生物体内或生态环境中杀伤其他生物的有毒物质。各类微生物，包括病毒、细菌、真菌、藻类和原生动物等，都会合成微生物毒素。目前已发现的细菌毒素有 220 多种，真菌毒素不下 200 种。此外，病毒也可产生微生物毒素。细菌毒素大多为多肽和脂多糖类大分子化合物，而真菌毒素大多为一些小分子化合物（孟紫强，2009）。

4. 微生物污染途径

微生物污染常见的是空气的微生物污染和水的微生物污染。空气虽然不是微生物产生和生长的自然环境，没有细菌和其他形式的微生物生长所需要的足够的水分和可利用的养料，但由于人们的生产和生活活动使空气中可能存在某些微生物，包括一些病原微生物，如结核杆菌、白喉杆菌、金黄色葡萄球菌、流感病毒、麻疹病毒等，可成为空气传播疾病的病原（吴楚材等，2013）。

二、微生物污染与疾病

1. 空气中微生物污染与疾病

空气环境是一个开放系统，它的各种化学和生物成分来源呈多样性，既有自然来源，也有因人类社会活动而产生的。空气细菌是空气微生物中的重要组成部分，且不同地点、不同季节的空气细菌差异较大。空气感染危害性之大，主要与呼吸道的生理结构有密切关系。从鼻、咽、喉、气管、支气管到肺泡，被阻留在任何部位的病原微生物粒子，都可以在该处引起感染。成人的肺约有 3 亿个肺泡，总面积有 70 m²，是人体体表面积的 40 倍。由于肺泡所处温度适宜，营养丰富，是微生物生存和繁殖的良好场所，因此下呼吸道更易感染（表 6-2）（郭新彪，2015）。

表 6-2　空气污染物的危害性

病原微生物	黏膜刺激	支气管炎	哮喘	外源过敏性肺炎	有机尘中毒综合征	感染	真菌中毒
病毒	4	3	3	—	—	2~3	—
革兰阴性菌	?	1~3	3	2	3	2~3	—
革兰阳性菌	?	1~3	3	2	?	1~3	—
放线菌	1	—	1~2	1~3	1~2	—	—
真菌	3	?	2	3	3	1~4	4
内毒素	?	?	—	—	3	—	—
霉菌毒素	—	—	—	—	—	—	4

注：1：稀少；2：较低；3：常见；4：高；?：无定论。
资料来源：郭新彪，2015。

　　呼吸道系统疾病是一大类临床疾病，其中一部分与微生物有密切关系，在这部分呼吸道疾病中有的是传染性的，有的是非传染性的。传染性呼吸道疾病主要与病原微生物有密切关系。一些非传染性呼吸道疾病，如不良建筑物综合征（sick building syndrome，SBS）、呼吸道黏膜刺激、过敏等，都与微生物或微生物细胞的代谢产物有关。呼吸道感染空气微生物的来源复杂，有自然来源、人类活动污染源等。在人类呼吸道传染性疾病中，空气传播感染是非常重要的传播途径，病毒、细菌都可以通过空气传播感染。由于空气微生物传播感染具有复杂性，如易感性强、暴发性强、微生物来源复杂、微生物种类多等特点，这就给防控带来了很大的难度（郭新彪，2015）。

　　2. 土壤中微生物污染与疾病

　　被病原体污染的土壤能传播伤寒、副伤寒、痢疾、SARS、病毒性肝炎等传染病，而这些传染病的病原体随患者和带菌者的粪便及其衣物、器皿的洗涤水污染土壤，再通过雨水的冲刷和渗透，病原体又被带进地面水或地下水中，进而引起这些疾病的暴发流行。此外，还有些人畜共患的传染病或与禽类有关的疾病，如禽流感，可通过土壤在禽类间或人禽间传染。被有机废弃物污染的土壤是蚊蝇孳生和鼠类繁殖的场所，而蚊蝇和鼠类又是许多传染病的媒介，因此，被有机废弃物污染的土壤在流行病学上被称为特别危险的物质（黄瑞农，1987）。

　　下面对土壤微生物导致疾病简要举例。

　　（1）沙门菌属（*Salmonela*）

　　肠热症，即伤寒、副伤寒。由伤寒沙门菌，甲、乙、丙副伤寒沙门菌等引起。细菌进入小肠，通过胸导管进入血流引起初次菌血症。伤寒沙门菌随血流进入肝、脾、骨髓等脏器后继续繁殖，部分细菌随胆汁进入胆囊，另一部分细菌被吞噬细胞吞噬后再次入血，引起第二次菌血症，并释放内毒素，引起发热、全身不适、皮肤玫瑰疹、肝大等症状，伴有相对缓脉、血中白细胞数明显下降。恢复后，少数患者胆囊带菌，成为重要传染源。

　　小肠结肠炎是最常见的沙门菌感染，表现为食物中毒。主要摄入由大量鼠伤寒沙门菌、猪霍乱沙门菌、肠炎沙门菌等污染的食物后 8~48 h，出现发热、恶心、呕吐、水样便，且量多并伴有少量白细胞。一般在 2~3 d 消失，偶尔病程迁延至 2 周，病后很少有慢性带菌。此类患者血培养都为阴性、粪便培养则为阳性。

败血症常见于儿童、虚弱者和慢性病患者。发病呈散发性。症状有高热、寒战等。若反复发作，会出现肝脾肿大、黄疸等（环境保护部自然生态保护司，2013）。

（2）志贺菌属（*Shigella*）

志贺菌引起的细菌性痢疾（简称菌痢），主要表现为发热、腹痛、脓血便和里急后重等症状。患者和带菌者是主要传染源。通过粪-口途径进入人体。最常见的疾病为霍乱。

霍乱主要为小肠疾患，人是霍乱弧菌的唯一易感者，经口传染，通过胃到达小肠。借助鞭毛的运动穿透黏液层，依靠菌毛等黏附因子黏附于黏膜细胞表面，在此生长繁殖并产生霍乱肠毒素（cholera enterotoxin）。霍乱肠毒素使水分不断进入肠腔，产生严重的上吐下泻，病情严重者，每小时可丧失 1 L 液体。由于患者大量丧失水分及电解质，可发生代谢性酸中毒、无尿、循环衰竭、休克而死亡。霍乱弧菌感染后，常获得牢固的免疫力，少见有再次感染者（环境保护部自然生态保护司，2013）。

（3）炭疽杆菌（*Bacillus anthracis*）

炭疽为食草动物（羊、牛、马等）的传染病。若此病在某一地区流行，感染动物死亡后排出的芽孢可污染土壤。人因接触感染动物皮肤时，芽孢进入破损皮肤或黏膜创口而被感染，也可因吸入芽孢至肺或食入病兽肉而传染，故此病多见于皮毛纺织或皮革工人及农业人口之中。炭疽杆菌毒株有 3 种毒力因子：①荚膜，它是一种侵袭因子，能抗吞噬，有利于细菌生长繁殖；②水肿因子（EF），为引起水肿的必要活性成分；③致死因子（LF），是毒素引起动物死亡的活性成分（环境保护部自然生态保护司，2013）。炭疽是云南省流行态势较为严重的重点传染病之一，全省 129 个县（市、区）中有 104 个为炭疽疫区口。仅 2001—2013 年 13 年间，全省就报告炭疽病例 355 例，年病例数居全国第 5～8 位，个别年份高至第 3～4 位（表6-3）。

表6-3　2001—2013 年云南省炭疽病例地区分布

疫区	病例数	构成比 /%
楚雄州元谋县	12	21.05
武定县	2	3.51
昭通市鲁甸县	10	17.54
文山州丘北县	7	12.28
砚山县	5	8.77
富宁县	1	1.75
广南县	1	1.75
文山县	1	1.75
昆明市禄劝县	7	12.28

疫区	病例数	构成比/%
东川区	4	7.02
丽江市永胜县	3	5.26
临沧市镇康县	3	5.26
玉溪市易门县	1	1.75
合计	57	100.00

资料来源：王跃兵，2014。

（4）破伤风梭菌（*Clostridium tetani*）

破伤风梭菌是一种创伤感染性细菌，大量存在于土壤以及人和动物的肠道内，其引起破伤风主要由于外毒素作用于神经系统而发生特有的痉挛症状。破伤风梭菌芽孢广泛存在于外环境中，土壤、杂物、尘埃、蔬菜、食品、器械等形成多种感染来源；易感人群也广泛存在，但由于感染条件限制。例如，需要窄而深的伤口和厌氧微环境，所以一般为散发，不构成流行。在贫穷落后、卫生设施极差的发展中国家和地区，新生儿破伤风、产后破伤风非常普遍（环境保护部自然生态保护司，2013）。

（5）致病性大肠杆菌

多数大肠杆菌为肠道共生菌，某些型别为致病菌，可引起肠道和肠外组织的感染。特别是大肠杆菌 O157∶H7，由于其感染剂量低，10 个菌细胞就足以有效感染，因此，很多土源性、水源性、食物性胃肠炎大爆发就是该菌引起的（环境保护部自然生态保护司，2013）。

3. 水体中微生物污染与疾病

水体内存在的病毒种类包括呼吸病毒、肠道病毒、脊髓灰质炎病毒、星状病毒、埃可病毒、腺病毒、轮状病毒、甲型肝炎病毒、柯萨奇病毒、嵌杯样病毒；寄生虫包括毛首鞭虫、钩虫、蛔虫、粪类圆线虫、肠贾节虫、溶组织内阿米巴虫；细菌主要包括空肠弯曲杆菌、致病状大肠杆菌、鼠伤寒沙门菌、耶尔森菌、小肠结肠菌、志贺痢疾杆菌、霍乱弧菌等。若以上寄生虫、病毒、细菌进入饮用水中，可导致居民并发呼吸道疾病、心律失常、胃肠炎、脊髓灰质炎、结膜炎、肝炎、脑膜炎等疾病，严重时可危及居民健康（闫欣荣，2013）。

4. 动物皮屑及生物活性物质的污染与疾病

近年来喂养宠物逐渐成为城市居民的生活潮流。但是宠物皮屑及其产生的其他生物活性物质，如毛、唾液、尿液等对空气的污染，也会带来健康危害，主要是可以使人产生变态反应。动物皮屑是最强的变应原之一。对易感个体若长期与有关动物接触，则可被致敏。致敏后若再接触即使是很小数量的皮屑，也可激发出鼻部症状。引起呼吸道变态反应的动物皮屑主要来自与人接触密切的动物，如家养宠物（观赏狗、猫），家牧家用狗，牛，马和羊等。动物皮肤油腺分泌和存在于唾液中的蛋白质对某些人来说可以引起过敏反应。过敏可能需要两年或两年以上的发展时间，其症状可能在远离动物的几个月后仍不能去除。

主要致病微生物简要介绍

（1）过敏性鼻炎。多为常年性鼻炎，所谓常年性过敏性鼻炎是指每年过敏性鼻炎的症状持续在 9 个月以上，多为室内的过敏原，如尘螨或其粪便所致。动物皮屑是最强的过敏原之一。易感个体若长期与有关动物接触，则可被致敏。引起呼吸道变态反应的动物皮屑主要来自与人接触密切的动物，如家养宠物（鸟、狗、猫），牛，马和羊等。尽管发作具有常年性，但是常常在一天里症状轻重是不一样的，在螨繁殖最多的时节加重。常年性过敏性鼻炎一年四季都有症状。儿童由于无法表达，经常表现为推鼻子、做鬼脸、青眼窝等。如果不及时治疗，会造成鼻窦炎、中耳炎、鼻息肉、支气管哮喘等。而且几乎所有的过敏性鼻炎患者都患有结膜炎。过敏性鼻炎的患者中还有 1/3 合并有哮喘表现，在余下 2/3 没有哮喘的患者中又有 2/3 患有气道炎症。哮喘患者中合并患有过敏性鼻炎的患者有 70%~80%。过敏性鼻炎的危害不可忽视，一旦发现应立即治疗，做到早发现早治疗（王强虎，2017）。

（2）过敏性哮喘。引起人哮喘发作的过敏原主要是动物身上的皮屑，即显微镜下所见的蛋白质颗粒，当人将这些皮屑吸入鼻和肺，或皮屑沉积到眼里时，就会引起过敏症状，如打喷嚏、流鼻涕、哮喘发作、眼痒等。这些蛋白质颗粒也存在于动物的唾液和尿中。动物的毛本身不是重要的过敏原，但也可黏附花粉、粉尘、霉菌和其他过敏原，引起哮喘等症状。高达 40% 的哮喘者对猫过敏，而引起哮喘发作。在猫皮屑和唾液中有种微蛋白颗粒，通过猫舔动作而落到猫毛上，散发到空气中，落到衣服上和家中的墙上。由于其颗粒小，可以在空气中停留几个月，如果被哮喘患者吸入，将会在几分钟内导致过敏。这些过敏反应通常包括鼻痒、眼痒、喷嚏、喘憋发作和皮肤红斑伴痒感。如果儿童出生后和一岁以前没有接触猫宠物等，则日后发展成哮喘的概率会明显降低，猫的皮屑比狗的更易引起哮喘发作，该过敏原可被带入没有猫的家庭中而引起哮喘发作，这种情况经常发生在学校的教室里（朱娅玲等，2015）。

（3）荨麻疹。荨麻疹是一种常见的皮肤病，是由过敏、自身免疫、药物、饮食、吸入物、感染、物理刺激、昆虫叮咬等原因引起肥大细胞依赖性和非肥大细胞依赖性导致的炎症介质释放，造成血管扩张、血管通透性增加、炎症细胞浸润的疾病。一般多发于春秋季，以中青年为多见。荨麻疹的皮损表现为风团，此起彼伏，单一风团多在 24 h 内消退，消退后不留任何痕迹。如果单一风团超过 24 h，又无虫咬史，则可能为荨麻疹血管炎。一般无全身症状，常见症状为瘙痒，严重时可有低血压，呼吸困难及过敏性休克样反应（杨维萍，2018）。

（4）结膜炎。免疫性结膜炎（immunologic conjunctivitis）是结膜对某种致敏原的免疫性反应。致敏原包括植物、动物、药物、尘埃、某些化学物质及微生物等。速发型免疫性结膜炎是由体液免疫介导的，如枯草热结膜炎、春季结膜炎、异位性结膜炎；迟发型免疫性结膜炎是由细胞免疫介导的，如泡性结膜炎。药物导致的结膜炎有速发和迟发两种类型。症状表现为：①眼部奇痒、畏光、流泪、异物感，伴水性结膜分泌物。②眼部周围皮肤可有红肿或湿疹样改变，球结膜充血水肿、睑结膜乳头增生、滤泡形成，严重者结膜上皮剥脱。③耳前淋巴结肿大，可伴全身过敏表现。治疗一般以对症为主，包括抗组胺药物、血管收缩剂和糖皮质激素（段俊国，2016）。

（5）面癣。面癣是发生在面部皮肤的皮肤癣菌感染，由于颜面部暴露在外，血管淋巴分布丰富，易受阳光、冷空气、灰尘、污物、汗水等刺激而发炎，身体其他部位的病原菌可通过手指（甲）抓挠、触摸等行为感染至面部。从资料来看，有 56.2% 的患者合并1种或 1 种以上其他部位浅部真菌病，提示自体接种有较大的可能性。而家庭中饲养宠物牲畜或从事三鸟市场工作者中，观察到较高的比例 29.2%（28/96），因此加强对宠物的检验、检疫和管理，是预防此类人畜共患病的重要手段（江中洪等，2014）。

5. 植物花粉及生物活性物质的污染与疾病

植物花粉是有花植物雄性器官，是雄蕊中的生殖细胞，外观呈粉末状，其个体称"花粉粒"。花粉过敏（花粉症）是具有特应性遗传素质的个体吸入致敏花粉后，由特异性免疫球蛋白 E（specific immunoglobulin E，sIgE）介导的非特异性炎症反应及其引发的以变应性结膜炎、鼻炎、哮喘为主的一系列临床症状，其症状具有明显的时间性和地区性，并且易受某些气象因素的影响（关凯等，2019）。空气中的花粉种类和含量均有显著季节性，春季和夏秋季是花粉播散的高峰期。中国主要致敏花粉种类见表 6-4。

花粉过敏表现为流鼻涕、打喷嚏、鼻眼痒以及咳嗽等症状。花粉过敏主要有三种表现：一是"花粉过敏性鼻炎"，表现为鼻痒、打喷嚏、流涕、鼻塞、呼吸不畅等；二是"花粉过敏性哮喘"，表现为阵发性咳嗽、呼吸困难、有白色泡沫样黏液、突发性哮喘发作并渐重，好后与正常人无二；三是"花粉过敏性结膜炎"，表现为眼痒、眼睑肿胀，并常伴有水样或脓性黏液分泌物出现（杨琼梁等，2015）。

表6-4 中国主要致敏花粉种类

地区	春季主要致敏花粉种类	夏秋季主要致敏花粉种类
华东地区	松属、杨属、悬铃木属、构属	禾本科、藜科、豚草、蒿属、葎草
华南地区	松属、柏木属、桑科、构属	禾本科、木麻黄、蒿属、藜科
华中地区	悬铃木属、松属、柏木属、构属、杨属	蒿属、禾本科、女贞、藜科
华北地区	杨属、柏木属、桦木属、松属	蒿属、葎草、藜科、禾本科
西北地区	杨属、桦木属、柳属、悬铃木属	蒿属、藜科、莲草、禾本科
西南地区	柳属、杨属、柏木属、悬铃木属	禾本科、蒿属、藜科
东北地区	杨属、松属、榆属、桦木属	蒿属、禾本科、葎草、藜科

资料来源：杨琼梁，2015。

树、草和杂草中的花粉可以引发花粉热或季节性过敏（表 6-5），会有打喷嚏、流鼻涕、鼻塞、发痒、流泪等症状。严重过敏反应者需要就医治疗（杨琼梁等，2015）。

表 6-5　各省区市春季常见致敏花粉种类

省区市名称	春季常见致敏花粉种类
北京	柏、杨、桦、白蜡
天津	白蜡、杨、榆、松
河北	柏、杨、松、榆
山东	松、杨、桦、槭
太原	杨、柳、松、柏
内蒙古	杨、榆、桦、松
哈尔滨	杨、榆、桦、松
长春	松、榆、杨、柳
沈阳	杨、栎、柳、松
郑州	悬铃木、柏、泡桐、杨
苏州	构、悬铃木、松、柳
合肥	构、悬铃木、松杨、银杏
上海	松、悬铃木、榆、桑
浙江	松、枫杨、柏、悬铃木
南昌	松、柏、胡桃、柳
福州	松、桑、杨
西安	悬铃木、杨、栎、柏
成都	悬铃木、构、枫杨、柳杉
昆明	松、柏、栗、杨
武汉	悬铃木、构、枫杨、栎
长沙	柏、构、悬铃木
广东	构、松、桉

资料来源：杨琼梁，2015。

思考与讨论

1. 中国的环境问题有什么特殊性？你认为中国的环境问题有哪些？

2. 环境污染会对人体健康构成哪些类型的危害？你认为应该如何去改善我们的环境？

3. 谈谈你对环境与人体健康的关系和环境健康科学的理解？

4. 生物污染物研究是当前生物学和生态学研究的热点问题。举例说明生活中常见的生物污染有哪些，是怎样影响人体健康的。

5. 结合自身的日常生活，举例说明如何应对环境污染来维护人体健康。

第七章

大气环境问题

党的十八大以来，生态文明建设不断推进，其中大气污染治理是生态环境三大攻坚战之一。自2013年《大气污染防治行动计划》发布以来，我国开展了针对PM2.5污染治理的一系列举措，在燃煤污染和移动源污染控制等领域取得了显著成绩，全国空气质量明显好转。相对于2013年，2017年京津冀、长三角、珠三角三大区域PM2.5年均值分别下降了40%、34%和28%。然而，目前我国不少区域和城市仍然面临着解决PM2.5污染的急迫需求，并且O_3（臭氧）污染的严重性逐渐凸显，因此我国空气质量改善工作仍面临巨大挑战。

第一节　大气污染概述

随着社会经济的快速发展，我国在过去的20年出现了快速的城镇化、工业化和机动化过程。煤炭和石油等化石能源消费量增长迅猛，造成了区域性的大气污染问题。今后在建设生态文明和"美丽中国"的进程中，围绕《打赢蓝天保卫战三年行动计划》目标，应重视对非电行业、柴油货车等重点源的控制，加强控制氮氧化物（NO_x）和挥发性有机物（VOC_s）的排放，持续推进能源、结构转型，协同推动我国积极应对气候变化和持续改善空气质量。

一、大气污染概念

大气污染是一种"厚积薄发"型的污染，是在人类污染排放与自然活动（火山喷发）向大气排放一定量的污染物质后，达到一定浓度界限进而对人类、建筑物、植物、土壤等产生危害。按照国际标准化组织（ISO）的定义：大气污染通常是指由于人类活动和自然过程引起某些物质进入大气中，呈现出足够的浓度，达到了足够的时间，并因此而危害了人体的舒适、健康和福利，或危害了环境。大气污染对人体的舒适、健康的危害包括对人体的正常生活环境和生理机能的影响，引起急性病、慢性病以致死亡等。而福利是指人类协调共存的生物、自然资源以及财产、器物等给人们带来的福利。2013年10月，世界卫生组织下属国家癌症研究机构发布报告，首次指认大气污染对人类致癌，并视其为普遍和主要的环境致癌物[1]。

二、大气污染物和大气污染的分类

按照国际标准化组织（ISO）对大气污染物的定义，大气污染物是指由于人类活动或自然过程排入大气的并对人或环境产生有害影响的物质。目前对环境和人类产生危害的大气污染物约有 100 种。通常按照污染物的来源分为一次污染物和二次污染物，根据其存在状态分为气溶胶状态污染物和气体状态污染物（表 7-1）。大气污染的主要类型详见表 7-2。

表 7-1　大气污染物的类型

分类依据	大气污染物类型	大气污染物代表
污染物的来源	一次污染物	二氧化硫、一氧化氮、一氧化碳、颗粒物等
	二次污染物	臭氧、过氧乙酰硝酸酯（PAN）、甲醛和酮类等
污染物的存在状态	气溶胶状态污染物	粉尘、烟、飞灰、黑烟、雾、颗粒物（总悬浮颗粒物、可吸入颗粒物及细颗粒物）
	气体状态污染物	含硫污染物、含氮污染物、含氮污染物、有机化合物、光化学烟雾等

表 7-2　大气污染的类型

分类依据	大气污染类型
以污染物的化学性质及其存在的大气状况	还原型大气污染
	氧化型大气污染
以燃料性质和污染物的组成	煤炭型大气污染
	石油型大气污染
	混合型大气污染
	特殊型大气污染

三、大气污染的现状

目前，全球性大气污染的问题主要是酸雨、温室效应与臭氧层破坏。这种污染所造成的伤害已经没有了国界的限制，足以威胁人类能否在地球上继续居住下去，其后果十分严峻，已成为与世界各国都有切身利害关系的问题，引起了普遍的关注。联合国 1989 年把"警惕全球变暖"作为 6 月 5 日世界环境日主题，以唤起社会各界对环境污染的关注和全世界人民对自己的生存环境的危机感与责任感。

根据《中国生态环境状况公报》，2018 年，全国 338 个地级及以上城市中，

1　国际癌症研究机构对物质致癌性的评估分为四大类，按严重程度由低到高依次为：第四类"不大可能对人类致癌"，第三类"无法界定是否对人类致癌"，第二类"可能或很可能对人类致癌"，第一类"对人类致癌"。这份报告第一次将大气污染列为第一类致癌物，与烟草、紫外线和石棉等处于同一等级。

121 个城市环境空气质量达标，占全部城市数的 35.8%，比 2017 年上升 6.5 个百分点；217 个城市环境空气质量超标，占 64.2%。

四、大气污染的危害

大气污染对人体健康、植物生长发育、器物和材料及大气环境皆有重要影响。

1. 危害人体健康

根据 2021 年世界卫生组织（WHO）报告表明，气候变化正影响着全球数百万人的生命健康，且空气污染已成为"人类健康的最大环境威胁"之一，全球每分钟平均有 13 人死于空气污染。更有甚者，我国慢性肺结核病例中约有 27 万例（95%CI：240 000 ~ 310 000）归因于室外空气污染，而呼吸系统或心血管疾病中约有 40 万例（95%CI：210 000 ~ 560 000）也是归因于空气污染（刘安平，2011）。可见，大气污染对人体健康有着很明显的损害作用。大气污染对人体造成损害的途径主要有：一种是通过呼吸道直接进入体内，呼吸道黏膜对污染物特别敏感，同时又有很大的吸收能力；另一种是污染物落到水体、土壤和食物中，然后随饮用水和食物间接进入体内。下面对几种主要的大气污染物对人体健康的危害进行简介。

（1）二氧化硫（SO_2）

大气污染对人体的损害首先体现在呼吸系统，而许多流行病的调查也表明人体呼吸系统感染等疾病都与大气中 SO_2 浓度有很大相关性。SO_2 在空气中的浓度达到 $(0.3 \sim 1.0) \times 10^{-6}$ 时，人们就能闻到强烈的刺激性臭味，此时的反应表现为支气管收缩；当浓度在 0.5×10^{-6} 以上时，就会对人体健康产生某种潜在影响；当浓度达到 $(1 \sim 3) \times 10^{-6}$ 时多数人受到刺激，浓度在 10×10^{-6} 时刺激加剧，个别人会出现严重的支气管痉挛，使支气管和气管的管腔变窄，气道的阻力增加（Desuqeyroux，2001）。研究表明，SO_2 可抑制肺组织超氧化物歧化酶（SOD）、过氧化氢酶（CAT）等的活性，造成肺组织的氧化损伤（Meng et al.，2003）。当大气中的 SO_2 氧化成硫酸和硫酸烟雾时，即使其浓度只相当于 SO_2 的 1/10，其刺激和危害也将更加显著。

（2）氮氧化物（NO_x）

NO_2 是棕红色气体，对呼吸器官有强烈的刺激作用，在与 NO 浓度相同时，伤害性更大。当大气污染物以 NO_2 为主时，肺部的损伤较明显，出现胸闷、咳嗽，并伴有轻微的头痛、无力、恶心等症状，眼结膜及鼻咽轻度充血。急性中毒时，有呼吸困难、咳嗽加剧等症状。当污染物以 NO 为主时，高铁血红蛋白血症和中枢神经损伤较明显。NO_x 与碳氢化合物混合时，在阳光照射下会发生光化学反应产生光化学烟雾。光化学烟雾的成分是光化学氧化剂，它的危害更加严重。

（3）一氧化碳（CO）

一氧化碳是一种无色、无味、无臭、无刺激性的有毒气体，几乎不溶于水，在空气中不容易与其他物质产生化学反应，故可在大气中停留很长时间。随空气进入人体的一氧化碳，在经肺泡进入血液循环后，能与血液中的血红蛋白（Hb）等结合。一氧化碳与血红蛋白的亲和力比氧与血红蛋白的亲和力大 200 ~ 300

倍，因此，当一氧化碳侵入机体后，便会很快与血红蛋白合成碳氧血红蛋白（HbCO），阻碍氧与血红蛋白结合成氧合血红蛋白（HbO₂），造成缺氧，形成一氧化碳中毒。当吸入 0.5% 一氧化碳，只要 20～30 min，中毒者就会出现脉弱，呼吸变慢，最后衰竭致死。长期接触低浓度的一氧化碳也会造成慢性中毒。

（4）大气颗粒物

可吸入颗粒物因粒小体轻，能在大气中长期飘浮，飘浮范围从几千米到几十千米，可在大气中造成不断蓄积，使污染程度逐渐加重。通过呼吸，空气中悬浮颗粒物和其吸附的有害物质就能够进入人体，呼吸系统是污染损害的主要部位。长期受到大气颗粒物的危害会导致慢性鼻咽炎、慢性气管炎。滞留在细支气管与肺泡的颗粒物也会与二氧化氮等产生联合作用，损伤肺泡和黏膜，引起支气管和肺部产生炎症。长期持续作用，还会诱发慢性阻塞性肺部疾患并出现继发感染，最终导致死亡率增高。

（5）光化学烟雾

光化学烟雾对人体最突出的危害是刺激眼和上呼吸道黏膜，引起眼红肿和喉炎。另据研究发现，光化学烟雾能够促使人哮喘发作，能促使慢性呼吸系统疾病进一步恶化，对肺癌也可能起一定的诱发作用，长期吸入氧化剂能降低人体细胞的新陈代谢，加速人的衰老。此外，光化学烟雾会降低大气能见度。

2. 阻碍植物生长和发育

大气污染对植物的直接危害表现为三种情况：在高浓度污染物影响下产生急性危害，使植物叶表面产生伤斑（或称坏死斑），或者直接使植物叶面枯萎脱落；在低浓度污染物长期影响下产生慢性危害，使植物叶片褪色。在低浓度污染物影响下，产生所谓不可见危害，即植物外表不出现受害症状，但生理机能受到影响，造成生产量下降、品质变差。此外，大气污染物除对植物外形和生长发育产生以上直接影响外，还产生间接影响，主要表现为植物生长减弱、降低对病虫害的抵抗能力。对植物生长危害较大的大气污染主要有二氧化硫、氟化氢、氮氧化物和臭氧等。

（1）二氧化硫

硫是植物必需的元素。空气中的少量 SO_2 经过叶片吸收后可进入植物的硫代谢中。在土壤缺硫的条件下，大气中含少量 SO_2 对植物生长有利。如果 SO_2 浓度超过极限值，就会引起伤害。这一极限值称为伤害阈值，它因植物种类和环境条件而异。综合大多数已发表的数据，敏感植物的 SO_2 伤害阈值为：8 h 0.25 ppm，4 h 0.35 ppm，2 h 0.55 ppm，或 1 h 0.95 ppm。据研究发现，SO_2 对植物的伤害可以在很多方面显现出来。

SO_2 作为一种大气污染物影响植物时，最先受影响的就会是直接接触到 SO_2 的细胞膜，细胞膜透性的破坏引起电解质外渗，其中主要是钾离子的大量渗出，有些植物在熏气结束后一段时间内，尽管外观尚未出现伤害症状，但细胞膜透性已有不同程度的变化。从而引起物质和能量代谢的混乱。

二氧化硫对植物中许多酶系统也会产生影响，引起酶分子空间结构的变化，使二硫键断裂，导致酶的活性丧失。资料表明，在低浓度 SO_2 作用下，催化酶反应十分敏感。SO_2 对 PEP 和 RuDp 羟化酶发生 HCO_3^- 位点的竞争，抑制 CO_2 的固定，直接影响光合作用；又对磷酸化酶发生 HPO_4^{2-} 和 PO_4^{3-} 位点的竞争。在高浓度 SO_2 或长时间接触下，植物过氧化氢酶、酚氧化酶钝化，过氧化物酶活性增大，抗坏血酸氧化酶和脱氢酶的钝化，这将明显提高对叶片的伤害。超氧化物歧化酶（SOD）是植物体内很重要的氧自由基清除剂，其活性与对 SO_2 污染抗性之间呈正相关。当 SO_2 浓度超过一定的阈值，暴露时间较长时，随浓度增大，酶活性便会下降。

此外，SO_2 还能通过自由基的形成而产生危害。SO_2 进入细胞后，很快氧化为 SO_4^{2-}。这一氧化作用可通过自由基而启动。叶绿体受光照后在类囊体膜上、光化系统 I 的还原侧产生超氧自由基（O_2^-），由它启动 SO_3^{2-} 或 HSO_3^- 的氧化，在这一氧化过程中产生更多的自由基，又促进了 SO_3^{2-} 的氧化。新产生的自由基及其他活性氧如 H_2O_2 等，可使细胞中一些生物大分子化合物氧化从而招致伤害。

（2）氟化氢

大气氟污染物主要为氟化氢（HF）。它的排放量远比 SO_2 小得多，影响范围也小些，一般只在污染源周围地区。但它对植物的毒性很强。当空气中含 ppb 级（10^{-9}）浓度 HF 时，接触几个星期就可使敏感植物受害。氟是积累性毒物，植物叶片能继续不断地吸收空气中极微量的氟，吸收的 HF 随蒸腾流转移到叶尖和叶缘，在那里积累至一定浓度后就会使组织坏死。这种积累性伤害是氟污染的一个特征。叶片含氟量高到 40～50 ppm 时，多数植物虽不致受害，但牛羊等牲畜吃了这些被污染的叶片，就会中毒，从而引起关节肿大、蹄甲变长、骨质变松、卧栏不起，以至于死亡。蚕吃了含氟量大于 30 ppm 的桑叶后，就会不食、不眠、不作茧，甚至出现大量死亡。

植物受氟害的典型症状是叶尖和叶缘坏死，伤区和非伤区之间常有一红色或深褐色界线。氟化物污染最容易危害正在伸展中的幼嫩叶子，使之出现枝梢顶端枯死现象。此外，氟伤害还常伴有失绿和过早落叶现象，使生长受抑制，对结实过程也有不良影响。实验证明：氟化物对花粉粒发芽和花粉管伸长有抑制作用。氟污染使成熟前的桃、杏等果实在沿缝合线处的果肉过早成熟软化，降低果实质量。

氟在组织内能和金属离子如钙、镁、铜、锌、铁或铝等结合，可能对氟起解毒作用，但因这些对植物代谢有重要作用的阳离子被氟结合，容易引起这些元素的缺乏症，如缺钙症等。

HF 是一种强酸，因此会对植物产生酸型烧灼状伤害。HF 是烯醇化酶的强烈抑制剂，使糖酵解受到抑制，此时 G-6-P 脱氢酶被活化，使五碳糖途径畅通，这可能有适应的意义。实验表明，唐菖蒲敏感品种的呼吸主要是依赖糖酵解途径，而抗性品种则较多地依赖五碳糖途径。HF 还能够抑制同纤维素合成有关的葡萄糖磷酸变位酶的活性，因而阻碍燕麦胚芽鞘的伸长。

（3）污染物的复合危害

大气污染物对作物的危害，往往是两种以上气态污染物造成的。两种或多种污染物所造成的危害称复合危害。应该注意，某些污染物同时存在时，会产生协同作用。如二氧化硫与光化学氧化剂中主要成分臭氧同时存在时，在一定浓度范围内有加重危害的效果。二氧化硫和二氧化氮共存时对各种蔬菜的危害有明显的增效作用。但另外一些污染物如二氧化硫和硫化氢在一起时却没有明显的增效作用。

3. 腐蚀构筑物材料

大气污染物对金属制品、油漆涂料、皮革制品、纸制品、纺织品、橡胶制品和建筑物等的损害也是严重的。这种损害包括玷污性损害和化学性损害两个方面。玷污性损害主要是粉尘、烟等颗粒物落在器物表面或材料中造成的，有的可以通过清扫冲洗除去，有的很难除去。化学性损害是由于污染物的化学作用，使器物和材料腐蚀或损坏。颗粒物因其固有的腐蚀性，或惰性颗粒物进入大气后因吸收或吸附了腐蚀性化学物质，而产生直接的化学性损害。金属通常能在空气中抗拒腐蚀，甚至在清洁的湿空气中也是如此。然而，在大气中普遍存在吸湿性颗粒物时，即使在没有其他污染物的情况下，也能腐蚀金属表面。

光化学氧化剂中的臭氧，会使橡胶绝缘性能的寿命缩短，使橡胶制品迅速老化脆裂。臭氧还侵蚀纺织品的纤维素，使其强度减弱。所有氧化剂都能使纺织品发生程度不同的褪色。

4. 破坏大气环境

（1）对大气能见度的影响。大气污染最常见的后果之一是大气能见度降低。对能见度有潜在影响的污染物有：①总悬浮颗粒物（TSP）；②SO_2 和其他气态含硫化合物，因为这些气体在大气中以较大的反应速率生产硫酸盐和硫酸气溶胶粒子；③NO 和 NO_2，在大气中反应生成硝酸盐和硝酸气溶胶粒子，还在某些条件下，红棕色的 NO_2 会导致烟和城市霾云出现可见着色；④光化学烟雾会降低大气能见度，主要是光化学反应会生成粒度直径 $0.1 \sim 1.0$ μm 的气溶胶粒子，并成浅蓝色烟雾。总之，大气能见度的降低，不仅会使人感到不愉快，而且会造成极大的心理影响，还会产生交通安全方面的危害。

（2）对全球气候等的影响。大气污染对能见度的长期影响相对较小。但是大气污染物对气候产生大规模影响，其结果却是很严重的。其中众多全球性的影响大多是给人类的生活环境带来了恶劣的负面影响。如由二氧化碳、甲烷等温室气体引起的温室效应以及二氧化硫、氮氧化物排放产生的酸雨等。

5. 室内污染的危害

住宅室内污染物种类繁多，据不完全统计，室内发现的污染物已有 500 多种。生活方式的改变、住宅中新产品的开发使用等使污染物类型和浓度发生变化，大多数人每天在室内的时间超过 80%，长时间停留在室内并大量吸入含各种污染物且浓度超标的空气，势必对人体健康造成危害。统计资料显示，大约 68%的人体疾病与居室污染有关，而且室内环境污染对人体的危害是多方面和多样性的。

根据 2006—2016 年我国公共建筑室内空气污染调研论文发现，商场超市、宾馆、娱乐场所等公共场所装修污染严重，甲醛、PM2.5 是最主要污染物。综合分析 DALYs 损失值，建材和家具超市甲醛最大 DALYs 损失值为 417.57/（a·10 万人）；娱乐场所、宾馆、交通站点等场所 PM2.5 浓度高，对人体造成总死亡率的 DALYs 损失值达 1 000/（a·10 万人）；在商场超市、宾馆、娱乐场所和交通站点等 4 类典型场所中氨对人体健康的危害程度次于甲醛和 PM2.5，高于苯系物（王好等，2019）。

长期暴露可能诱发呼吸道炎症，增加哮喘的发病风险或加重哮喘。美国国家环境保护局统计发现，大多数人一天中80%以上的时间都处于室内环境，提示室内污染可能对哮喘具有更重要的作用。

室内污染可能提高肺癌发病率。云南省宣威市肺癌发病率、死亡率的研究显示室内污染与宣威肺癌的发病关系密切。宣威室内污染物中含有大量多环芳烃化合物，其中以苯丙芘为主，多为烟煤燃烧产生，是肺癌发病的可能病因。宣威室内污染物及宣威籍病例肺癌组织中均有纳米级 SiO_2，支持 SiO_2 与肺癌发病有一定关系，这主要是宣威烟煤燃烧底物中 SiO_2 的细胞毒副反应最强，多为纳米级范围且表面不光滑，无明显团聚现象（张艳军等，2016）。

室内污染能导致过早死亡。据统计，2015年全世界有400多万人口由于空气污染问题过早死亡，环境污染成为全球第5大人类公共卫生风险因素（COHEN et al.，2017）。

此外，随着人们生活水平的提高，各种交通车辆的使用越来越普遍，许多人平均每天要花费1~2 h 在交通工具上，交通车辆内部的空气质量会对人体健康产生重要影响。监测表明，2015年，同等天气条件下南京市不同交通工具窗户关闭时内部 PM2.5 和 PM10 浓度分别为：私家车（84.2、145.0 μg/m³）>出租车（51.8、99.7 μg/m³）>地铁（28.2、45.8 μg/m³），地铁污染水平最低（吴丹等，2016）。

第二节　大气环境问题

目前，困扰世界全球性大气污染的问题主要是酸雨、温室效应与臭氧层破坏。而中国对大气污染的认识和行动大致可以分为三个阶段：20世纪70年代到90年代主要关注酸雨，脱硫成为大气污染防治的工作重点；20世纪90年中后期至2010年主要关注全球变暖，减少碳排放是大气污染防治的重点；2011年至今，雾霾治理成为大气污染防治的重中之重。

一、温室效应

自工业化革命以来，温室气体排放导致全球气候变暖或气候异常越来越受到重视，21世纪地球升温水平是当下各界关注的焦点。温室效应是法国学者 Jean-Baptiste Joseph Fourier 于1824年第一次提出的，以美国气候学家 James Hansen 为代表的科学家们发表了人类活动将引起全球变暖的言论，IPCC 四次发布全球气候变化评估报告后，主要是由于人类活动引起的"温室效应"异常而导致"全球变暖"的逻辑逐渐受到了全世界的重视。

1. 温室效应的概念

温室效应概念的专业术语早已统一，是指地表受来自太阳的短波辐射变热后所放出的部分长波辐射被大气吸收的过程，因其增温过程类似农作物栽培的温室保温法，故而得名"温室效应"。也就是说大气中的二氧化碳和其他微量气体如甲烷、一氧化二氮、臭氧、氟氯烷烃、水蒸汽等可以使短波辐射几乎无衰减地通过，但却可以吸收地表的长波辐射，由此引起全球气温上升的现象。

2. 温室效应增强后的危害

随着温室效应的加剧，其对环境的影响也越来越受到人们的重视。温室效应可能产生的主要影响有：

（1）气候转变，全球变暖。在过去的100多年里，全球气候正发生着显著的变化，全球平均温度在过去的100多年里出现显著上升。据联合国机构预测，由于现有的情况在不断进行，到2050年全球平均气温将上升1.5～4.5℃，到那时可能有些地方将不再有四季。

（2）海平面上升。假若"全球变暖"正在发生，有两种过程会导致海平面升高：第一种是海水受热膨胀令海平面上升；第二种是冰川和南极洲上的冰块融化使海洋水分增加。联合国气象组织在一份报告中指出：在20～50年后，地球表面温度升高，将引起两极冰盖融化，全球海岸线将上升30～50 cm，到2100年，地球的平均海平面上升幅度介于0.15～0.95 m，许多沿海城市将在地图上消失。就中国而言，气候变暖导致海平面上升，但由于人类活动的加剧，特别是养殖、盐田、交通围垦、围堤等活动，整个大陆沿海净变化结果是陆地面积（不包括中国台湾）增加近14 200 km²，平均增速为203 km²/a，相当于180 00 km的大陆海岸线整体向海推进了788.65 m，年均推进速度大于10 m/a。大陆海岸线的变化以向海扩张趋势为主要特征，超过68%的海岸总体向海扩张，超过22%的海岸总体向陆后退（Wu *et al.*，2014）。

（3）改变降水分布。水循环的加强在一些地方将引起更大的干旱，在另一些地方却造成洪灾。中、高纬度地区降水量将增加，热带、亚热带地区降水量无多大变化，但暴雨型降水增加，非降水期延长，干旱将扩大。

（4）病虫害增加，影响农业生产和粮食供给。地球将出现更多的气候反常，出现异常的干旱、洪水、酷热或严冬，暴风雪或飓风，必将导致更多的自然灾害，造成农作物歉收，病虫害流行，鱼类和其他水产品减少。害虫分布范围扩大，增加作物受害，也增加了杀虫剂的污染。但同时全年生长期延长，热带、亚热带的经济作物将北移，有利于一年多熟制。一些地区作物产量有可能增加。

（5）对生物多样性的影响。由于温度的持续升高，南、北温带气候区将向两极移动，从而引起物种的迁徙，但是物种的变化和迁徙速度远远落后于人类对于环境的改变，因此会造成大部分的物种走向灭亡。据英国生态学和水文学研究中心的杰里米·托马斯领导的一支科研团队曾在 *Science* 杂志上发表的英国野生动物调查报告称，1600—1800年，地球上的鸟类和兽类物种灭绝了25种；1800—1950年，地球上的鸟类和兽类物种灭绝了78种。据统计，全世界每天有75个物种灭绝，每小时有3个物种灭绝。

（6）对人类健康的影响。研究认为，气温与人的死亡率之间呈"U"形关系，在过冷和过热条件下的死亡率都将增加，最低死亡率处于16～25℃的温度范围内，人类为适应气候变化付出重大代价。极端高温将成为本世纪困扰人类健康更加频繁、更加普遍的一个因素，主要体现为发病率和死亡率增加，尤其是疟疾、淋巴腺丝虫病、血吸虫病、钩虫病、霍乱、脑膜炎、黑热病、登革热等传染病将危及热带地区和国家，某些目前主要发生在热带地区的疾病可能随着气候变暖向中纬度地区传播。

3. 控制温室效应的对策

对于温室效应所带来的种种危害，迄今为止，人们还无法提出有效的解决对策，但是人们的各种努力都没有停止，主要通过减排、固定及适应对策三方面进行，具体如下：

（1）减排

减排应该是全球共同行动。2009年12月7日，美国环保署（EPA）署长丽莎·杰克森重申，温室气体会对公众健康和自然环境造成威胁，呼吁政府加大清洁空气法案执行力度，并称美国环保署正在考虑制定新条例，以进一步限制发电厂、炼油厂、化工厂和水泥厂的废气排放。2007年，中国成立了由总理任组长的"国家应对气候变化领导小组"。同年发布了《中国应对气候变化国家方案》，这是发展中国家第一个应对气候变化的国家级方案。方案中提出，到2010年中国单位GDP能耗在2005年基础上减少20%左右的目标。中国政府还在《可再生能源中长期发展规划》中，提出到2010年使可再生能源消费量达到能源消费总量的10%，到2020年达到15%左右。为确保这些目标的实现，中国政府采取了一系列强有力的相关政策措施，成效显著。2013年中国全面开展省级应对气候变化方案工作，以确保应对气候变化国家方案的切实贯彻实施。

1997年12月11日，《联合国气候变化框架公约》第三次缔约方大会在日本京都召开，促成了公约的第一个附加协议《联合国气候变化框架公约的京都议定书》（简称《京都议定书》）。2005年2月16日，《京都议定书》正式生效，这是人类历史上首次以法规的形式限制温室气体排放。2011年12月，加拿大宣布退出《京都议定书》，是继美国之后第二个签署但后又退出的国家。《京都议定书》的目标是在2008年至2012年间，将主要工业发达国家的二氧化碳等6种温室气体排放量在1990年的基础上平均减少5.2%。减排的温室气体包括二氧化碳（CO_2）、甲烷（CH_4）、氧化亚氮（N_2O）、氢氟碳化物（HFC_S）、全氟化碳（PFC_S）、六氟化硫（SF_6）。其中，欧盟削减8%、美国削减7%、日本削减6%、加拿大削减6%、东欧各国削减5%至8%。新西兰、俄罗斯和乌克兰可将排放量稳定在1990年水平上。议定书同时允许爱尔兰、澳大利亚和挪威的排放量比1990年分别增加10%、8%和1%。而议定书对包括中国在内的发展中国家并没有规定具体的减排义务。

减排对策具体做法如下：

① 采取相关政策减少温室气体排放。提高能源的生产效率和使用效率，比如利用现代的高效先进技术的工艺，采用热电联供的管理措施，采用清洁煤技术，合理布局高能耗的工业等措施。

② 采用替代能源，减少使用化石燃料。寻找替代能源，开发利用生物能、太阳能、水能、风能、核能等可显著减少温室气体排放量。2012年，地球高峰会议议题之一是"替代能源取代使用与全球气候变化有关的石化燃料"。

③ 交通运输工具。据联合国政府间气候变化专门委员会（IPCC）统计，目前化石燃料的13%是由航空运输所消耗的，其中航空运输排放的CO_2，占全球

人为排放 CO_2 总量的 2%。研究发现，通过优化航空器布局、飞行高度等运行策略，能减小对温室效应的影响（王中凤燕等，2016）。

（2）固定

① 减少森林砍伐，植树造林，改良农业生产方法。森林是吸取 CO_2 的大气净化器，它把氧气放回到大气，而把碳固定在植物纤维质里。因此，应合理地利用森林资源，停止毫无节制的森林破坏，同时实施大规模的造林工作，努力促进森林再生。加速天然林保护工程，退耕还林，发展生态农业。

② 人工吸收 CO_2。在一些工业过程中，用人工方法吸收 CO_2。例如，日本学者提出在吸收剂中使用沸石对火山发电中排出的 CO_2 做物理式吸收，或使用胺化学溶剂进行化学吸收。让温室气体变废为宝，比如，采用近临界催化反应和热循环节能新技术将 CO_2 合成化工原料。

③ 禁锢（固定）温室气体。森林具有禁锢大气中 CO_2 的作用，火力发电厂等产生的 CO_2 先回收起来注入在很大的气罐中，然后用管道注入地层，这就是 CO_2 回收和贮存技术（CCS）。

（3）适应

为了应对气候变暖，对农作物采取适应性栽培与驯化。①改善栽培技术。为了适应气候变暖对农作物生长的影响，就要在实际的播种过程中对农作物的适应性栽培进行技术改变和创新，如施肥技术、耕作技术和病虫草害防治技术。②改变农作物遗传基因。要想使农作物有良好的生长适应性，达到高产和稳产的目的，就要保证农作物种子的优良性，培育抗病虫的育种栽培技术和抗逆稳产栽培技术显得尤为重要。

此外，建立健全国际合作计划，加强国际合作。比如，通过全球海洋生态系动力学研究计划（global ocean ecosystem dynamics，GLOBEC）、世界天气监测网（world weather watch，WWW）计划与全球海洋观测系统（global ocean observing system，GOOS）等加强国际政府间合作。温室效应增强问题的解决是一项长期的、严峻的任务，需要全世界每一个国家每一个地区乃至每一个人的参与，离开政府行为和国际合作的支持，不可能实现全球范围温室效应的有序减缓。

4. 中国应对气候变化的"碳达峰""碳中和"

气候变化是人类面临的全球性问题，随着各国二氧化碳排放，温室气体猛增，对生命系统形成威胁。在这一背景下，世界各国以全球协约的方式减排温室气体，我国由此提出"碳达峰"和"碳中和"目标。2021 年 2 月 2 日，《国务院关于加快建立健全绿色低碳循环发展经济体系的指导意见》指出要深入贯彻党的十九大和十九届二中、三中、四中、五中全会精神，全面贯彻生态文明思想，确保实现"碳达峰""碳中和"目标，推动我国绿色发展迈上新台阶。2020 年 9 月 22 日，中国政府在第七十五届联合国大会上提出：中国将提高国家自主贡献力度，采取更加有力的政策和措施，二氧化碳排放力争于 2030 年前达到峰值，努力争取 2060 年前实现碳中和。"碳达峰"是指我国承诺 2030 年前，二氧化碳的排放不再增长，达到峰值之后逐步降低；碳中和是指企业、团体或个人测算在一定时间内直接或间接产生的温室气体排放总量，通过植物造树造林、节能减排等形式，抵消自身产生的二氧化碳排放量，实现二氧化碳"零排放"。

碳减排相关概念

碳排放与经济发展密切相关，经济发展需要消耗能源。这个目标的提出，就意味着在将来我们的生产方式、生活方式都要发生深刻的变化。2021年3月5日，国务院政府工作报告中指出，扎实做好"碳达峰""碳中和"各项工作，制定2030年前碳排放达峰行动方案，优化产业结构和能源结构。

二、酸雨

酸雨是因人类活动导致区域降水酸化的一种污染现象，对公众健康、工农业生产、生态环境以及全球变化都有重要影响，成为全球十大环境问题之一。中国已成为继欧洲、北美之后的第三大酸雨区。

1. 概念

在降水的形成过程中，由于受到大气中二氧化碳和其他污染气体以及大气中悬浮颗粒物可溶成分的影响，降水pH会呈现较大幅度的变化，因而降水的pH是反映自然界降水以及受人类活动影响的重要指标之一。1872年，英国化学家Smith在《空气和雨：化学气象学的开端》一书中首先提出"酸雨（acid rain）"这一术语，并分析了酸雨对植物和材料的危害。在没有大气污染物存在的情况下，降水酸度主要由大气中的二氧化碳所形成的碳酸组成，其pH在5.6～6.0。因此，一般来说，将pH小于5.6的雨雪或其他形式的降水及沉降物称为酸雨，也称为酸沉降，分为"湿沉降"与"干沉降"两大类。湿沉降指的是所有气状污染物或粒状污染物，随着雨、雪、雾或雹等降水形态而落到地面；干沉降则是指在不下雨的日子，从空中降下来的落尘所带的酸性物质而言。酸雨的形成与诸多因素有关，例如，当地酸性污染物的排放情况、土壤性质、大气颗粒物、气象条件以及酸性污染物的迁移与扩散等。

酸雨的主要前体物为SO_2和NO_x，其中SO_2对全球酸沉降的贡献率为60%～70%。研究表明，两者在大气中经过均相氧化和非均相氧化转变为H_2SO_4和HNO_3。酸雨的形成正是上述酸性物质的湿清除过程，其中包括云内清除过程（雨除）和云下清除过程（冲刷）。一般来说，SO_2和NO_x排放量越大的地区，酸雨出现越频繁。我国能源结构是以煤炭为主，因此酸雨类型主要是硫酸型，根据《2018年中国生态环境状况公报》，酸雨区面积约53万km^2，占国土面积的5.5%，酸雨污染主要分布在长江以南—云贵高原以东地区，主要包括浙江、上海的大部分地区、福建北部、江西中部、湖南中东部、广东中部和重庆南部。

目前，酸雨频率与酸雨pH组合是判断某地区是否为酸雨区的重要指标，虽然目前对酸雨区的鉴定并没有明确的标准，但根据年均降水pH和酸雨率将酸雨区分为5级标准：年均降水pH高于5.65，酸雨频率是0～20%，为非酸雨区；pH在5.30～5.60，酸雨频率是10%～40%，为轻酸雨区；pH在5.00～5.30，酸雨频率是30%～60%，为中度酸雨区；pH在4.70～5.00，酸雨频率是50%～80%，为较重酸雨区；pH小于4.70，酸雨频率是70%～100%，为重酸雨区。

2. 酸雨的影响

随着酸雨带来的影响越来越严重，酸雨的危害也得到更多的关注。

（1）土壤酸化。酸雨淋洗会引起土壤pH下降，土壤酸性增强也导致被固定在土壤颗粒中的有害重金属被淋溶出来，如 Cu^{2+}、Cr^{2+}、Cd^{2+}、Pb^{2+} 等，其被植物吸收或进入水体，加重了污染；土壤酸化会导致土壤污染加剧和贫瘠化，酸雨也会影响土壤微生物的群落结构与丰度等，又进一步影响土壤生态系统结构与功能。

（2）影响植物生长发育。酸雨进入土壤后改变了土壤理化性质，并导致大量阳离子，特别是 Ca^{2+}、Mg^{2+}、Fe^{2+} 等重要的营养元素从土壤中溶出和流失，造成土壤的营养元素含量降低，不利于植物的生长与发育；此外，会加快土壤表层盐基离子的淋溶速度，降低土壤肥力，从而使农作物减产；酸雨会影响作物的可持续生产；酸雨直接落到植物上，能够破坏植物形态结构、质膜损伤、叶绿素降解、光合抑制与叶绿体结构破坏、阻碍水分代谢及营养吸收等。

（3）间接或直接危害人类健康。一方面，酸雨或酸雾对眼角膜和呼吸道黏膜有明显刺激作用，导致红眼病和支气管炎，咳嗽不止，甚至能够诱发肺病。另一方面，农田土壤酸化，使本来固定在土壤矿化物中的有害重金属，如汞、镉、铅等，再溶出，继而为粮食、蔬菜吸收和富集，人类摄取后，易引起中毒，得病。

（4）加速构筑物的腐蚀及老化。酸雨能使各种保护涂层失效，使建筑物和桥梁损坏，混凝土腐蚀、钢筋锈蚀，许多人类文化遗产面目皆非。

3. 控制酸雨的措施

我国以煤为主的能源结构在短时间内不会发生根本改变，2018 年我国能源消费总量为 46.4 亿 t，其中煤炭消费总量达到 39 亿 t，我国的能源结构决定在未来相当长的时间内煤炭仍会占比 50% 以上。煤炭燃烧产生大气污染物是形成酸雨的主要因素。据统计，2015 年全国二氧化硫排放的 85%，氮氧化物排放的 67% 都源于以煤炭为主的化石燃料燃烧。

对于控制酸雨污染最根本的途径是控制 SO_2 和 NO_x 的排放，主要措施有：

第一，制定相应法律法规，施行大气污染总量控制，确定酸雨控制区，削减 SO_2 排放量。推行清洁生产，强化全程环境管理，走可持续性发展道路。

欧洲和北美国家经受多年的酸雨危害后，已经深刻认识到酸雨是一个国际环境问题，单独依靠一个国家解决不了问题，只有各国共同采取行动，减少二氧化硫和氮氧化物的排放量，才能控制酸雨污染及其危害。1979 年，在日内瓦举行的联合国欧洲经济委员会的环境部长会议上，通过了《控制长距离越境空气污染公约》；1983 年，欧洲各国及北美的美国、加拿大等 32 个国家在公约上签字，公约生效。1985 年，联合国欧洲经济委员会的 21 个国家签署了《赫尔辛基议定书》，规定到 1993 年底，各国需要将硫氧化物排放量削减到 1980 年排放量的 70%，议定书 1987 年生效。1990 年，美国修订了《清洁空气法》，其减排目标制度包括：①新机动车辆氮氧化物、一氧化碳和 HC 污染排放限制；②对某些汽油成分的控制（比如禁止添加铅）；③适用于所有的新增重大污染源的新污染源排放标准；④适用于有毒大气污染物的最大可得控制技术标准（maximum available control technology）；⑤联邦酸雨控制制度。

为了做好酸雨控制区和二氧化硫污染控制区酸雨和二氧化硫污染综合防治工作，1998 年，我国国家环境保护总局颁布了《贯彻〈国务院关于酸雨控制区和二氧化硫污染控制区有关问题的批复〉的行动方案》及《酸雨控制区和二氧化硫污染控制区二氧化硫污染综合防治规划编制大纲》；为做好"十一五"期间污染物总量控制工作，加强对二氧化硫总量分配工作的指导。2006 年，国家环保总局颁布了《二氧化硫总量分配指导意见》。

第二，大力发展脱硫脱氮技术。加强对炉内脱硫脱氮技术和尾部烟气联合脱硫脱氮技术的开发和运用。比如，应用最广泛也较为成熟的脱硫方法是湿法中的石灰石－石膏法（WFGD），具有脱硫效率高、脱硫剂廉价、石膏可综合利用的特点，约占煤电站锅炉脱硫技术的九成，主要有非选择性催化还原法（SNCR）和选择性催化还原法（SCR）降低氮氧化物排放，其中 SCR 技术由于有催化剂存在，氨水和尿素溶液的反应温度降低，可在烟道的合适位置布置催化剂，脱硝效率高，是燃煤电站锅炉广泛采用的技术，约占机组总量的 95%。

第三，大力发展新型替代能源。比如，加速开发水电，积极发展核能、太阳能、风能等新型能源。

第四，发展植物净化。植物具有调节气候、涵养水源、保持水土、吸收有毒气体的功能，可以在大面积、大范围内，长时间连续地净化大气。

三、臭氧层破坏

臭氧层破坏是当前面临的全球性环境问题之一，自 20 世纪 70 年代以来，就开始受到世界各国的关注。

臭氧是地球大气中一种有特殊刺激气味的淡蓝色气体，由三个氧原子（O_3）组成，是 1840 年德国 C. F. 舍拜恩发现并由法国科学家克里斯蒂安·弗雷德日命名的。大气中的臭氧层分布于 20～30 km 大气层内，重心约在 25 km 的高空。在标准状态下，臭氧层等值的平均厚度大约只有 0.3 cm。尽管 O_3 在大气中的含量很少，但它对于人类和生物的影响却非常重要。臭氧是大气中唯一能大量吸收太阳紫外线辐射的气体，在正常情况下，它能吸收太阳紫外线辐射中波长低于 295 nm 的 C 段紫外线（UV-C），并吸收波长在 295～320 nm 间的 B 段紫外线（UV-B）。这样，太阳光在通过大气时，有 99% 的对地球生命系统有极大伤害作用的高能紫外射线被臭氧吸收了，因而臭氧层成为地球生命系统的一个保护伞。同时，臭氧也被人们作为氧化剂和消毒剂来使用。但是，过多的臭氧对人类及其他生物是有害的。

1. 臭氧层破坏的成因

虽然臭氧保护地球已有相当长的时间了，但是在 1984 年，日本科学家报道了南极 Syowa O_3 站于 1982 年 10 月观测到了异常低的 O_3 总量值（<200 DU，多布森单位，它等于千分之一厘米，为标准状态臭氧层厚度），1985 年，Farman 等在 Nature 上发表文章，提出了南极 O_3 层空洞，之后引起各国政府、公众和科学家的普遍关注和担忧。那么又是什么造成臭氧的减少呢？1974 年，美国加利福尼亚大学的 Rowland 教授和 Molina 博士发表了《环境中的 CFCs》论文，指出由于 CFCs 化学稳定性高，在大气层中停留时间长达 40～150 年，当释放的 CFCs（一类含氯、氟、碳的化合物）通过对流层到达平流层时，受到高能量紫外线的照射而发生分解，分解产生的氯原子与臭氧分子反应，消耗掉臭氧分子。

$$Cl^{\cdot} + O_3 \longrightarrow ClO^{\cdot} + O_2$$

结果是一个氯原子消耗掉成千上万个臭氧分子。这里值得一提的是，实际上真正对臭氧层起破坏作用的是 CFCs 分子中的氯原子，与分子中的氟原子无关。所谓绿色冰箱不是要求无氟原子。绿色冰箱中使用的 HFC2134a 制冷剂实际上就是一种含氟化合物。另外，超音速飞机直接向平流层大气排放的 NO_x（人类活动）和太阳耀斑爆发喷射的高能粒子流，使中层大气产生的 NO_x 气体（自然活动）也能在平流层中进行反应，从而导致臭氧减少。

2. 臭氧层破坏造成的影响

臭氧层被大量破坏已是不争的事实，在臭氧层受到破坏之后给人类健康和生态环境带来的危害也已受到人们普遍关注。目前，我国臭氧污染非常严重，利用中国 1 497 个站点真实监测的臭氧数据，通过臭氧暴露响应方程对 2015 年臭氧水平对各个方面的经济损失进行评估发现：造成水稻产量损失 75 亿美元，造成小麦产量损失 111 亿美元，造成森林生产损失 522 亿美元，导致呼吸系统疾病而产生的损失为 6 909 亿美元，导致非偶然性疾病死亡而产生的损失为 75 亿美元。臭氧诱导的总的经济损失高达 7 692.1 亿美元，占中国 2015 年 GDP 的 5%（Feng *et al.*，2019）。

（1）对人类健康的影响。臭氧层的减少对阳光紫外线 UV-B 的吸收能力也大大降低，这使得眼部疾病、皮肤病和传染性疾病的危险急剧增加；长期暴露于强紫外线的辐射下，会导致细胞内的 DNA 改变，人体免疫系统的机能减退，人体抵抗疾病的能力下降。实验证明紫外线会损伤角膜和眼晶体，如引起白内障、眼球晶体变形等。据分析，平流层臭氧减少 1%，全球白内障的发病率将增加 0.6%~0.8%，全世界由于白内障而引起失明的人数将增加 10 000~15 000 人；如果不对紫外线的增加采取措施，到 2075 年，UV-B 辐射的增加将导致大约 1 800 万例白内障病例的发生。研究表明：基于世界卫生组织的人体健康指标，2015 年的臭氧水平已经导致人的过早死亡率增加 0.9%，并且在 96% 的人口稠密地区都有臭氧诱导的过早死亡（Feng *et al.*，2019）。

（2）对植物的影响。臭氧层损耗对植物的危害的机制尚不如其对人体健康的影响清楚，但研究表明，在已经研究过的植物品种中，超过 50% 的植物有来自 UV-B 的负影响，比如豆类、瓜类等作物。另外，某些作物如土豆、番茄、甜菜等的质量将会下降；植物的生理和进化过程都受到 UV-B 辐射的影响，甚至与当前阳光中 UV-B 辐射的量有关。植物也具有一些缓解和修补这些影响的机制，在一定程度上可适应 UV-B 辐射的变化。美国科学家经过 10 年的研究，测定了 300 种植物在紫外线辐射增强后的反应，结果有 2/3 以上的植物受到不同程度的伤害。同时，紫外线辐射可使植物的抗病能力急剧下降，并影响果实的质量。可见，由于大气臭氧层破坏，世界粮食的产量和质量都会受到严重影响。研究表明，臭氧分别降低了我国的森林生物量（11%~13%），水稻产量（8%）和小麦产量（6%）（Feng *et al.*，2019）。

（3）对水生生态系统的影响。世界上 30% 以上的动物蛋白质来自海洋，阳光中的 UV-B 会影响浮游植物的定向分布和移动，因而减少这些生物的存活率，进而影响海洋食物链的基础——浮游生物的生产力，最终导致鱼类和贝类生物的产量的减少。另外，阳光中的 UV-B 辐射对鱼、虾、蟹、两栖动物和其他动物的早期发育阶段具有相当的危害作用。最严重的影响是繁殖力下降和幼体发育不全。即使在现有的水平下，阳光紫外线已是限制因子。

（4）对材料的影响。阳光紫外线辐射的增加会加速建筑、喷涂、包装及电线电缆等所用材料，尤其是高分子材料的降解和老化变质。在高温和阳光充足的热带地区，这种破坏作用更为严重。据估计，每年因为紫外线对材料的破坏作用造成的损失高达数十亿美元。

（5）对循环的影响。阳光紫外线辐射的增加会影响陆地和水体的生物地球化学循环，从而改变地球——大气这一巨大系统中的一些重要物质在地球各圈层中的循环，如温室气体和对化学反应具有重要作用的其他微量气体的排放和去除过程，包括二氧化碳（CO_2）、一氧化碳（CO）、氧硫化碳（COS）及 O_3 等。这些潜在的变化将对生物圈和大气圈之间的相互作用产生影响。对陆生生态系统来说，增加的紫外线会改变植物的生成和分解，进而改变大气中重要气体的吸收和释放。当 UV-B 降解地表的落叶层时，这些生物质的降解过程被加速；而当主要作用是对生物组织的化学反应而导致埋在下面的落叶层光降解过程减慢时，降解过程被阻滞。植物的初级生产力随着 UV-B 辐射的增加而减少，但对不同物种和某些作物的不同栽培品种来说影响程度是不一样的。

（6）对空气的影响。平流层臭氧的变化对对流层的影响是一个十分复杂的科学问题。一般认为平流层臭氧的减少的一个直接结果是使到达低层大气的 UV-B 辐射增加。由于 UV-B 的高能量，这一变化将导致对流层的大气的化学性质更加活跃。

3. 保护臭氧层的对策

对于保护臭氧层，目前有两种对策：一是减少或停止 CFCs 的生产和使用，二是想方设法寻求 CFCs 的代用品。

（1）减少或停止 CFCs 的生产和使用。1989 年，在芬兰召开会议通过了《保护臭氧层赫尔辛基宣言》，号召世界各国采取共同行动控制并禁止使用 CFCs。对臭氧层的调查结果表明，臭氧层的被破坏程度远比制定《蒙特利尔议定书》时所估计的严重。联合国环境规划署于 1992 年 11 月在丹麦哥本哈根召开了关于臭氧层的会议，修改了蒙特利尔协议的内容，将 CFCs 类物品从原规定的 2000 年的禁用期提前到 1996 年 1 月 1 日，加速了 CFCs 禁用的速度。为保护地球的臭氧层，中国已于 2013 年 1 月 1 日起把含氢氯氟烃的生产和使用量冻结在 2009—2010 年两年的平均水平，于 2015 年在冻结水平上削减 10%，并承诺到 2030 年实现除维修和特殊用途外的完全淘汰。

（2）想方设法寻求 CFCs 的代用品。尽管停止使用 CFCs 能够保护臭氧层，但是这也将对经济发展和人们日常生活带来巨大损失和影响。为了减轻因 CFCs 的削减而造成的巨大影响，国际上自 70 年代以来就开始积极开展关于 CFCs 替代物的研制、生产和相关应用技术的研究。美、英、日、德等国家动用了大量人力和物力，投入了巨额资金，开展了 CFCs 替代物的研究。目前，一些 CFCs 替代物已进行工业规模生产，有的达到万吨级规模。我国虽然在这方面起步较晚，但是也已取得了一定的成功。

总之，保护臭氧层是每个人的义务和责任。1994 年，联合国大会决定把每年的 9 月 16 日设为"国际保护臭氧层日",要求《蒙特利尔议定书》所有缔约方采取具体行动纪念这个日子。"十四五"期间,中国继续将保护臭氧层作为大气污染治理的重点内容之一,特别针对臭氧的两项前体物 VOCs、氮氧化物设计减排目标。

四、雾霾

雾霾不是某一个国家或地区的"专利",它是一个全球性问题。

改革开放 40 年来,中国经济各方面飞速发展,城市迅速崛起。中国城镇化率由 1978 年的 17.92% 上升至 2016 年的 58.52%,城市人口在 2011 年正式超过农村。随着人口向城市的聚集,产生了一系列城市病,特别是城市空气质量的恶化。日渐频发的雾霾已经成为中国最为突出的大气环境问题之一。2013 年 1 月间,我国大部地区出现雾霾笼罩现象,多省甚至出现能见度不足 1 km 的天气现象,雾霾来势之迅猛、波及范围之广前所未有。其中雾霾污染最为严重的京津冀地区,日均 PM2.5 浓度曾高达 500 μg/m³,被网友调侃的 PM2.5 监测机器"爆表"现象屡见不鲜。既然雾霾现象如此的严重,那么雾霾又是什么呢?

1. 雾霾的概念

雾霾是一种由灰尘、烟雾、水蒸气等导致大气能见度下降的天气现象。通常认为,相对湿度小于 80% 是霾,大于 90% 为雾,介于 80% 和 90% 之间的是雾和霾的混合物,但主要是霾。

在气象学上,雾和霾是 2 个气象概念,是 2 种天气现象。雾的气象学定义为:大量微小水滴浮游在空中,常呈乳白色,使水平能见度小于 1.0 km。霾又称灰霾,指水平能见度小于 10.0 km 的空气普遍混浊现象,是由大量极细微的干尘粒等均匀地浮游在空中造成的。霾使黑暗物体微带蓝色,远处光亮物体微带红、黄色。雾霾天气是近年来出现的一种新的天气现象,是雾和霾的混合物,还没有被列入气象观测规范。

雾霾的主要组成为二氧化硫、氮氧化物和可吸入颗粒物,其中二氧化硫和氮氧化物为气态污染物,可吸入颗粒物才是雾霾天气污染的罪魁祸首。大气中大量富集的颗粒物主要来源有两个:其一是自然活动,比如海盐粒子、土壤粉尘等;其二是人类活动,主要是来自机动车尾气尘、燃油尘、硫酸盐、餐饮油烟尘、建筑水泥尘、煤烟尘和硝酸盐等。

近年来,随着经济和城市化的迅猛发展,中国雾霾污染日趋严重,且具有季节性、区域性的特点。

2. 雾霾的危害

雾霾的危害主要表现为对经济、交通及人群健康造成影响。

(1)造成直接经济损失。中国每年秋冬季节因雾霾污染所导致的学校停课、工厂停工等行为,对国民经济发展产生了重要影响。雾霾会影响太阳辐射,导致光热资源不足,影响农作物的产量和质量,造成经济损失。采用其替代方法,利用成灾面积推导农业直接损失,计算得到 2012 年长株潭城市群农业因雾霾灾害减少的产值分别为:285 064.626 万元、855 193.878 万元和 1 710 387.756 万元(李春华等,2019)。可见,随着经济发展加快和能源使用强度加大,雾霾污染更加严重，其对农业经济造成的影响更加显著。雾霾还严重影响旅游业等，中国的旅游形象及雾霾高污染地区的旅游吸引力已经遭受了严重损害。基于中国城市雾霾PM2.5浓度与对数化后的旅游人次（包括国内和入境旅游人次）表征的旅游流数据分析发现，雾霾污染与城市旅游流在中国的分布均具有东高西低的特点，在1998—2016年，雾霾污染向南和向西扩散明显，城市旅游流空间分布的"群状"集聚现象显著，表现出以区域中心城市为核心的"核心－边缘"扩散模式（徐冬等，2019）。相对而言，经济发展速度越快越高，雾霾污染水平也越高，当然这也不是绝对现象。

（2）降低能见度，严重影响城市的交通安全。雾霾造成能见度低，对公路、铁路、航空、航运等交通均产生重要影响。研究表明，雾霾发生时低能见度对驾驶员减速的影响会导致车辆碰撞问题。通过分析北京市路网监测数据发现，受道路能见度影响，道路平均车速与道路能见度正相关；车辆速度差特征平均值与实际碰撞频率正相关；在11：30—15：30时段，驾驶员能见度为$200\sim400\,m$，距离最短，车辆碰撞概率最大（袭奕等，2019）。

（3）影响人群生活和身心健康。雾霾中的有毒、有害物质多达20余种，会引起呼吸、心脏等慢性疾病恶化，影响生殖能力，甚至破坏人体的免疫系统等，且具有较高致癌风险。同时雾霾天气也会影响人的精神和心理。近年来，随着我国工业化、城市化进程的加快，我国京津冀、长三角和珠三角等区域持续性雾霾天气频发，对城市居民健康影响巨大。尤其是2013年以来，我国许多城市均遭到雾霾侵袭，各医院门诊、急诊尤其是呼吸科、心血管、皮肤科等就医人员的数量明显增加。通过收集2013—2015年上海市每日雾霾污染物浓度数据、气象监测数据和某医院的门诊、急诊量数据，研究结果显示，PM2.5浓度升高均能够增加呼吸内科、心血管内科和皮肤科日门急诊量，且存在滞后效应（高广阔等，2019）。可见，以PM2.5为代表的雾霾污染物对人体危害性很大，其易携带致病细菌和病毒，可以深入肺、支气管等下呼吸道器官，致病性强。此外研究表明，不同来源雾霾颗粒物对大鼠气管上皮细胞（RTE cell）均有一定的毒性损伤作用，能够减小细胞增长速度和削弱细胞修复能力，增强细胞自噬因子蛋白的表达，且毒性具有差异性，化工园区采集的雾霾颗粒物毒性强于高架交通源和居民区（蒋锦晓等，2019）。

3. 雾霾的防治措施

近年来，雾霾防治问题已成为党和政府治理环境污染的重要内容，也是推进居民美好生活建设的重要工作。为此，国家针对雾霾污染问题出台了一系列环保措施，在2012年重新修订的《环境空气质量标准》中增设PM2.5和O_3 8 h浓度限值监测指标，并于2013年发布大气污染防治十条措施（"大气十条"），2015年修改《中华人民共和国大气污染防治法》。

根据雾霾形成要素，制订有针对性的策略措施，主要包括调整产业和能源结构、优化空间格局，减少污染物排放，增加大气环境容量，加强治理四个方面。

（1）调整产业和能源结构，优化空间格局

① 调整产业结构且优化区域经济布局。以京津冀地区为例，北京重点是去

功能化，疏解不符合首都功能定位的产业，充分发挥现代服务业、信息产业和文化创意产业等优势；天津市重点是产业高端化，根据自身优势发展汽车、装备制造、航空航天、新能源、新材料等高端制造业；河北省重点是去产能、上层次，大力压减钢铁、煤炭、建材等高污染行业的过剩产能，坚决关停环保设施落后的企业，对新上项目严格环保审批，提高产品工艺，实现产业转型升级，优先发展生产性服务业，大力发展生活性服务业，充分发挥环京津地区优势（王兴鹏等，2019）。

② 改革能源结构。从国家层面推动能源结构改革，实现以化石能源为主向以清洁能源为主的战略转型，重点是降低煤炭消费比重，并制定相关的法律法规，从制度上保障清洁能源的推广和利用。

③ 完善城市规划以及优化空间格局。科学制定并严格实施城市规划，妥善处理好人口－环境－资源问题，将资源环境条件、人口规模、绿地面积等纳入城市总体规划。对各类产业园区和城市新城、新区布局进行科学规划，建设城市"风道"，使城市空间布局有利于大气污染物扩散。

（2）减少污染物的排放

冬季燃煤取暖向天然气热取暖过渡，车辆限号等措施降低污染物排放。从源头、源强、源位三个方面减少污染物的排放。

首先，从源头改变污染源排放意味着减少污染源的数量，从源头控制污染源排放的污染物总量。比如对煤炭、钢铁等重污染的产业执行严格的生产技术标准，促使相关产业主动进行技术革新，促进产业升级；全面推行排污许可证制度，加强重污染行业主要污染物达标排放监督检查，强制要求企业主要污染物排放源必须安装脱硫脱硝和除尘等环保设施；针对钢铁、石化、建材、有色等重点行业，建立区域主要大气污染物排放指标的有偿使用和交易制度，用市场手段降低污染物排放；强化机动车尾气减排；强化施工工地扬尘环境监管，推进绿色施工，实现施工现场全封闭作业，施工现场道路应进行地面硬化，严格控制城市扬尘。当然在污染物减排过程中需要做到因城施策、综合施治。

其次，从源强改变污染源排放表示减弱污染源的排放强度，虽没有减少污染源的数量，但降低每一个污染源的排放量，同样能实现城市大气污染物总量的控制。该方法在很大程度上依赖于科技水平的提升，需要将新技术、新方法、新工艺应用到生产生活中，对污染源进行改造升级，从而实现排放强度的降低。

最后，从源位改变污染源排放是指通过改变污染源位置和布局，将污染源产生的大气污染物向外扩散，降低城市内部大气污染物的平均密度，或是减少城市内高密度的污染物集聚点。

（3）增加大气环境容量

大气环境容量是指在满足大气环境目标值的条件下，某区域大气环境所能承纳污染物的最大能力或所能允许排放的污染物的总量，是支撑空气质量管理决策和大气污染物总量控制的重要参照。大气环境容量主要取决于环境对污染物的自净能力与自净空间，若超过了容量的阈值，大气环境就不能发挥其正常的功能，进而使生态环境、人群健康及物质财产受到损害（胡毅等，2007）。气象条件是影响大气环境容量最重要的因素之一，制约着大气污染物的扩散、输送、稀释和转化等过程，进而影响大气污染物的分布及对空气的污染程度，影响大气环境容量（郝吉明等，2017）。

科学规划城市用地，增加城区绿化用地，增加植被覆盖面积，提高城市绿化率，拓展城市发展空间等，可以适当增加大气环境容量。

（4）加强污染治理

加大环保资金投入，完善雾霾区域治理的配套设施，提升环境自身的治理能力。具体包括：

① 控制重点行业污染和扬尘治理。强化各类烟粉尘污染物治理，推进未淘汰设备除尘设施升级改造，确保颗粒物排放达到新标准的特别排放限值要求，加快重点企业脱硫、脱硝设施建设。

② 发展绿色交通。减少私家车的使用，倡导步行、乘坐公共交通等低碳出行方式；加强机动车尾气排放治理，大力发展城市公交系统和城际间轨道交通系统，鼓励绿色出行，积极推广电动公交车和出租车，大力发展电能、太阳能等新能源汽车，鼓励燃油车辆加装压缩天然气，促进天然气等清洁能源作为汽车动力燃料，为汽车安装净化装置，实现汽车尾气催化净化。

③ 深化工业污染治理。坚决淘汰国家确定的落后的生产工艺装备和产品，严控"两高"行业产能，大力淘汰钢铁、建材和纺织等一批不符合产业政策和节能减排要求的落后产品、技术和工艺设备。

④ 发展节能环保产业。发挥政府主导作用，协调节能环保产业发展规划，制定节能环保产业技术标准和规范，加大节能环保产业技术研发扶持力度，加快发展节能环保产业，支持节能环保产业成为新兴支柱产业。

第三节　大气污染综合防治与控制

由于全球大气环流的影响，大气污染无国界，可能会污染地球上任何一个区域，包括无人居住的南极和北极。因此，相比水污染、土壤污染而言，大气污染的防治更难。党和政府对大气污染防治问题高度重视。十八大报告提出，要大力推进生态文明建设，强化大气污染防治。2013年《大气污染防治行动计划》发布和实施以来，国家和地方层面上实施了一系列大气污染防治措施，尽管大气污染治理成绩显著，但不少区域和城市仍然面临着空气质量达标的压力。

一、大气污染综合防治

大气污染综合防治实质上是为了达到区域环境空气质量控制目标，对多种大气污染控制方案的技术可行性、经济合理性、区域适应性和实施可行性等进行最优化选择和评价，从而得出最优的控制技术方案和工程措施。

大气污染综合防治的基本点是防与治的综合，以防为主。这种综合是立足于环境问题的区域性、系统性和整体性之上的。基本思想是采取法律、行政、经济和工程技术相结合的措施，合理利用资源，减少污染物的产生和排放，充分利用环境的自净能力，实现发展经济和保护环境相结合。

我国大气污染治理
历程与展望

区域性的大气环境污染是多种污染源造成的，并受到该地区地形、气象、绿化面积、能源结构、工业结构、工业布局、交通管理、人口密度等多种自然因素和社会因素的影响。实践证明：只有从整个区域大气污染状况出发，统一规划，合理布局，综合运用各种防治方法，充分利用环境的自净能力，才可能有效地控制大气污染。

二、大气污染控制技术

为了减少大气污染带来的巨大经济损失，各国在采取综合防治对策的同时，也投入了大量的资金来研究和开发大气污染治理技术。根据污染控制的对象可将大气污染控制技术分为除尘技术，脱硫技术，NO_x 控制技术，以及含氟废气、含铅废气、含汞废气、有机化合物废气、H_2S 废气、酸雾、沥青烟及恶臭净化技术等。根据污染控制的方法原理可将大气污染控制技术分为洁净燃烧技术，烟气的排放、颗粒污染物净化技术，气态污染物净化技术等。

1. 洁净燃烧技术

洁净燃烧技术是指旨在减少燃烧过程污染物排放与提高燃料利用效率的加工、燃烧、转化和排放污染控制等所有技术的总称，主要是指洁净煤技术和低 NO_x 焚烧及污染控制技术。

洁净煤技术包括以下几个方面：①先进的燃煤技术，包括整体煤气化联合循环发电、循环流化床燃烧、煤和生物质及废弃物联合气化或燃烧、低 NO_x 燃烧技术、改进燃烧方式和直接燃煤热机等；②燃煤脱硫、脱氮技术，如先进的煤炭洗选技术、型煤固硫技术、烟气处理技术、先进的焦炭生产技术等；③煤炭加工成洁净能源技术，包括洗选、温和气化、煤炭直接液化、煤气化联合燃料电池和煤的热解等；④提高煤炭及粉煤灰的利用率。

2. 烟气的排放

目前，还不能做到无污染物排放。采用高烟囱排放，是当前许多国家防止 SO_2 污染的一种有效方法。它可以把大气污染物有组织地排向高空，充分利用大气的扩散作用和自净能力，以减轻局部地区的大气污染。虽然高烟囱排放并不是控制大气污染的根本性解决办法，不应提倡，但考虑中国的实际情况，高烟囱排放技术仍在不少行业中继续使用。

3. 颗粒污染物净化技术

颗粒污染物净化技术又常被称为除尘技术，其方法和设备种类很多，各具不同的性能和特点。实现将颗粒污染物从废气中分离出来并加以回收的操作过程的设备称为除尘器。常见的除尘器主要有机械式除尘器、湿式除尘器、电除尘器、过滤式除尘器等。

（1）机械式除尘器是指利用重力、惯性力或离心力的作用将尘粒从气体中分离的装置。包括重力沉降室和旋风除尘器。

（2）湿式除尘器是指利用洗涤水形成液网、液膜或液滴与尘粒发生惯性碰撞、扩散效应、黏附、扩散漂移与热漂移、凝聚等作用，达到从废弃中捕集、分离尘粒，并兼备吸收气态污染物的效果的装置。

（3）电除尘器是利用高电压电场使浮游在气体中的粉尘颗粒带电，并在电场的驱动下做定向运动，进而从气体中分离出来并沉积在电极上。

（4）过滤式除尘器是利用多孔过滤介质分离捕集气体中固体或液体粒子的净化装置。

4. 气态污染物净化技术

对于大气中的气态污染物，通常采用三种方法进行去除。

（1）吸收法。利用气体和液体的溶解度不同，或者与吸收剂发生选择性化学反应，从而将有害组分从气流中分离出来的过程。

（2）吸附法。利用多孔性固体吸附剂来处理气态污染物，让污染物中的一种或是几种，在固体吸附的表面停留，并在分子引力或者是化学键力的作用之下，能够将其吸附在固体表面，从而对其进行分离。

（3）催化法。是利用催化剂的催化作用，将废气中的有害物质转变为无害物质或易于去除的物质的治理方法。

三、大气污染控制与管理

1. 清洁能源

随着我国经济快速发展，石油、煤等化石能源的高消费加重了空气污染，人们的健康受到了严重威胁。发展清洁能源、应对气候变化已成为世界经济发展的主导战略，也是中国可持续发展进程中不可回避的重大课题。中国明确指出"中国绝不以牺牲环境为代价去换取一时的经济发展"。

清洁能源是不排放污染物的能源，其含义包括三点：第一，清洁能源不是对能源的简单分类，而是指能源利用的技术体系；第二，清洁能源不但强调清洁性，同时也强调经济性；第三，清洁能源的清洁性指的是符合一定的排放标准。因此清洁能源包括可再生能源和非再生能源。

可再生能源是指原材料可以再生的能源，消耗后可得到恢复补充，不产生或极少产生污染物，如太阳能、风能、海洋能、生物能、水能、地热能、氢能等。中国是国际洁净能源的巨头，是世界上最大的太阳能、风力与环境科技公司的发源地。

非再生能源是在生产及消费过程中尽可能减少对生态环境的污染，包括使用低污染的化石能源（如天然气等）和利用清洁能源技术处理过的化石能源，如洁净煤、洁净油等。

此外，核能虽然属于清洁能源，但所消耗的铀燃料，不是可再生能源，投资较高，而且几乎所有的国家，包括技术和管理最先进的国家，都不能保证核电站的绝对安全。

近年来，全球能源消费剧增，煤和石油等一次能源的大量使用，一方面使得化石能源储备迅速减少，另一方面造成了诸如温室效应等严重的环境问题。因此，全球清洁能源规模不断扩大、技术不断进步、投资持续增长。《2018 可再生能源全球现状报告（global situation of renewable energy，GSR）》表明，现代可再生能源在过去 10 年的平均增长率为 5.4%。

美国是清洁能源最主要的引领者之一。从 1978 年起，美国实施《能源税收法》，规定购买太阳能、风能设备所付金额在当年须缴纳所得税中的抵扣额度，同时太阳能、风能、地热等的发电技术投资总额的 25% 可从当年的联邦所得税中抵扣。2004 年，美国能源部推出《风能计划》，着力引导科研向海上风电开发等新型应用领域发展，并制订可再生能源发电配额制（RPS）、减税、生产和投资补贴、电价优惠和绿色电价等多种多样的法律。欧盟在清洁能源的研发、实用化进程中更是领跑者。

2006 年 3 月，西班牙颁布《国家建筑技术标准》，要求所有新建建筑必须安装太阳能热水器。英国政府于 2002 年 4 月 1 日起，要求所有向终端用户供电的企业必须保证一定比例的电来自可再生能源，该比例逐年上升，到 2015 年达到 15.4%。2008 年，英国公布《可再生能源报告》，提出 2020 年英国能源的 15%、电力的 35%～40% 将来自可再生途径。

国际能源署报告表明，受新冠肺炎疫情和各国追求"碳中和"的双重影响，2020 年全球天然气消费量下降 1 500 亿立方米，降幅为 4%；全球煤炭消费量创下近 15 年来最大降幅，煤炭需求同比下降 5%。

2017 年，陆上风电累计装机排名前五的国家分别为中国、美国、德国、印度和西班牙，陆上风电新增装机排名前五的国家分别为中国、美国、德国、英国和印度。

《2019 可再生能源全球现状报告（GSR）》表明，2018 年可再生能源已占世界总发电量的 33% 以上，新可再生能源新增约 181 吉瓦装机容量，占全球装机容量的三分之一以上。风能和生物能源的增加相当稳定；2018 年新可再生能源装机容量中，55%（约 100 吉瓦）是太阳能光伏发电；风电占 28%，水电占 11%。2018 年，安装了至少 1 吉瓦的可再生能源装机的国家超过 90 个，其中至少有 30 个国家 / 地区的可再生能源装机超过 10 吉瓦。截至 2017 年底，可再生能源占最终能源消费总量的 18.1%。电池储能、热泵和电动汽车市场也有所增长。

2. 绿色交通

绿色交通（green transport）是一种交通政策新概念，也称为可持续交通（sustainable transport），指设施充分、布局合理、网络通达、车辆环保、和谐公平的交通环境，原则上是通过"步行－自行车－公共交通"取代机动化的私人交通；从交通方式来看，包括步行交通、自行车交通、常规公共交通和轨道交通。

绿色交通的本质是和谐的交通，包括：交通与经济的和谐，建立全体市民整体出行效率最优的高效交通，维持城市经济的高效运转；交通与社会的和谐，建立充分尊重社会各阶层出行需求的公平交通，促进社会公平公正，减少交通事故，创建安全交通；交通与环境的和谐，保护城市环境，减少交通污染，创建环保交通；交通与资源的和谐，提高资源的集约利用，促进交通节地、节能、节财，创建低耗交通。因此绿色交通的内涵就是高效交通、公平交通、安全交通、环保交通、低耗交通的多维统一。

为促进城市交通绿色低碳可持续发展，从绿色消费的角度提出以下建议：

科学调控机动车保有量及结构。综合城市经济发展、城市规划、环境承载能力等情况，制定交通车辆发展规划，防止盲目增长。《中国机动车环境管理年报 2017》的数据显示，2016 年全国机动车排放污染物初步核算为 4 472.5 万 t，其中一氧化碳 3 419.3 万 t，碳氢化合物 422.0 万 t，氮氧化物 577.8 万 t，颗粒物

53.4 万 t。汽车是机动车污染物排放总量的主要贡献者，其排放的一氧化碳和碳氢化合物超过 80%，氮氧化物和颗粒物超过 90%。因此，新能源汽车势在必行。2018 年，可再生能源在交通运输部门中的占比相较上年略有上升。全球电动汽车（EV）的拥有量有所增加。

合理降低交通车辆使用强度。通过征收拥堵费及排污费、提高燃油税和停车费、高速公路差别化收费等经济手段，提高个人交通成本，适当限制个人车辆出行总量，积极引导交通车辆出行向公共交通转变，也是降低个人车辆使用强度的有效手段。

发展公共交通及慢行交通系统。推动绿色交通发展、加快轨道交通、快速公交（BRT）等大容量快速公共交通运营系统的建设，扩大公交专用车道网络，提高公共交通的快捷性、舒适性和可及性，创造良好的出行环境，可以增强公共交通的吸引力，让更多人愿意选择公共交通出行。此外，通过普及自行车和步行专用道，鼓励居民骑行共享单车解决出行"最后一公里"，倡导低碳、环保、健康的出行理念和方式，也应成为政府推广绿色生活方式的重要举措。

3. 环境自净

环境自净能力指的是自然环境可以通过大气、水流的扩散、氧化以及微生物的分解作用，将污染物化为无害物的能力。大气、水、土壤等均具有自净能力，但无论是哪种自净能力都是有限的。当污染物数量超过了环境的自净能力限度时，污染的危害就不可避免地发生，生态系统就将被破坏，生物和人就可能因此而发生病变或死亡。

研究环境的自净能力是制定环境法规、政策的基础。科学环境管理的目的，就是要充分利用环境的自净能力，规划不同排放源的污染排放量，使污染物的排放满足环境质量的要求。

环境有自净能力，环境的自净能力也是资源，也有巨大的经济效益。应当科学、充分地应用环境的自净能力。尤其是我国国土面积大，大气扩散条件和生态承载能力在各地区相差很大，因此应当因地制宜、科学分析、精细管理。

4. 国际合作及区域管理

大气污染成因复杂、流动性强、涉及面广、极易复发，其治理是一个长期且持续的过程。由于大气污染物没有行政界线，因而成立跨区域工作组织和机构、协同各区域政府共同治理，加强国际合作与区域管理至关重要。

国际合作的基础是国际行为主体相互利益的基本一致或部分一致。国家利益关系是国家对外行为的基本出发点。国家之间的利益关系既有对立和冲突的一面，也有协调和重合的一面。国家之间具有基本一致或部分一致的利益关系，构成了国际合作的现实基础。其实质是过激行为主体在一定的问题领域中所进行的政策协调行为。

区域管理最早出现在水科学中，它是指以行政区域为单元对有关水事活动实施的管理。这种管理活动涉及水资源的经营和环境的保护，既关注水资源的商品属性，也关注水资源的公共事务属性。区域管理的第一个分支是区域的环境管理，这是从 20 世纪 50 年代起就被重视的学科。区域环境管理，包括以环境管理为核心的可持续发展管理和面对区域特殊问题的区域减灾管理等。

开展国际合作有利于吸收国际优势创新资源，提高创新能力。在解决利用过程环境与资源相协调、生态与人口相协调的环境一体化相协调等问题的过程中，只有国际合作才能够最终解决环境保护的协调性等一系列问题。通过成立专门的跨区域大气污染治理机构、制定区域大气污染公约、制定区域大气污染控制的各种法规（条例、指令、决定等）等方式加强国际合作及区域管理。加强国际合作的建议如下：①避免国际合作两极化。一是优化国家合作的区域分布。国际合作的重要目的是取人所长，补己之短。二是鼓励处于边缘位置的城市走出国门。②丰富国际合作的内容。在科技教育、城市管理、交通建设、环境治理、产业发展、企业创新等方面展开全面合作。③成立地方性的国际合作协调机构。④拓宽国际合作交流的渠道。

思考与讨论

1. 大气污染的定义是什么？大气污染的危害体现在哪些方面？

2. 酸雨、温室效应和臭氧层破坏对人类会造成什么样的影响？

3. 大气污染综合防治的含义是什么？请以所居城市为例，简述所居城市大气污染综合防治措施。

4. 简述大气污染控制与管理的内容，请综合描述我国大气污染控制工作重点。

5. 结合目前国际关系，简述大气污染控制的国际合作及区域管理将面临哪些困难？

6. 从环境与发展的角度阐释中国"碳达峰"与"碳中和"措施的可行性。

第八章

水体环境问题

水体是江河湖海、地下水、冰川等的总称，是被水覆盖地段的自然综合体。水体不仅包括水，还包括水中溶解物质、悬浮物、底泥、水生生物等完整的生态系统。因此，从生态系统角度来说，水体环境由海洋和淡水生态系统组成。海洋环境包括大洋、河口、珊瑚礁及海岸生态系统，覆盖了地球表面大约71%的面积；淡水生态系统则由静水、流水及湿地生态系统组成，占地球表面积不到1%（Häder *et al.*，2020）。

水生生态系统向人类提供食物、运输和休闲服务。海洋生态系统为化肥、食品添加剂和化妆品提供原料，淡水生态系统则被利用于饮用水、公共卫生、农业和工业。人类活动深刻地影响着水生生态系统，在全球变化、城市化和旅游业发展及水生资源不可持续开采等形势下这种影响将会加剧。

第一节　水体污染概述

水体污染是指排入水体的污染物在数量上超过了该物质在水体中的本底含量和自净能力即水体的环境容量，从而导致水体的物理特征、化学特征发生不良变化，破坏了水中固有的生态系统，破坏了水体的功能及其在人类生活和生产中的作用。排入水体的污染物质一旦超过了水体的自净能力，使水体恶化，达到了影响水体原有用途的程度，这就表示，水被污染了。

一、我国水体污染现状

2021年5月27日发布的《2020中国生态环境状况公报》显示，中国目前全国生态环境质量总体改善。全国的水环境质量较过去有较大改善，全国地表水监测的1 937个水质断面（点位）中，Ⅰ～Ⅲ类水质断面（点位）占83.4%，比2019年上升8.5个百分点；劣Ⅴ类占0.6%，比2019年下降2.8个百分点。主要污染指标为化学需氧量、总磷和高锰酸盐指数。

1. 河流污染

2020年长江、黄河、珠江、松花江、淮河、海河、辽河七大流域和浙闽片河流、西北诸河、西南诸河主要江河监测的 1 614 个水质断面中，Ⅰ～Ⅲ类水质断面占 87.4%，比 2019 年上升 8.3 个百分点；劣Ⅴ类占 0.2%，同比下降 2.8 个百分点。主要污染指标为化学需氧量、高锰酸盐指数和五日生化需氧量。西北诸河、浙闽片河流、长江流域、西南诸河和珠江流域水质为优，黄河、松花江和淮河流域水质良好，辽河和海河流域为轻度污染。2014—2020 年全国十大流域水质状况见表 8-1。

2. 湖泊（水库）污染

2020 年，开展水质监测的 112 个重要湖泊（水库）中，Ⅰ～Ⅲ类湖泊（水库）占 76.8%，比 2019 年上升 7.7 个百分点；劣Ⅴ类占 5.4%，比 2019 年下降 1.9 个百分点，具体见表 8-2。主要污染指标为总磷、化学需氧量和高锰酸盐指数。开展营养状态监测的 110 个重要湖泊（水库）中，贫营养状态湖泊（水库）占 9.1%，中营养状态占 61.8%，轻度富营养状态占 23.6%，中度富营养状态占 4.5%，重度富营养状态占 0.9%（表 8-3）。

3. 地下水污染

2020 年，自然资源部门 10 171 个地下水水质监测点（平原盆地、岩溶山区、

表 8-1　2014—2020 年全国十大流域水质状况

年份	监测断面数	所有断面中各类水质的占比 /%						主要污染指标
		Ⅰ	Ⅱ	Ⅲ	Ⅳ	Ⅴ	劣Ⅴ	
2020	1 614	7.8	51.8	27.8	10.8	1.5	0.2	海河、辽河：化学需氧量、高锰酸盐指数、五日生化需氧量
2019	1 610	4.2	51.2	23.7	14.7	3.3	3	黄河：氨氮、化学需氧量、总磷 松花江：化学需氧量、高锰酸盐指数、氨氮 淮河：化学需氧量、高锰酸盐指数、氟化物 海河、辽河：化学需氧量、高锰酸盐指数、五日生化需氧量
2018	1 613	5.0	43	26.3	14.4	4.5	6.9	黄河：氨氮、化学需氧量、五日生化需氧量 松花江：化学需氧量、高锰酸盐指数、氨氮 淮河：化学需氧量、高锰酸盐指数、总磷 海河：化学需氧量、高锰酸盐指数、五日生化需氧量 辽河：化学需氧量、五日生化需氧量、氨氮
2017	1 617	2.2	36.7	32.9	14.6	5.2	8.4	黄河：化学需氧量、氨氮、总磷 松花江：化学需氧量、高锰酸盐指数、氨氮 淮河：化学需氧量、总磷、氟化物 海河：化学需氧量、五日生化需氧量、总磷 辽河：总磷、化学需氧量、五日生化需氧量
2016	1 617	2.1	41.8	27.3	13.4	6.3	9.1	化学需氧量、总磷、五日生化需氧量
2015	700	2.7	38.1	31.3	14.3	4.7	8.9	化学需氧量、五日生化需氧量、总磷
2014	702	2.8	36.9	31.5	15	4.8	9	化学需氧量、五日生化需氧量、总磷

数据来源：历年中国环境状况公报。

表 8-2　2014—2020 年全国重点湖泊（水库）水质状况

年份	检测湖泊数量	所有湖泊中各类水质的占比 /%					
		Ⅰ	Ⅱ	Ⅲ	Ⅳ	Ⅴ	劣Ⅴ
2020	112	76.8			17.8		5.4
2019	110		35.5	33.6	19.1	4.5	7.3
2018	111	6.3	30.6	29.7	17.1	8.1	8.1
2017	112	5.4	24.1	33.0	19.6	7.1	10.7
2016	112	7.1	25	33.9	20.5	5.4	8.0
2015	62	8.1	21.0	40.3	16.1	6.5	8.1
2014	62	11.3	17.8	32.3	24.2	6.5	8.1

数据来源：历年中国环境状况公报。

丘陵山区基岩地下水监测点分别为 7 923、910、1 338 个）中，Ⅰ～Ⅲ类水质监测点占 13.6%，Ⅳ类占 68.8%，Ⅴ类占 17.6%；水利部门 10 242 个地下水水质监测点（以浅层地下水为主）中，Ⅰ～Ⅲ类水质监测点占 22.7%，Ⅳ类占 33.7%，Ⅴ类占 43.6%，主要超标指标为锰、总硬度和溶解性总固体。

4. 海洋污染

管辖海域：2020 年，一类水质海域面积占管辖海域面积的 96.8%，与 2019 年基本持平；劣四类水质海域面积为 30 070 km²，比 2019 年增加 1 730 km²。主要超标指标为无机氮和活性磷酸盐。

近岸海域：2020 年，全国近岸海域水质总体稳中向好，优良（一、二类）水质海域面积比例为 77.4%，比 2019 年上升 0.8 个百分点；劣四类为 9.4%，比 2019 年下降 2.3 个百分点，主要超标指标为无机氮和活性磷酸盐，具体见表 8-4。

二、水环境主要污染物

根据污染物质的性质及其污染特性，并结合其危害，可以将污染细分为以下几种类型（侯宇光等，1989；钱易等，2000；周德民等，2012；Häder et al.，2020；Kovalakova et al.，2020）。

1. 重金属

重金属在人类生活及工业上被广泛应用，因而在其开采、冶炼、生产及使用过程中，向环境释放后可成为最重要的污染源。与污染关系密切的金属有 Hg、Cd、Pb、Cr、Zn、Cu、Co、Ni、Sn，还有类金属 As 等。其中尤以 Hg、Cd、Pb、Cr 及 As 的污染最突出。天然水中即使只含有微量浓度的重金属也具有毒性，且能通过食物链逐级富集，以致在较高级的生物体内含量成千百倍增加。重金属进入人体后在某些器官内蓄积，造成慢性积累性中毒。

2. 有毒物质

造成水体污染的有毒污染物可以分为四种：一是非金属无机有毒物，如氰化

表 8-3　2014—2020 年三湖水质状况

年份		2014	2015	2016	2017	2018	2019	2020
太湖	污染程度	IV类	IV类	所有监测点，III类：23.5%，IV类：70.6%，V类：5.9%	所有监测点，III类：11.8%，IV类：52.9%，V类：35.3%	所有监测点，III类：5.9%，IV类：64.7%，V类：29.4%	东部沿岸区水质良好，湖心区和北部沿岸区为轻度污染，西部沿岸区为中度污染	东部沿岸区水质良好，湖心区和北部沿岸区为轻度污染，西部沿岸区为中度污染
	主要污染指标	化学需氧量、总磷	化学需氧量、总磷	总磷	总磷	总磷	总磷	总磷
	营养状态	轻度富营养	轻度富营养	轻度富营养	轻度富营养	轻度富营养	轻度富营养	轻度富营养
巢湖	污染程度	IV类	V类	所有监测点，IV类：62.5%，V类：37.5%	所有监测点，IV类：37.5%，V类：62.5%	所有监测点，IV类：50%，V类：50%	东半湖为轻度污染，西半湖为中度污染	东、西半湖均为轻度污染
	主要污染指标	总磷、化学需氧量	总磷	总磷	总磷	总磷	总磷	总磷
	营养状态	轻度富营养	轻度富营养	轻度富营养	中度富营养	中度富营养	轻度富营养	轻度富营养
滇池	污染程度	V类	V类	V类	所有监测点，V类：40.0%，劣V类：60.0%	所有监测点，IV类：60.0%，V类：40.0%	草海为轻度污染，外海为中度污染	草海为轻度污染，外海为中度污染
	主要污染指标	化学需氧量、总磷、高锰酸钾	化学需氧量、总磷、高锰酸钾	总磷、化学需氧量、五日生化需氧量	化学需氧量、总磷、五日生化需氧量	化学需氧量、总磷	化学需氧量、总磷	化学需氧量、总磷
	营养状态	中度富营养	中度富营养	中度富营养	重度富营养	轻度富营养	轻度富营养	中度富营养

数据来源：历年中国环境状况公报。

表 8-4　2014—2020 年全国近岸海域水质状况

年份	水质	一类	二类	三类	四类	劣四类	主要污染指标
2020	稳中向好	77.4%		13.2%		9.4%	
2019		76.6%		13.7%		11.7%	
2018		74.6%		6.7%	3.1%	15.6%	
2017	一般	34.5%	33.3%	10.1%	6.5%	15.6%	无机氮和活性磷酸盐
2016		32.4%	41.0%	10.3%	3.1%	13.2%	
2015		33.6%	36.9%	7.6%	3.7%	18.3%	
2014		28.6%	38.2%	7.0%	7.6%	18.6%	

注：自 2019 年起按海域面积比例，2019 年之前按监测点位数比例。

数据来源：历年中国环境状况公报。

物、氟化物、硫化物等；二是重金属与类金属无机毒物；三是易分解的有机有毒物，如酚、醛、苯等；四是难分解的有机有毒物，如多环芳烃、多氯联苯、有机磷、有机氯等。这些有毒物质在高浓度时会杀死水生生物，也会对人体造成伤害。即使是低浓度也可能通过生物富集作用最终危害到人体健康。

3. 需氧有机物

这类污染主要由城市污水、食品业和造纸业等排放大量需氧有机物废水造成。需氧有机物包括蛋白质、油脂、糖类等，这些物质本身是无毒无害的，也易被微生物分解，但其分解需要消耗大量的氧，往往会造成水体氧气不足，于是这些有机物的分解方式变为厌氧发酵，产生甲烷、硫化氢和氨气等有毒气体，散发恶臭，毒害水生生物。

4. 富营养物

含有大量氮和磷的废水、污水进入水体后，打乱了营养盐的循环调节，使水体加速富营养化，藻类大量繁殖，消耗水体溶解氧，鱼类等其他生物难以生存，从而使水质恶化、水生生态系统的平衡被破坏。

5. 悬浮物

悬浮物主要指悬浮在水中的污染物质，包括无机的泥沙、炉渣、铁屑，以及有机的纸片、菜叶等。水力冲灰、洗煤、冶金、屠宰、化肥、化工、建筑等工业废水和生活污水中都含有悬浮状的污染物，排入水体后除了会使水体变得浑浊，影响水生植物光合作用外，还会吸附有机毒物、重金属、农药等，形成危害更大的复合污染物沉入水底，日久后形成淤积，妨碍水上交通或减少水体容量，增加挖泥负担。

6. 油污染

水体中油类物质主要来自石油运输、近海海底石油开采、工业含油废水的排放及大气油类物质的降落等。油污染在水面形成的油膜隔绝了水体与大气的接触，阻碍了水生植物的光合作用，降低水体自净能力。此外，石油中的多环芳烃可通过食物链进入人体，有致癌作用。

7. 抗生素

人或动物往往不能将服用的抗生素完全吸收，导致大量的抗生素以代谢物甚至原态排入环境中造成的污染，称之为抗生素污染。抗生素的使用会导致病原微生物产生耐药性，使得抗生素能杀死细菌的有效剂量不断增加。低剂量的抗生素长期排入环境中，会造成敏感菌耐药性的增强。并且，耐药基因可以在环境中扩展和演化，对生态环境及人类健康造成潜在威胁。除了能引起细菌的抗药性，抗生素对其他生物也可能产生一定的毒性（Karthikeyan *et al.*，2006；Kovalakova *et al.*，2020）。

8. 塑料

塑料制品多年来被人类广泛、高强度地使用，但由于塑料垃圾得不到妥善处理，来自陆地的塑料被河流、下水道和暴雨径流转运，从滨海区域到深海；船运、水产养殖业以及游船丢弃物也是海洋塑料污染的重要来源（Derraik，2002）。大量塑料在海洋聚集，威胁着浮游生物、鱼类和哺乳动物的生命（Avio *et al.*，2017）。这些塑料暴露于紫外线后会分解为微塑料（直径小于 5 mm），然后被水生动物直接摄入体内而损害健康。

9. 酸碱盐

这类污染物会使水体 pH 发生变化，破坏水体原有的平衡状态。过高或过低的 pH 都会抑制微生物的生长，降低水体自净能力，还会腐蚀桥梁、船舶等。无机酸、碱主要来自矿山排水和工业化学废水，以及工业废水和大气中的硫化物转变成酸雨后降落到水面而形成。

10. 病原微生物

病原微生物污染主要来源于城市生活污水、医院污水、垃圾及屠宰加工肉类等。常见的致病细菌是肠道传染病菌，这些病菌具有数量大、繁殖速度快、存活时间长等特点，进入人畜体内就会引起疾病。人类历史上已经出现过多次因地表水和地下水被污染而造成的霍乱、传染性肝炎大流行等悲剧。

11. 热污染

热污染是一种能量污染，是指人类活动产生的剩余热量排入水体，使水温升高并影响到生态系统的稳定，造成水质恶化的一种污染。热污染源主要来自工厂冷却水的排放，尤其是热电厂和核电站。水体热污染可使水中化学反应加快，重金属离子毒性增强，溶解氧降低，鱼类繁殖受阻，藻类生长加速，富营养化程度增强。

12. 放射性污染

大多数水体在自然状态下都含有极其微量的天然放射性物质，这种状态对人体是无害的。但由于原子能工业的发展，核试验、核电站以及同位素在医药、工业等研究领域的应用，使得环境中的放射性辐射大大增加，放射性水体也增加。大剂量的放射性辐射增加人体患癌的概率。

三、水污染的主要来源

造成水污染的原因包括自然因素和人为因素两个方面。自然污染源是指由于全球气候变化，自然界本身的地球物理化学活动过程中产生的污染物质转移到水

表 8-5　水环境中人为污染源的产生途径

人类产生水污染的途径	主要污染物	特点
工业	工业"三废"（废气、废水、废渣），以工业废水为主	量大、面广、成分复杂、毒性大，不易净化、难处理
生活	生活中各种洗涤水，一般固体物质小于 1%，并多为无毒的无机盐类、需氧有机物类、病原微生物类及洗涤剂	含氮、磷、硫多，细菌多，用水量具有季节变化规律
农业	牲畜粪便、农药、化肥等	有机质、植物营养素及病原微生物含量高；农药、化肥含量高

资料来源：周德民等，2012。

体中而造成的污染，这是一个相对漫长的过程，如长江三角洲的形成和演化经历了几千年的历史过程，湖泊的富营养化或者消亡往往需要几百年甚至上千年的时间。人为污染源指由于人类活动产生的污染物对水体造成的污染，人类活动主要通过工业、生活及农业三个途径产生污染（表 8-5）。

根据人为污染源形态的不同可分为点源和非点源。人类活动所排放的各类污水是将污染物带入水体的一大类污染源，由于这些污水、废水由管道收集后集中排除，因此常被称为点污染源。大面积的农田地面径流或雨水径流也会对水体产生污染，由于其进入水体的方式是无组织的，通常被称为非点污染源，或面污染源（钱易等，2000）。

1. 点污染源

主要的点污染源有生活污水和工业废水。由于产生废水的过程不同，这些污水、废水的成分和性质有很大的差别。

（1）生活污水。生活污水主要来自家庭、商业、学校、旅游服务业及其他城市公用设施，包括厕所冲洗水、厨房洗涤水、洗衣机排水、沐浴排水及其他排水等。污水中主要含有悬浮态或溶解态的有机物（如纤维素、淀粉、糖类、脂肪、蛋白质等），还含有氮、硫、磷等无机盐类和各种微生物。一般生活污水中悬浮固体的含量在 $200 \sim 400$ mg/L，由于其中有机物种类繁多，性质各异，常以生化需氧量（BOD_5）或化学需氧量（COD）来表示其含量。一般生活污水的 BOD_5 在 $200 \sim 400$ mg/L。

（2）工业废水。工业废水产自工业生产过程，其水量和水质随生产过程而异，根据其来源可以分为工艺废水、原料或成品洗涤水、场地冲洗水以及设备冷却水等；根据废水中主要污染物的性质，可分为有机废水、无机废水、兼有有机物和无机物的混合废水、重金属废水、放射性废水等；根据产生废水的行业性质，又可分为造纸废水、印染废水、焦化废水、农药废水、电镀废水等，工业废水的水质特点及其所含污染物见表 8-6。

2. 非点污染源

非点污染源又称面污染源，主要指农村灌溉水形成的径流，农村中无组织排放的废水，地表径流及其他废水污水。此外，大气中含有污染物的降雨，分散排放的小量污水，部分天然性的污染源如水与土壤之间的物质交换，风刮起泥沙、

表 8-6　几种主要的工业废水的水质特点及其所含的污染物

工业部门	工厂性质	主要污染物	废水特点
动力	火力发电，核电站	热污染，粉煤灰，酸，放射性	高温，酸性，悬浮物多，水量大，有放射性
冶金	选矿，采矿，烧结，炼焦，冶炼，电解，精炼，淬火	酚，氰化物，硫化物，氟化物，多环芳烃，吡啶，焦油，煤粉，重金属，酸，放射性	COD 高，有毒性，偏酸水量较大，有放射性
化工	肥料，纤维，橡胶，燃料，塑料，农药，油漆，洗涤剂，树脂	酸或碱，盐类，氰化物，酚，笨，醇，醛，氯仿，氯乙烯，农药，洗涤剂，多氯联苯，重金属，硝基化合物，胺基化合物	COD 高，pH 变化大，含盐量大，毒性强，成分复杂，难生物降解
石油化工	炼油，蒸馏，裂解，催化，合成	油，氰化物，酚，硫，砷，吡啶，芳烃，酮类	COD 高，毒性较强，成分复杂，水量大
纺织	棉毛加工，漂洗，纺织印染	染料，酸或碱，纤维，洗涤剂，硫化物，硝基物，砷	带色，pH 变化大，有毒性
制革	洗皮，鞣革，人造革	酸，碱，盐类，硫化物，洗涤剂，甲酸，醛类，蛋白酶，锌，铬	COD 高，含盐量高，有恶臭，水量大
造纸	制浆，造纸	碱，木质素，悬浮物，硫化物，砷	碱性强，COD 高，水量大，有恶臭
食品	屠宰，肉类加工，油品加工，乳制品加工，水果加工，蔬菜加工等	有机物，病原微生物，油脂	BOD 高，致病菌多，水量大，有恶臭

资料来源：钱易等，2000。

粉尘进入水体等也可列入非点源污染。

常见的农村废水一般含有有机物、病原体、悬浮物、化肥、农药等污染物；畜禽养殖业排放的废水，常含有很高的有机物浓度；由于过量地施加化肥和使用农药，农田地面径流中含有大量的氮、磷营养物质和有毒的农药。对此类面污染源的控制，要比对点污染源难得多，更应当引起我们重视。

四、我国地表水体常用水质指标与水质标准

1. 地表水体常用水质指标

水中杂质的具体衡量尺度称水质指标。各种水质指标表示出水中杂质的种类和数量，由此判断水质的好坏及是否满足要求。水质指标分为物理、化学和生物学指标三类。常用的水质指标主要有以下几项（侯宇光等，1989；雒文生等，2009）：

（1）化学需氧量（chemical oxygen demand）。化学需氧量是指应用化学方法，通过强氧化剂（如重铬酸钾 $K_2Cr_2O_7$、高锰酸钾 $KMnO_4$）氧化水中有机物所需要的氧量，以每升水中有机物生化降解消耗的氧的毫克数表示，即 mg/L。化学需氧量可简写为 COD，分别用 COD_{Mn} 和 COD_{Cr} 表示使用以上两种氧化剂测得的结果。

（2）生化需氧量（biochemical oxygen demand）。在溶解氧充足的条件下，水

中可分解的有机物由于好氧微生物的作用分解而无机化，这一过程所需要的氧量称为生化需氧量（BOD），仍以氧的 mg/L 表示。水中有机物完全经过生物氧化分解的过程需要很长时间，因此在实际工作中常用被检测水体在水温 20℃ 的有氧条件下经过 5 天消耗的溶解氧量来表示生化需氧量，称为五日生化需氧量（BOD_5）。BOD_5 为 BOD 的 70%~80%，能相对反映出水中的有机物含量。

（3）溶解氧（DO）。溶解氧是指溶解在水中的氧，其含量以每升水中溶解的分子氧的毫克数表示，即 mg/L，可采用碘量法和溶氧仪测定。溶解氧是水中有机物进行氧化分解的重要条件，当大量有机物污染水体时，水中的溶解氧会被大量消耗，此时厌氧微生物变得活跃，使有机物不完全分解，释放出有臭味的硫化氢、氨、甲烷等臭气，水中溶解氧小于 4 mg/L 时，许多鱼类就不能生存。

（4）总氮（TN）。氮是生物体重要元素之一，存在于几乎所有的动植物生命过程中，且在自然界以各种形态进行着循环转换。因此，氮元素含量对水环境具有极其重要的影响，是水环境评价中的主要指标之一。有机氮如蛋白质水解为氨基酸，在微生物作用下分解为氨氮，氨氮在硝化细菌作用下转化为亚硝酸盐氮（NO_2^-）和硝酸盐氮（NO_3^-）；另外，NO_2^- 和 NO_3^- 在厌氧条件下在脱氮菌作用下转化为 N_2。水中同时存在有机氮、氨氮、亚硝酸盐氮、硝酸盐氮这四种形式的氮素，可通过不同的方法分别测出，结果以 N 的 mg/L 计。以下是水中氮素的组成：

$$总氮 = 有机氮 + 无机氮$$
$$无机氮 = 氨氮 + NO_2^- + NO_3^-$$
$$有机氮 = 蛋白性氮 + 非蛋白性氮$$
$$凯氏氮 = 有机氮 + 氨氮$$

（5）总磷（TP）。磷是引发封闭性水体富营养化污染的主要元素之一，所以磷浓度是天然水和污水评价中一个非常重要的综合性水质指标。水中的总磷、可溶性磷和正磷酸盐常用钼酸铵分光光度法测定，结果以 P 的 mg/L 表示。

（6）pH。水的 pH 用来表征水的酸碱强度，是最常规的水质指标之一。不同用途的水，对 pH 要求也不尽相同。污水处理中对 pH 也有一定的要求，生活污水的 pH 为 6.5~7.5，强酸或强碱性的工业废水排入会引起 pH 变化；异常的 pH 或 pH 变化很大，会影响生物形态。另外，采用物理化学处理时，pH 是重要的操作条件。

（7）悬浮物质（suspended soil，SS）。悬浮物质中悬浮物指悬浮在水中的固体物质，包括不溶于水的无机物、有机物及泥砂、黏土、微生物等，在水中不稳定，往往随着季节，地区的不同而变化。其含量以每升水中此类物质的毫克数表示，即 mg/L。可采用滤膜（纸）过滤法、称重法及定性分散分析法等测定，也可用浊度仪和光学微粒计数器测量。水中悬浮物含量是衡量水污染程度的指标之一。悬浮物是造成浊度，色度和气味的主要来源，水体中的有机悬浮物沉积后易厌氧发酵，使水质恶化。中国污水综合排放标准分为 3 级，规定了污水和废水中悬浮物的最高允许排放浓度：一级 A 标：10/20 mg/L；一级 B 标：20 mg/L；二级标准：30 mg/L；三级标准：50 mg/L。饮用水标准对水中悬浮物以浑浊度为指标做了规定，其限值为 1 NTU（水源与净水技术条件限制时为 3 NTU）。

（8）蒸发残留物（total solid）。蒸发残留物指水样经蒸发烘干后的残留量，在 105～110℃下将水样蒸发至干时所残余的固体物质总量。溶解物的质量等于蒸发残留物减去悬浮物的质量。其单位为 mg/L，污水中平均浓度为 700 mg/L。水体中总固体含量越高，预示水体的有机污染较为严重，同时还可能导致水道淤塞。

（9）活性污泥指标。关于污泥的活性存活情况，水质评价中有一系列指标，包括：①混合液悬浮固体浓度（MLSS）；②混合液挥发性悬浮固体浓度（MLVSS）；③污泥沉降比（SV）；④污泥体积指数（SVI）；⑤污泥密度指数（SDI）；⑥污泥负荷（Ns）；⑦容积负荷（Fr）；⑧有机负荷（F/M）；⑨泥龄（Ts）。

污泥活性存活指标简要介绍

2. 我国地表水体水质标准

水是人类赖以生存的资源，不同的水域为人类生活和生产发挥不同的功能。对所有的水体环境实行统一的水质标准，要求不同水体在各项水质指标上达到同一水平，显然是不科学的。因此，在水资源和水环境保护中，针对不同的水体功能，制定符合实际和发展需要的水质标准尤为重要。

我国已经制定了《地表水环境质量标准》（GB 3838-2002）、《生活饮用水卫生标准》（GB 5749-2006）、《海水水质标准》（GB 3097-1997）、《渔业水质标准》（GB 11607-89）、《农田灌溉用水水质标准》（GB 5084-2005）等。2017 年我国发布了《淡水水生生物水质基准制定技术指南》（HJ 813-2017），主要针对水生生物的直接风险。表 8-7、表 8-8、表 8-9 是我国《地表水环境质量标准》（GB 3838-2002）的内容。该标准包括 109 项水质评价指标，其中，表 8-7 为基本水质指标项目 24 项，是水质评价时必须要求的；表 8-8 为集中式生活饮用水地表水源地补充项目 5 项，是评价这类水质时需要补充的；表 8-9 为集中式生活饮用水地表水源地特定项目 80 项，是评价这类水质时根据当地特殊情况特别指定的某些项目。

表 8-7　地表水环境质量标准基本项目标准限值　单位：mg/L

序号	标准值分类项目	Ⅰ 类	Ⅱ 类	Ⅲ 类	Ⅳ 类	Ⅴ 类
1	水温（℃）	人为造成的环境水温变化应限制在：周平均最大温升 ≤1，周平均最大温降 ≤2				
2	pH（无量纲）	6～9				
3	溶解氧 ≥	饱和率 90%（或 7.5）	6	5	3	2
4	高锰酸盐指数 ≤	2	4	6	10	15
5	化学需氧量（COD）≤	15	15	20	30	40
6	五日生化需氧量（BOD_5）≤	3	3	4	6	10
7	氨氮（NH_3-N）≤	0.15	0.5	1.0	1.5	2.0
8	总磷（以 P 计）≤	0.02（湖、库 0.01）	0.1（湖、库 0.025）	0.2（湖、库 0.05）	0.3（湖、库 0.1）	0.4（湖、库 0.2）
9	总氮（湖、库、以 N 计）≤	0.2	0.5	1.0	1.5	2.0

序号	标准值分类项目	I类	II类	III类	IV类	V类
10	铜 ≤	0.01	1.0	1.0	1.0	1.0
11	锌 ≤	0.05	1.0	1.0	2.0	2.0
12	氟化物（以 F^- 计）≤	1.0	1.0	1.0	1.5	1.5
13	硒 ≤	0.01	0.01	0.01	0.02	0.02
14	砷 ≤	0.05	0.05	0.05	0.1	0.1
15	汞 ≤	0.000 05	0.000 05	0.000 1	0.001	0.001
16	镉 ≤	0.001	0.005	0.005	0.005	0.01
17	铬（六价）≤	0.01	0.05	0.05	0.05	0.1
18	铅 ≤	0.01	0.01	0.05	0.05	0.1
19	氰化物 ≤	0.005	0.05	0.2	0.2	0.2
20	挥发酚 ≤	0.002	0.002	0.005	0.01	0.1
21	石油类 ≤	0.05	0.05	0.05	0.5	1.0
22	阴离子表面活性剂 ≤	0.2	0.2	0.2	0.3	0.3
23	硫化物 ≤	0.05	0.1	0.05	0.5	1.0
24	粪大肠菌群（个 /L）≤	200	2 000	10 000	20 000	40 000

资料来源:《地表水环境质量标准》(GB 3838—2002)。

表 8-8　集中式生活饮用水地表水源地补充项目标准限值　单位：mg/L

序号	项目	标准值
1	硫酸盐（以 SO_4^{2-} 计）	250
2	氯化物（以 Cl^- 计）	250
3	硝酸盐（以 N 计）	10
4	铁	0.3
5	锰	0.1

资料来源:《地表水环境质量标准》(GB 3838—2002)。

表 8-9　集中式生活饮用水地表水源地特定项目标准限值　单位：mg/L

序号	项目	标准值	序号	项目	标准值
1	三氯甲烷	0.06	9	1, 2- 二氯乙烯	0.05
2	四氯化碳	0.002	10	三氯乙烯	0.07
3	三溴甲烷	0.1	11	四氯乙烯	0.04
4	二氯甲烷	0.02	12	氯丁二烯	0.002
5	1, 2- 二氯乙烷	0.03	13	六氯丁二烯	0.000 6
6	环氧氯丙烷	0.02	14	苯乙烯	0.02
7	氯乙烯	0.005	15	甲醛	0.9
8	1, 1- 二氯乙烯	0.03	16	乙醛	0.05

序号	项目	标准值	序号	项目	标准值
17	丙烯醛	0.1	49	苦味酸	0.5
18	三氯乙醛	0.01	50	丁基黄原酸	0.005
19	苯	0.01	51	活性氯	0.01
20	甲苯	0.7	52	滴滴涕	0.001
21	乙苯	0.3	53	林丹	0.002
22	二甲苯①	0.5	54	环氧七氯	0.000 2
23	异丙苯	0.25	55	对硫磷	0.003
24	氯苯	0.3	56	甲基对硫磷	0.002
25	1，2-二氯苯	1.0	57	马拉硫磷	0.05
26	1，4-二氯苯	0.3	58	乐果	0.08
27	三氯苯②	0.02	59	敌敌畏	0.05
28	四氯苯③	0.02	60	敌百虫	0.05
29	六氯苯	0.05	61	内吸磷	0.03
30	硝基苯	0.017	62	百菌清	0.01
31	二硝基苯④	0.5	63	甲萘威	0.05
32	2,4-二硝基甲苯	0.000 3	64	溴清菊酯	0.02
33	2,4,6-三硝基甲苯	0.5	65	阿特拉津	0.003
34	硝基氯苯⑤	0.05	66	苯并（a）芘	2.8×10^{-6}
35	2,4-二硝基氯苯	0.5	67	甲基汞	1.0×10^{-6}
36	2,4-二氯苯酚	0.093	68	多氯联苯⑥	2.0×10^{-5}
37	2,4,6-三氯苯酚	0.2	69	微囊藻毒素-LR	0.001
38	五氯酚	0.009	70	黄磷	0.003
39	苯胺	0.1	71	钼	0.07
40	联苯胺	0.000 2	72	钴	1.0
41	丙烯酰胺	0.000 5	73	铍	0.002
42	丙烯腈	0.1	74	硼	0.5
43	邻苯二甲酸二丁酯	0.003	75	锑	0.005
44	邻苯二甲酸二（2-乙基己基）酯	0.008	76	镍	0.02
45	水合肼	0.01	77	钡	0.7
46	四乙基铅	0.000 1	78	钒	0.05
47	吡啶	0.2	79	钛	0.1
48	松节油	0.2	80	铊	0.000 1

注：① 二甲苯：指对-二甲苯、间-二甲苯、邻-二甲苯。
　　② 三氯苯：指1，2，3-三氯苯、1，2，4-三氯苯、1，3，5-三氯苯。
　　③ 四氯苯：指1，2，3，4-四氯苯、1，2，3，5-四氯苯、1，2，4，5-四氯苯。
　　④ 二硝基苯：指对-二硝基苯、间-二硝基苯、邻-二硝基苯。
　　⑤ 硝基氯苯：指对-硝基氯苯、间-硝基氯苯、邻-硝基氯苯。
　　⑥ 多氯联苯：指PCB-1016、PCB-1221、PCB-1232、PCB-1242、PCB-1248、PCB-1254、PCB-1260。

　　资料来源：《地表水环境质量标准》（GB 3838—2002）。

本标准按照地表水环境功能分类和保护的目标，规定了水环境质量应控制的项目及限值，以及水质评价、水质项目的分析方法和标准的实施与监督。依据地表水水域环境功能和保护目标，按功能高低依次划分为五类（表8-10）：

表8-10　地表水水域环境分类等级

等级	适用水环境类型
Ⅰ类	主要适用于源头水、国家自然保护区；
Ⅱ类	主要适用于集中式生活饮用水地表水源地一级保护区、珍稀水生生物栖息地、鱼虾类产场、仔稚幼鱼的索饵场等；
Ⅲ类	主要适用于集中式生活饮用水地表水源地二级保护区、鱼虾类越冬场、洄游通道、水产养殖区等渔业水域及游泳区；
Ⅳ类	主要适用于一般工业用水区及人体非直接接触的娱乐用水区；
Ⅴ类	主要适用于农业用水区及一般景观要求水域。

资料来源：《地表水环境质量标准》（GB 3838—2002）。

对应地表水上述五类水域功能，将地表水环境质量标准基本项目标准值分为五类，不同功能类别分别执行相应类别的标准值。水域功能类别高的标准值严于水域功能类别低的标准值。同一水域兼有多类使用功能的，执行最高功能类别对应的标准值。

3. 国外地表水体水质标准

欧盟各国目前使用的地表水体水质标准是在欧盟水框架指令（EU water framework directive，EU WFD）的指导下制定的。2000年12月22日，《欧洲议会与欧盟理事会关于建立欧共体水政策领域行动框架的2000/60/EC号指令》正式颁布，它是欧盟水资源管理中的重要法规文件，也是国际水资源领域享有盛誉的一部法律。EU WFD是欧盟整合许多零散的水资源管理法规后形成的统一的水资源管理框架，要求所有欧盟成员国必须按照指令的各项要求或为实现指令所规定的目标，规范本国的水资源管理体系和法律。EU WFD是为了保护欧洲地区内河、沿海、地下等水域水体质量而建立的指令，以期避免水生态系统的恶化，长期保护水资源，逐步减少水体污染，并强调所有成员国均需遵守并各自努力治理水体污染及防范污染风险。优先水污染物与环境质量标准制定是EU WFD的重要优势（周林军等，2019）。

美国环保署（EPA）依照《清洁水法》（Clean Water Act）推荐地表水质标准。《推荐水质基准》（National Recommended Water Quality Criteria）1974年首次发布，1976年发布的《红皮书》被各国广泛引用。1986年后修订版本采用定量风险评估法推导指标限值，且基于保护水生生物和涉水人群健康，确定了人群健康基准和水生生物基准。2015年，EPA更新后的水质基准共包含指标150项（USEPA，2015）。

日本的水环境质量监测体系是基于《环境基本法》《生物多样性基本法》《自然环境保护法》《水质污染防治法》等重要法律构建和形成的。《环境基本法》第16条规定了环境质量标准的制定原则等；《水质污染防治法》第15条规定了公共用水质常规监测的必要性、目的和开展水质监测的主体、各自职责等，明确了水环境质量的监测目的（为什么测）、标准项目（测什么）、标准限值（评价标准）、监测方法及分析方法（如何测）等内容。（陈平等，2019）。

五、水体富营养化

1. 水体富营养化的概念、特征

水体富营养化，又称作水华，是指水体中营养物质含量过多，特别是氮、磷过多而引起的藻类及其他浮游生物的大量繁殖，水体溶解氧含量下降，水质恶化，鱼类及其他生物大量衰亡甚至绝迹的污染现象。富营养化使水体有机物产生的速度远远超过消耗的速度，水体中有机物积蓄，破坏水生生态平衡，加速水体衰老的进程。在自然条件下，湖泊也会从贫营养状态过渡到富营养状态，不过这种自然过程非常缓慢。而人为排放含营养物质的工业废水和生活污水所引起的水体富营养化则可以在短时间内出现。水体出现富营养化现象时，浮游藻类大量繁殖，形成水华（淡水水体中藻类大量繁殖的一种自然生态现象）。因占优势的浮游藻类的颜色不同，水面往往呈现蓝色、红色、棕色、乳白色等。这种现象在海洋中则叫作赤潮或红潮。富营养化的主要特点是由于水体中营养物质过多而导致藻类大量繁殖，进而导致水质发黑、发臭，最终引起水生物群落结构发生变化，生态平衡受到严重破坏。同时，人们饮用了富营养化的水体后，身体会出现不适反应，甚至酿成疾病。

我国是一个发展中国家，人口众多，人均资源匮乏，又处在经济高速发展时期，对资源的需求日益增多。随着工业的不断发展，以及农药、化肥和含磷洗涤剂的大量使用，湖泊水体富营养化越来越严重。我国的淡水资源原本就非常稀缺，肆虐的水体富营养化又给窘迫的水体条件雪上加霜，给脆弱的生态环境带来沉重一击，破坏了生物的多样性，很多珍贵物种濒临灭绝，赤潮或水华在全国范围内频繁出现是环境污染程度加深的直接反映。

2. 富营养化的危害

水体富营养化破坏了水体原有的生态系统的平衡，造成一系列影响和损失，主要包括以下几方面：

（1）对生态系统的危害。水体是一种生物与环境、生物与生物之间相互依存和相互制约的复杂生态系统. 系统中的物质循环、能量流动，是处于相对稳定和动态平衡状态的。当富营养化发生时，这种平衡遭到干扰和破坏。湖泊富营养化会破坏水生态系统的生态平衡，使有机物生长速度远远超过消耗速度，水体中有机物迅速积累，其后果是：促进细菌类微生物繁殖，加上大量动植物的呼吸作用，使水体耗氧量大大增加；沉于水底的死亡有机体的厌氧分解促使厌氧菌繁殖，产生有毒气体。这样由富营养化而引起的有机体大量生长又造成相反的结果，藻类植物及水生动物趋于死亡，甚至绝迹。最终导致生物多样性减少，水产资源遭到严重破坏。

（2）对经济的危害。富营养化水体使浮游生物大量繁殖，快速消耗了水中大量的氧，使水中溶解氧严重不足，而水面植物的光合作用，则可能造成局部溶解氧的过饱和。这两种情况都对水生动物（主要是鱼类）有害，导致鱼类大量死

亡，对淡水养殖业造成巨大损害。因此，水体富营养化对渔业的发展极为不利。浮游藻类的大批繁殖往往密集在水面，形成一层薄皮或泡沫，水体色彩变绿，加之死亡的浮游生物和鱼类漂浮在其中，不仅使本来干净、清澈、透明的水体变得色泽混杂，浮游藻类死后沉入水底并堆积使水体变浅，加速了湖泊水库的沼泽过程，损坏了原有的生态景观。藻类的分泌物又能引起水臭、异味。水体一旦富营养化，透明度下降，水体浑浊，有臭味等，就会使水域的旅游价值降低或消失，不利于人们休闲娱乐。我国一些有名的风景游览湖泊，如杭州西湖、武汉东湖、长春南湖、云南滇池等都面临这样一个问题（潘红波，2011）。此外，水体富营养化增加了给水处理的成本。富营养化水体毒素增多，水质恶劣，增加了工业和生活用水的处理成本；同时，由于大量的富营养化生物沉积水底，水的深度、面积和蓄水量也会遭受损失。

（3）对人类健康的危害。位于江河上游的湖泊、水库等大型水体若产生有害水华，浮游藻类释放的毒素和死亡的浮游生物污染了水源，导致水质降落，影响下游城乡居民生活用水质量，造成用水不便与困难。到目前为止，水体的富营养化已在我国一些地区造成了居民供水不足，影响居民的正常生活，并在部分地区造成严峻的潜在性供水危机。其次，富营养化水体底层堆积的有机物质在厌氧条件下分解产生的有害气体，以及一些浮游生物产生的生物毒素（如微囊藻毒素）会伤害水生动物。某些产毒藻类还能间接或直接危害人类的健康和生命安全。流行病学调查表明，我国江苏省海门市、启东市和广西壮族自治区扶绥县的原发肝癌发病率高与当地居民长期饮用含微量微囊藻毒素的浅塘水或河流水有关（Yu et al.，1995）。另外，浮游藻类的生命运动会产生亚硝酸盐类致癌物质。有数据表明，蓝藻毒素是诱发肝癌的重要原因之一。富营养化也可使水体 pH 升高，进而增进霍乱弧菌的生长与繁殖，迫害人体健康。

3. 富营养化的防治

（1）防治难度。富营养化的防治是水污染处理中最为复杂和困难的问题。这是因为：①污染源的复杂性，导致水质富营养化的氮、磷营养物质，既有天然源，又有人为源；既有外源性，又有内源性。这就给控制污染源带来了困难；②营养物质去除的高难度，至今还没有任何单一的生物学、化学和物理措施能够彻底去除废水的氮、磷营养物质。通常的二级生化处理方法只能去除 30%～50% 的氮、磷。

（2）防治策略。水体富营养化的防治主要采取两个策略：

① 控制外源性营养物质输入。减少或者截断外部输入的营养物质，使水体失去营养物质富集的可能性。为此，首先着重减少或者截断外部营养物质的输入。控制外源性营养物质，从控制人为污染源着手，准确调查清楚排入水体营养物质的主要排放源，监测排入水体的废水和污水中的氮、磷浓度，计算出年排放的氮、磷总量，为实施控制外源性营养物质的措施提供可靠的科学依据。

② 减少内源性营养物质负荷。输入到湖泊等水体的营养物质在时空分布上是非常复杂的。氮、磷元素在水体中可能被水生生物吸收利用，或者以溶解性盐类形式溶于水中，或者经过复杂的物理化学反应和生物作用而沉降，并在底泥中不断积累，或者从底泥中释放进入水中。减少内源性营养物负荷，有效地控制湖

泊内部磷富集，应视不同情况，采用不同的方法。

（3）防治方法。治理富营养化的方法很多，可以归纳为物理、化学和生物这三类方法。

① 物理方法

主要采取工程措施，包括挖掘底泥沉积物、进行水体深层曝气、注水冲稀以及在底泥表面敷设塑料等。挖掘底泥，可减少以至消除潜在性内部污染源；深层曝气，可定期或不定期采取人为湖底深层曝气而补充氧，使水与底泥界面之间不出现厌氧层，经常保持有氧状态，有利于抑制底泥磷释放。此外，在有条件的地方，用含磷和氮浓度低的水注入湖泊，可起到稀释营养物质浓度的作用。

人工和机械打捞。这是最原始和传统的措施，直接从水体中打捞、收集水华藻，减少其生物量，以阻止水华的蔓延，并缓解水体的负荷。这类方法效果显著，但劳动量较大，费用也较高。

黏土除藻。是通过阳离子交换以及凝集作用将藻细胞和颗粒凝聚沉降到水底，从而迅速地降低水面藻细胞密度。黏土除藻技术在我国（邹华，2004；吴萍，2007）已经有应用。黏土除藻对于海洋赤潮和深水湖泊水华有很好的去除作用，但黏土技术本身不能防止藻类的再次泛起和底泥二次污染，导致该技术对我国大多数的浅水型湖泊来说难以使用（邓建明，2009）。

遮光法。该方法可以有效抑制藻类的生长，对于小型供水水源可以实施遮光抑藻，但对于大型湖泊是无能为力的（陈雪初，2007）。

高强磁灭藻。运用高强度磁场杀藻，在磁场强度为 3 700 Gs 的高强磁水处理器的作用下，蓝藻基础消除，水体质量明显改良。这个方法的缺点是成本高，不能对大领域蓝藻进行处理。

工程疏浚法。即引入活水，如长江水，利用大水量将蓝藻连同发臭的湖水冲进海洋。特点是能够对大面积蓝藻进行治理，缺点是没有从根本上治理，只是将污染转移到别的处所。不宜大规模提倡。

物理方法最大的优点是见效比较快。但这些技术往往也只能治标而不治本（黎明等，2007）。

② 化学方法

这是一类包括凝聚沉降和用化学药剂杀藻的方法，如有许多种阳离子可以使磷有效地从水溶液中沉淀出来，其中最有价值的是价格比较便宜的铁、铝和钙，它们都能与磷酸盐生成不溶性沉淀物而沉降下来。例如，美国华盛顿州西部的长湖是一个富营养水体，1980 年 10 月，用向湖中投加铝盐的办法来沉淀湖中的磷酸盐。在投加铝盐后的第四年夏天，湖水中的磷浓度则由原来的 65 μg/L 降到 30 μg/L，湖泊水质有较明显的改善。在化学法中，还有一种方法是用杀藻剂杀死藻类。这种方法适合于水华盈湖的水体。杀藻剂将藻杀死后，水藻腐烂分解仍旧会释放出磷，因此，应该将被杀死的藻类及时捞出，或者再投加适当的化学药品，将藻类腐烂分解释放出的磷酸盐沉降。

早期海洋赤潮治理中常常使用硫酸铜，效果较好。目前运用最广泛的也是硫酸铜，美国、澳大利亚的饮用水源水体中常用。但二价铜离子对生物幼体的变态具有致畸性，并引起饵科藻类的严重脱落；同时，硫酸铜具有毒性，能损坏水体正常的生态系统。将硫酸铜与黏土联合使用既可降低黏土使用量，也能减轻Cu^{2+}的危害（周金余，2005）。

化学除藻操作简单，短期内即可取得显著效果，明显提高水体透明度（邹琼，2000）。但该方法不能将氮磷等营养物质彻底从水体清除，不能从根本上解决水体富营养化。而且化学除藻剂的生物富集和生物放大作用对水生生态系统可能会产生负面影响，长期使用低浓度的除藻剂还会使藻类产生抗药性。因此，除非应急和健康安全许可，化学除藻一般不宜采用（胡洪营，2005）。

③ 生物方法

现流行的生物和生态修复，通过微生物降解和水生植物的吸收、转移或生态浮床、滤床的过滤、吸附等措施来消减水体中的氨氮。生物–生态修复技术，是利用培育的植物或培养接种的微生物的生命活动，对水中污染物进行转移、转化及降解，从而使水体得到净化的技术（潘红波，2011）。水体的生物–生态修复技术具有以下优点：处理效果好；水体生物–生态修复技术的工程造价相对较低，不需耗能或低耗能，运行成本低廉。所需的微生物具有来源广、繁殖快的特点，如能在一定条件下对其进行筛选、定向驯化富集培养，可以对大多数有机物质实现生物降解处理。另外，这种处理技术不向水体投放药剂，不会形成二次污染。该技术是一项清洁环境的低投资、高效益、便于运行、发展潜力较大的技术。水体生物修复包含微生物修复和水生生物修复两大内容。两者不可弃一，互相配合，才能获取总体治理效果。

全球水体环境问题
典型案例分析

富营养化防治是一项复杂的系统工程。随着对富营养化湖泊生态系统研究的深入，人们逐渐认识到富营养化控制是一个典型的生态问题，生态问题只能用生态方法解决。在具体实施上，主要从控制污染源出发，结合多种治理手段，重点开展生态修复工程，并完善管理与规划，逐步恢复富营养化湖泊生态系统的结构和功能，从而使湖泊富营养化问题得到真正解决。

第二节　全球气候变化对水体环境的影响

"气候变化"是当今各国学者研究的热点问题。政府间气候变化专门委员会（IPCC）认为人类活动已经且持续改变着地表和大气组成，这些变化直接或间接地影响了地球能量平衡，进而引起气候变化（IPCC，2013）。尤其是工业时代至今，以温度升高为主要特征的全球性气候变化已成为不争的事实。除了以变暖为主要特征的显著变化外，降水量级和时空分布的变化、热辐射强迫加剧、极值事件频发、冰川融化以及海平面上升等一系列事件都是气候变化的表征。

全球气候变化大背景下，加上人类活动的影响，诱发产生的大范围水资源危机及水环境污染问题已成为当今世界各国急需解决的难题（Bunke *et al.*，2019）。目前，全球气候变化主要表现在降水、气温、辐射和风速等气象因子的变化上。这些气象因子的改变直接或间接地对水环境产生影响。水环境的变化与流域水文过程的改变息息相关，而水文过程的改变主要表现在水文及水循环要素的变化上。气候变化通过气温、降水等因素的改变影响陆地水文循环系统，驱动径流量等水文要素的变化，改变区域的水量平衡，严重影响流域水资源量及其时空分布（张群智等，2019）。

基于气温，降水等气象要素的变化造成流域水循环过程的改变，气候变化通过影响水体物理（水量、水温）、化学（水体污染）和生物（水体生物）特性等各个方面对流域水环境构成威胁。

一、气候变化对水量的影响

目前面临的水资源安全问题主要包括水资源短缺和水污染。有研究表明，气候变化会加重这种全球性和地域性的水资源危机。最近一项针对北半球湖泊的研究揭示了湖泊冰盖受到空气温度、湖泊深度、海拔和湖岸线复杂性的影响，预测了如果当前气温升高 2℃ 或 8℃，那么冬季间歇性结冰的湖泊将从目前的 14 800 个分别增加到 3.5 万个或 23 万个，这将对 3.94 亿至 6.56 亿人口造成严重影响，涉及 40 ~ 50 个国家（Sharma *et al.*，2019）。

以我国为例，全球性的气候变化进一步加剧了我国水资源安全问题。一方面气候变化改变了降雨量和时空的分布，导致雨水的分布更加不平衡：一些原本"水多"的地区雨水更多，而一些"水少"的地区雨水更少。统计数据显示，中国较为缺水的东北、华北地区夏季和秋季的降雨量越来越少。相反，多雨的华南地区夏天和冬天的降雨量则越来越多（Piao *et al.*，2010；袁喆等，2014）。降雨量和时空分布不平衡加剧了中国水资源安全问题。

另一方面，气候变暖导致地表蒸发作用更为显著，河流径流量和土壤含水量下降。此外，蒸发量的加大，加剧干旱半干旱地区地下水埋藏较浅区域地下潜水矿化度增加，逐渐咸化，使可用水资源减少。全世界的咸水湖在气候变化影响下长期处于"缩水"状态，而农业灌溉、调水工程等人类活动的干扰则更加速了这些咸水湖的消失（Wurtsbaugh *et al.*，2017）。此外，由气候变化引起的全球变暖，导致高纬度和高海拔冰川融化，将使冰川衰退，致使下游以冰川融水为主要水资源的地区水资源量锐减。而且冰川对于重要河流和大海有着很大的作用，如果冰川全部融化，河流量会过大，且缺少回流，很容易导致河流和大海的枯竭（刘孝萍等，2018）。除此之外，气候变化导致的海平面上升和海水入侵，会使滨海城市可利用的地下淡水资源量减少。

二、气候变化对水温的影响

水温的变化是水体对气候变化响应最为敏感的要素之一。温室气体排放引起的全球温度升高，对水环境造成的直接后果是水体温度的上升。van Vliet 等（2013）基于对未来气候条件的预测，模拟全球尺度水体温度变化情况的结果表明，截至 2100 年，包括美国、欧洲、中国东部、非洲南部以及澳大利亚南部等地区的大部分河流，水体温度将呈上升趋势。气温上升加上太阳辐射增强，使得欧洲、南美及亚洲地区自 19 世纪 60 年代至今，地表水体温度平均上升 0.2 ~ 2.0℃。欧盟环境局（EEA）的研究表明，欧洲主要河流的水温在过去的 100 年里上升了 1 ~ 3℃（EEA Tech，2007）。模型预测未来气候变化情境下，截至 2070 年，欧洲部分湖泊水体温度将上升 2℃ 左右，这一变化的直接影响是水密度减小，表面张力减弱。另外气候变化（主要指变暖）对湖泊的热力特性也有一定的影响。在 IPCC 较高排放情景模拟下，气候变化对全球 635 个湖泊混合模式的影响为：到 2080—2100 年许多湖泊冰盖期缩短，1/4 的季节性结冰湖会变成永久性无冰；湖泊表层水升温（升高的温度中位数约 2.5℃，最高温达 5.5℃），这将改变其中 100 个湖泊的混合模式，大多数湖泊将不再混合而长期处于分层模式（Woolway and Merchant，2019）。气候变暖对湖库热力特性的影响规律表现为，气候变暖使湖库的表层变温层和底层滞温层温度均升高，冬春温度升高提前使得分层提前发生，但往往前者增温幅度较后者大，延缓了秋冬分层期的结束，热稳定性增加，温跃层深度显著降低。但也有相反的观测结论，如非洲 Victoria 湖（Marshall *et al.*，2013）和 Kariba 湖（Mahere *et al.*，2014），气候变暖引起的底层温度增幅高于表层，减弱了热力分层和热稳定性。同时，全球变暖还会导致上层海水水温上升，从而产生高强度的热带气旋。已有研究表明，从 20 世纪 70 年代以来，全球热带气旋的强度和频次都呈上升的趋势，其中在北太平洋、印度洋和西南太平洋增加最为显著（Woodruff *et al.*，2013）。作为影响水体物理－化学平衡以及生物活性的主要因素，水环境中所有物理－化学"常数"都随水温的变化而改变，气温导致水体温度上升的同时势必会对水质产生影响（吕振豫等，2017）。

三、气候变化对水体污染的影响

目前，针对气候变化对水环境化学特性影响的研究主要集中在水体营养盐及溶解性有机质浓度变化、重金属污染程度以及持久性有机污染物（POP）含量的变化等几个方面。

1. 对营养盐及溶解有机质的影响

水体中营养盐及溶解有机质含量的变化主要受气温的升高以及降水、径流的时空变异性影响。全球变暖导致水体温度分层周期扩大，温跃层加深，这一现象将导致下层沉积物向上传送磷通量增加，导致均温层 P 浓度升高，加上溶解氧含量的减少，缺氧环境下，磷酸盐从底层沉积物通过温跃层的垂直扩散引起变温层 P 浓度随之升高，从而导致水环境恶化。温度升高加速水体中化学反应和生物降解速率，同样影响水体中营养盐及溶解有机质的浓度。气温升高导致流域潜在蒸发量增大，入河水量减少，使得营养盐等的稀释率下降，导致受水水体 N、P 营养物及溶解有机质含量发生变化。Rankinen 等（2016）利用 2 个线性回归模型分析了气候变化对波罗的海流域水体 N、P 含量的影响，结果显示，由于温度的升高加上流域春夏季径流减少，冬季径流量增加，使得水体 N 浓度增加，P 浓度下降。另外，Sardans 等（2008）研究指出气温上升造成的土壤温度升高会导致土壤中 N 元素矿化作用的增强；同时，土壤温度的上升使得土壤中部分酶活性增强，及 N 元素可用性增强，增加水环境的 N 摄入源。

气候变化大背景下降水、径流时空变异性引起的旱涝灾害事件，造成严重的土壤侵蚀及土壤冲刷入河，则进一步加重了水体营养盐及溶解有机质含量的变化。降水模式的改变，使得水体营养盐及溶解有机质含量呈季节性变化；极端降水事件发生概率的增大同样对水体营养盐及溶解有机质含量产生较大影响。

Bates 等（2008）的调查显示，位于温带地区的国家近年来气候变化导致全年降水日数降低，而平均每次降水事件总降水量增加。这一现象的直接后果是极端性旱涝事件频发，导致分解有机质，冲刷入水体作用增强。Puustinen 等（2007）研究表明，冬季径流量的增加，使得冲刷沉积物入河量升高，导致水体悬浮固体物和 P 浓度上升。Andersen 等（2014）发现，极端降水事件的频繁发生，导致流域径流量增加，伴随产生的是水体更高的 N 负荷。Borken 等（2009）研究表明，气候变化作用下流域干，湿循环加重，特别是夏季干旱使得 N 元素矿化作用及 N 元素通量发生变化。

在大量 N、P 等营养物质和水体温度升高的综合作用下，会促进水体富营养化污染的发生。一旦水体发生富营养化，水体中的藻类和其他浮游生物大量繁殖，水体中的溶解氧浓度迅速下降，水质恶化，水体中的鱼类和其他生物大量死亡，严重威胁水生态安全（侯立安等，2015）。

2. 对重金属的影响

重金属元素，一般指标准状况下单质密度大于 4 500 kg/m^3 的金属元素，以空气、土壤、化学药剂等为载体，随降水、径流等冲刷入水体，将会造成水环境严重的重金属污染。基于其持久性和生物放大作用，重金属污染对水生生态系统及水环境构成严重威胁。目前，水体中重金属主要以溶解态和颗粒态两种形式存在，随水体各种物理、化学和生物反应发生迁移转化，同时受吸附和释放两个过程剧烈程度的影响。气候变化通过改变重金属元素在自然相中的分布，加速其在各相间的运移，影响其在水体中的迁移转化过程和剧烈程度，对水体中重金属元素含量及分布情况产生影响。重金属元素通常在表土层聚集，其向水体中的转化速率受淋溶作用影响。气温升高使得流域潜在蒸发量上升，地下水位下降，排泄水量减少，导致重金属元素淋溶作用减弱，水体重金属元素含量下降。Visser 等（2011）在 Keersop 小流域进行的研究表明，未来气候变化条件下，该流域气候向暖干化发展，重金属淋溶作用减弱，水体中镉、锌 2 种重金属元素含量从过去的 29 μg/L 和 2.3 mg/L 减少到 11 μg/L 和 1.5 mg/L，地表水质有所改善。降水时空变异和降水量变化引起的旱涝事件频发，冲刷表层土壤进入水体，加速重金属元素向水体的转移；同时，降水引起的河川径流量变化使得吸附着重金属元素的悬浮固体物二次悬浮，进一步影响水体重金属含量。van Vliet 等（2008）的研究表明，气候变化引起的旱涝事件，使得墨兹河水体中包括钡、硒和镍等重金属元素的含量显著增加。Schiedek 等（2008）通过定性分析气候变化对海洋生态系统中重金属元素浓度的影响，指出未来气候条件下，降水时空变异引起的洪水风险增加，使得水体中泥沙等悬浮固体物二次悬浮，导致水体重金属含量呈指数增加。

3. 对持久性有机污染物（POP）的影响

气候变化大背景下环境温度、降水模式、积雪融化及海水盐度等诸多方面的变化，均导致 POP 在环境介质中分布的改变。通过改变大气、水体、土壤等环境基质的物理、化学及生物条件，气候变化对 POP 的环境行为和其在不同环境相的扩散速率产生显著影响。温度升高导致大气中 POP 含量显著增加。Field 等（2007）研究表明，温度的升高使得 POP 在大气－土壤和大气－水源之间的分配速率增强，导致 POP 向大气的二次排放增加。气温升高 1℃，POP 向环境中的排放量可能增加 10%～15%；气温升高 10℃，排放量可能增加 3 倍。降水时空分布的不均匀性及降水强度的增大导致大气中 POP 沉降速率发生变化，继而引起土壤中 POP 含量的增加。极端事件导致的旱涝灾害频繁发生，再加上部分地区降水变化引起的河川径流量增大，导致土壤侵蚀携带大量污染物入水体，加快了土壤与水体间 POP 的交换速率，造成水体 POP 含量升高。另外，气温升高导致的冰川融化增强了 POP 在大气与海洋间的交换能力，加上海水盐度影响下海洋 POP 溶解度的改变，将对海洋中 POP 含量产生较大影响。

气温升高引发的海平面上升将会导致海水入侵沿海地区地下含水层，使沿海区域地表土壤盐渍化、地表水含盐量上升，并导致水体中中的一些动植物因无法耐受高盐渗透压而死亡，从而破坏沿海地区的水生态安全（侯立安等，2015）。

综上，温度升高引起水体自身化学反应强度的变化，加上水体自身矿化作用及底层沉积物排放化学物质的改变，是导致水环境化学特性改变的内在动力；气温引起的流域潜在蒸发量增大，加上土壤温度升高造成土壤可提取 C、N、P 等物质数量的变化，改变了水体化学物质的来源量；降水时空变异导致旱涝事件频发，尤其是连续干旱后的强降水事件造成大量泥沙冲刷入水体，则是连接土壤及水体，运输化学物质的途径和动力。几者结合，共同作用，最终导致水环境化学特性改变（吕振豫等，2017）。

四、气候变化对水体生物的影响

水体温度升高，必然对其中生物的生理代谢活动产生显著影响，对敏感种群将构成严重的威胁。目前，受气候变化影响最严重的是浮游植物和浮游动物。

全球变暖加剧富营养化湖泊有害藻类水华

1. 对浮游植物的影响

温度升高，降水时空变异造成的旱涝交替对土壤的冲刷作用使得受水水体营养物含量尤其是以 N、P 为主的营养盐含量的增加，是造成浮游植物尤其是藻类生长状况变化的主要原因。温度的升高可能会造成水体藻类植物的生长速率加快。一方面，浮游植物自身生长有其适宜的温度阈值，温度升高将直接影响浮游植物自身的生长平衡条件，对浮游植物的生长状况产生影响；另一方面，温度升高导致水体温度分层周期延长，温跃层加深，由此诱发的营养物质垂直运动，使得变温层 P 含量升高，促使水体透光层浮游植物快速增长，导致原来大型植物占主导的水体向浮游植物占主导转变，致使水体污浊。降水强度及时空分布的变化主要通过影响水体营养物的输入量而对浮游植物生长状况产生影响。Willey 等（1991）在北卡罗来纳海域进行的研究表明，降水变化导致海水营养盐浓度升高，盐度下降，其直接后果是海域浮游植物生长限制减小，浮游植物数量升高。部分地区夏季降水减少，导致入河径流量减小，河道流速降低，滞留时间增大，使得悬浮固体物及输沙量减少，营养物富集，这就是一些水库、湖泊等较易产生水体富营养化的原因。除上述影响外，光辐射和光照时间的变化通过影响浮游植物光合作用的光化学过程和酶催化过程也将对浮游植物的生长状况产生影响。

2. 对水生植物的影响

相比浮游植物，气候变化对大型水生植物（如沉水植物）的影响表现得并不显著。早期的一些研究发现，水温升高可能影响水生植物群落的物种组成，提高生产力，加快生命周期（Haag *et al.*，1977；Taylor *et al.*，1995），但其驱动力可能是热分层流而非气候变暖。仅有少量研究证实，生长季节初期的气温升高使水生植物生物量显著增加（Rooney *et al.*，2000）。Mckee 等（2002）利用桶式实验装置模拟得到了沉水植物对气候变暖的响应较小，持续升温改变物种比例，适应性沉水植物生长率和丰度提高的结论。有学者（Asaeda *et al.*，2001；Hargeby *et al.*，2004）认为大型水生植物对温度升高的响应较浮游植物小，随着气候变暖，浮游植物春季物候提前，先于其他水生植物，消耗水体中大量的营养盐。可能使水生植物占优势的清水稳态趋向藻型浊水稳态发展。

3. 对浮游动物的影响

浮游动物生命周期短，分布广泛，并且随水体流动而移动，其对气候变化的响应更为敏感，受气候变化影响程度更加严重。以温度升高为主要特征的全球性气候变化对浮游动物生理过程、丰度、生物量、多样性和群落结构以及栖息地等都会产生不同程度的影响。一方面，温度升高使得浮游动物生物蛋白质的组成及膜流动性遭到破坏，同时对不同物种不同生长周期浮游动物的呼吸作用、代谢速率、生长速率及发育速度产生影响，最终导致浮游动物生长状况的改变。在加利福尼亚州进行的研究表明，海洋温度的上升导致个别浮游动物生长迅速，性成熟时间缩短，使得浮游动物较正常温度生长状况体积变小。另一方面，温度升高造成耐热性浮游动物大量繁殖，温度容差较小的浮游动物，特别是冷水性浮游动物大量减少，导致浮游动物丰度及生物多样性遭到破坏。Purcell（2005）对海洋中15 种水母生长状况的研究表明，温度升高使得其中 11 种水母的丰度增加，这 11 种水母大多属于温带物种。Beaugrand 等（2002）在大西洋东北部进行的关于气候变化对桡足类浮游动物的影响研究表明，温度升高是造成该物种多样性破坏的主要原因。降水增强及极端降水事件引起的入河流量变化造成的土壤侵蚀和水体流速变化等也将对浮游动物的生长状况产生影响。Pednekar 等（2006）研究证明，径流量增加，导致城市区排水能力不足，进而引起的混合下水道污水入河是浮游动物成分变化的一个重要原因。

世界最大湖泊的资源与人类

思考与讨论

1. 水体污染的来源有哪些？水体主要的污染物有哪些？
2. 国内外著名的水体污染事件有哪些？
3. 评价地表水体常用的指标有哪些？这些指标有何意义？
4. 水体富营养化有什么危害？目前有哪些防治措施？
5. 塑料污染的产生途径有哪些？有什么危害？
6. 讨论全球变化背景下人类活动对水体环境问题的决定性影响。

第九章

土壤环境问题

土壤是人类发展赖以生存的物质基础，而土壤环境问题的产生与社会发展息息相关。自然条件驱动下的土壤质量变化十分缓慢，但在人类活动和农业管理措施的影响下，土壤质量的变化异常迅速，特别是土地利用和管理水平是影响土壤质量变化最普遍、最直接、最深刻的因素。其中，土壤退化已成为土壤环境问题的首要问题，是土地退化中最集中的表现，且具有生态环境连锁效应的退化现象。本章从土壤演变与社会发展关系、土壤退化两节来剖析土壤环境问题。

第一节　社会发展与土壤演变过程的关系

一、土壤演变与人类活动的关系

1. 城市化与土壤质量变化的关系

在人类活动与土壤自然资源方面，两者的动态关系已存在几千年，总体而言人类活动导致自然生态系统向人工生态系统转变。城市化是其中强度最大、影响最深的过程之一。城市化以经济高度集中、资源高度利用、物质快速循环为标志。城市土壤质量的演变是伴随着城市化进程发展的，城市化进程中最显著的变化是城市及其辐射区内土地利用结构的变化。在快速城市化的过程中，人类活动导致城市中原始的土地覆被类型不断被工业建筑及人工景观所取代，自然土壤被硬化、地表逐渐封实，高强度的人类活动改变了土壤覆被和土地利用格局，影响了城市土壤中地球化学元素的循环过程，土壤动物的生境随之受到威胁，生物多样性发生变化，土壤生态系统的健康状态受到影响，超出土壤自然生态功能的阈值，从而带来一系列的土壤生态环境问题。城市化另一个更为直接的影响是地表特征的改变，从可渗透的土壤表面到没有渗透和吸收功能的人工封闭地表，意味着土壤的生产力功能、缓冲和净化功能、景观功能等自然功能大部分甚至完全丧失。在全球城市化的背景下，世界城市人口不断增加，城市规模持续扩张。全球城市人口总数已经由 1950 年的 7.5 亿上升至 2018 年的 42 亿，城市人口比例已达到 55%（UN，2018）。较欧美发达国家，我国城市化进程起步较晚，但发展速度较快，截至 2020 年，我国城镇常住人口已经由改革开放初期的 1.7 亿增至 9.0 亿。然而在城市化快速发展的背景下，一些城市与地区仍保持着不可持续的发展模式，城市里不断提高的人类活动强度导致城市生态环境问题日益突出，对城市生态系统结构和过程的影响不断加剧，进而对生态系统的功能与服务带来显著的不良影响，并持续威胁着城市生态安全与城市居民的身体健康。

随着城市化发展，城市建设已成为改变土壤的主要因素之一，主要涉及人为压实、建筑材料等对城市土壤物理化学性质的改变。人为压实是城市绿地土壤的普遍现象，是城市土壤物理特征变化的根本原因。在城市中，建筑材料的堆放、重型机器的作业、交通车辆和行人践踏等行为均直接导致城市土壤压实，这些人为压实行为导致土壤自然结构体变形，土粒团聚体之间的孔隙体积缩小，孔隙结构变化甚至坍塌，土壤紧实度增加，透水透气性能下降，从而形成较天然土壤更高的容重，造成土壤质量的降低。城市中不同类型的人类活动代表了不同水平的人为干扰强度，导致土壤容重的差异（表 9-1）。而土壤的孔隙状况与土壤环境中生物与非生物过程密切相关，包括孔隙度、孔隙结构等相关土壤物理指标决定了土壤中水、气的比例关系以及土壤温度和营养的状态。然而，人为活动导致的土壤压实改变了土壤透气孔径的分布，相关研究表明城市土壤孔隙度介于 39.6%～47.2%，低于土壤的适宜区间（50%～60%）而不透水地表的扩张对道路绿地植物生长空间的限制，同样影响了其正常生长。

表 9-1　国内外不同城市中不同功能绿地土壤容重统计结果

研究城市	公园绿地	道路绿地	居民绿地	单位 / 学校绿地	郊区绿地
中国北京（马秀梅，2007）	1.39	1.49	1.44	1.42	0.89
中国北京（毛齐正，2012）	1.39	1.36	1.42	1.38	1.31
中国南京（杨金玲等，2006）	1.70	1.65	1.54	1.49	1.31
中国哈尔滨（Wang et al., 2018）	1.35	1.40			1.5
美国佛罗里达州戴德郡（Hagan et al., 2010）	1.6	1.8	1.4		1.47
美国新泽西州海洋郡（Hagan et al., 2010）	1.42	1.79	1.67		

此外，城市下垫面的改变影响了土壤水分下渗能力。由于城市土壤地表封闭的普遍出现，土壤的水分过滤、热量交换、污染物净化等重要生态功能部分甚至完全消失。城市土壤的压实常常影响城市树木生长，并降低渗透性能，加上地表的封闭，显著提高地表的径流系数。一方面，地表封实增加城市地表径流量，影响地下水自然回灌过程，改变城市的水文状况，成为城市内涝的重要原因；地表径流带走土壤中的大量营养物质，增加了地表河流的营养物质与下游水体的污染负荷，同时影响城市土壤和水体的质量。另一方面，地表封实使绿地植物根系难以获得充足的空气、水分以及养分，直接限制了植物的生长，缺乏营养的植物需要更加频繁地通过人为施肥获得其生长必需的营养元素，进一步导致了降雨径流中养分的增加。因此，物理特征的退化是城市土壤质量下降的一种主要表现形

式，并进一步产生各类城市生态环境效应。

2. 城市中人类活动产生的污染物与城市土壤

全世界 80% 的工业和生活污染物来源于城市，其中大部分污染物将直接或间接地进入城市和周边地区的生态系统中。作为城市环境的天然屏障，城市土壤既是城市污染物的汇集地，又是污染物的净化器，具有容纳、过滤和消解污染物的能力。在强烈的超负荷环境冲击下，土壤的缓冲和净化功能将面临巨大的威胁，从而导致土壤质量的下降。自 20 世纪末，全球范围内对城市土壤的关注逐渐增多。城市中土壤存在大空隙，增加了污染物下渗的危险。城市土壤化学性质的强烈改变和土壤污染的加剧是城市土壤性质发生变异的主要原因。当前针对城市土壤生态环境问题的研究主要集中在城市各类人为排放的污染物在土壤中的累积特征及健康风险。一方面影响土壤的生态功能，同时污染物通过食物链传递和土壤颗粒物直接被吸入而影响城市居民的健康。城市土壤质量除了影响水环境和植物（主要指蔬菜）外，对城市绿化建设成败的影响也很大。例如，人为加入的酸、碱物质而出现的极端土壤反应，导致一些土壤的 Zn、Pb 含量高达 3 000 mg/kg。另一方面，随着城市规模的扩张，由城市景观格局和土地利用类型发生变化引起的土壤动物栖息地的破坏与丧失直接影响了土壤动物的群落结构特征与物种多样性，尤其是城市人类活动造成的土壤污染深刻影响了土壤动物的生存环境，并在基因、细胞、个体、群落等水平上对土壤无脊椎动物产生不同程度的毒性效应。多数研究均表明，城市土壤污染对于无脊椎动物群落具有明显的负面效应，在短时间内，土壤动物物种多样性和丰度均呈现下降的趋势；在长时间内，土壤动物对污染的适应性可能提高，耐抗性的物种不断取代群落中敏感的物种，从而改变土壤群落的结构组成。Skaldina 等（2018）发现芬兰城市工业区土壤蚂蚁在个体和种群水平上均受到土壤重金属浓度的影响。Santorufo 等（2012）发现意大利那不勒斯市的土壤节肢动物，尤其是弹尾虫种群丰度受土壤重金属污染影响尤其显著。

对农业和其他资源采用传统的模式进行管理，已经很难使土壤和自然生态恢复到能维持能量和物质的全球平衡的程度。作为世界上人口最多的发展中国家，中国如何利用有限的土壤资源生产足够的食物，一直是世界关注的热点问题之一。在自然条件下土壤质量的变化是十分缓慢的，但在人类活动和农业管理措施的影响下，土壤质量的变化异常迅速。土地利用和管理水平是影响土壤肥力变化最普遍、最直接、最深刻的因素，在很大程度上影响着土壤质量变化的程度和方向。土地利用变化可以改变土地覆被状况并引起许多自然现象和生态过程的变化，人口的增加、资源的减少、社会的不稳定以及环境的退化已经对维持全球生态系统和地球上的生命构成严重的威胁。第二次世界大战后，农业获得了巨大的成功，并使作物产量急剧增加，但同时也忽视了采用适当的措施来保护土壤资源，没有认识到长期的人类活动和不适当作物管理措施对土壤生产力和环境质量的长期影响，如河流和湖泊的沉积物、原生动物居住环境的失去、农药的沉积、水体中 N、P 浓度的增加以及城市和工业副产品的污染。

农业管理措施对土壤的影响至关重要。农业管理措施指的是农民使用土地、种植作物和饲养牲畜的方法。对牧地而言，管理措施包括牲畜饲养、轮作放牧、杂草防治、植被保护等。对耕地而言，管理措施则包括作物选择和轮作、耕作方法、残茬管理、肥料和其他土壤改良剂的使用、病虫害防治和水管理等。人类可通过耕作、施肥和灌溉等农田土壤管理措施改变土壤湿度、温度、根系生长状况、土壤微生物量及其活性，从而影响土壤物理化学性质。美国 20 世纪 40 年代以来由于抛荒的农地植树造林，CO_2 浓度上升（Shimel et al.，2000）、氮沉降施肥效应（Nadelhoffer et al.，1998）和升温，使固定大气 CO_2 的量达到 117 pg（Casperson et al.，2000）。Tisdall（1980）认为农业管理措施对大团聚体的形成影响很大，而且耕作方式短期内主要引起大团聚体及其胶结的土壤有机碳的变化（Tisdall et al.，1980）。徐江兵等（2007）在 2007—2009 年分别研究了施肥对棕壤、黑土、红壤以及设施土壤中有机碳的影响，结果均表明有机肥的长期施用对大团聚体的形成和团聚体内颗粒有机碳的增加有促进作用。在 2004—2009 年东北三省地区（王立刚等，2004）及华北平原高产粮区、西北、中南、华东和西南几个典型农业区域的农业生态系统土壤碳氮平衡规律、储量及其在现行农田管理措施下的变化特征进行研究，分析出有机碳变化显著差异的原因有秸秆还田比例的多少、肥料等物质投入及农业结构的调整等。

不同培肥措施、退耕还林、封育土地及不同利用方式对土壤肥力质量的影响至关重要。如孙波等（1999）对中亚热带红黏土红壤物理学肥力在不同利用过程中演化特征的研究表明，与林草地土壤相比，耕垦后表层红黏土红壤的土壤结构遭破坏，大团聚体和微团聚体数量减少，土壤通气和毛管孔隙减少，毛管孔隙分布不均匀。耕地土壤的物理学肥力随着旱耕熟化过程而增加，但是水旱轮作过程对其有不利的影响。李新宇等（2004）对怀来县官厅水库南北两岸 8 种主要土地利用类型的土壤养分、pH 和土壤容重进行分析，发现官厅水库北岸的防护林地，由于合理的土地利用管理与保护措施，土壤容重最低，土壤养分含量高于其他几种土地利用方式；由坡耕地撂荒后演替而来的草地，由于当地干旱寒冷多风的气候环境，土壤的母质条件以及缺乏有效的恢复措施等原因引起土壤质量继续退化；在长期不合理的土地管理措施影响下位于水库南岸的防护林地及葡萄园、果园、玉米地等土壤也发生较严重退化，表现为土壤容重、pH 显著增加，大部分土壤养分显著降低。由此可见，土地利用方式及管理措施是影响土壤质量演变方向和强度的关键因子，它们直接或间接地作用于土壤系统，既可以保持和改善土壤质量，也可以导致土壤质量下降。

二、农业发展与土壤的关系

土壤是国家最重要的自然资源之一，是植物生长繁殖和生物生产的基地，是人类赖以生存的物质基础，是生态环境的主要组成部分，也是维护整个人类社会和生物圈共同繁荣的基础。随着世界人口的高速增长，对粮食供给量提出了新的要求，农户为了提高粮食作物单产，开始大面积施用化肥。虽然在很长一段时间以来，化肥施用给农作物增产起到了很大的推动作用，但伴随着农业生产时间的推移，持续的增施肥并未带来农作物单产的进一步提高，反而使得农村生态环境、土壤肥力、水体质量等进一步恶化。预测到 2030 年，我国人口将达到 14 亿 ~ 15 亿，为了满足日益增长的消费需求，我国的粮食产量必须提高。而提高粮食的产量，主要有三大措施：第一是要选择高产的优良品种；第二是通过施肥等措施提高土地生产能力；第三就是要保证作物生长的环境因子平衡协调，即水热条件的最优调控。近年来，由于人口急剧增长，工业迅猛发展，生态环境受到破坏，各种固体废弃物不断向土壤表面堆放和倾倒，有害废水不断向土壤中渗透，大气中的有害气体及飘尘也不断随雨水降落到土壤中，使土壤受到不同程度的污染，对生态环境、食品安全和农业的可持续发展都构成了不同程度的威胁。

绿色革命之父 Norman E. Borlaug 指出 20 世纪全球农作物增产量中 50% 来自于施肥。R. G. Hoeft 提出如若停止氮肥施用，全球农作物将减产 40%～50%。现代经济学之父——亚当·斯密提出一定量资本用于不同用途的投入所能产生的新增价值不同，从一定程度上来说化肥等物质资料投入结构与农民收入有一定的关系，即合理施肥会促进农户收入增加，不合理施肥会对收入产生负面效应。从 20 世纪 60 年代开始欧、美等发达国家就率先开展过量施肥对环境影响的研究，主要是预测其负荷量与土地利用、径流量之间的关系。70 年代后，类似研究在世界各地逐渐受到重视，研究者们深入到面源污染的物理、化学过程，并以此开发了一系列模型。80 年代中后期，研究得到进一步发展，并把重点转移到面源污染的管控措施。90 年代，农业面源污染关于经济发展、管控措施、模拟等方面的研究更为广泛和深入。土壤环境问题已成为重大的环境问题，农作物的生产需要从土壤中吸取部分养分，会使得土壤中的养分越来越少，如若想要恢复原来的地力水平，就应该对土壤施肥来归还农作物生长从土壤中带走的养分，否则农作物的产量会有一定程度的降低。施肥量的增加在一定程度上促进了农业生产率的提高，但随着施肥量的增加，生态环境中的化肥流失量也会增加，给生态环境造成了不同程度的危害。

近年来，我国农业发展取得了举世瞩目的成就，粮食产量不断增长，特别是我国粮食产量实现多年连续增长。但在耕地资源有限的条件下，我国农业大范围采取"高投入高产出"的模式，化肥作为我国在粮食生产中最重要的增产工具，施用量逐年递增。过去很长一段时间，人们疏于肥料的管理和秸秆回收，土地只依赖化肥的大量施用，对当季作物的产量可能有利，但长期来看，会导致土壤养分非均衡化，最终土壤质量严重下降，影响到土地资源的可持续利用。我国土壤退化十分严重，目前全国因生态环境恶劣或土壤肥力低下而难于农林牧业利用的土壤占总面积的 1/4，耕地土壤有机质含量高于 2% 的面积仅占 35.8%，耕地中的低产土壤占 37%。水土流失、土壤沙化、盐碱化和酸化耕地面积仍在增加，我国水土流失面积 367 万 km^2，平均年增 1 万 km^2，沙漠化面积 267.4 万 km^2。我国由于化肥使用和研究起步较晚，加之经济和技术原因，化肥利用率不高，氮肥当季利用率为 30%～35%，磷肥和钾肥当季利用率分别为 10%～20% 和 35%～50%，低于发达国家 15～20 个百分点，氮肥的损失率，水田平均为 60%，旱地为 45%～50%。

在化肥施用量不断增加的同时，我国化肥利用效率却在下降，施肥量对粮食显著正增产效应近期已经变得不显著，对粮食产量的增产弹性减小。粮食作物氮肥利用率不高，粮食作物氮肥损失中对环境质量有影响的各种形态氮素总量占比较低。化肥投入量一旦接近或超过现有土壤最大容量和作物最高产量需求，便会导致土壤中养分过剩和污染物积累。当这些污染物超出土壤自净能力，将破坏土壤原有结构，并增加土壤中化学物质残留而导致土壤污染。目前，我国大部分粮食产区的耕地出现土壤质量下降问题，特别是南方几乎所有省份都存在严重的土壤酸化情况，而且北方部分土壤曾经呈碱性的区域也开始出现土壤酸化。这些省份都是我国的主要粮食产地，承担着较大的粮食生产的任务，而土壤质量下降对当地粮食产量和我国粮食安全都造成了较大威胁。全国施肥环境成本每年约为188亿元，约占当年农业增加值1.5%。为合理利用土地资源、改善退化生态环境，中国政府在1999年启动了"退耕还林还草"工程，将不适宜耕作的坡地因地制宜地种树或者种草。对不同耕作方式与土地利用模式对土壤物理特性和化学特性的研究表明：土地利用模式和耕作方式对土壤物理特性和化学特性有很大作用，水田和林地有机质、全氮量均显著高于荒地和旱地，但林地有机质、全氮含量仅在 0~10 cm 的表层土壤高于水田，而荒地与旱地相比，荒地表层土壤有机质、全氮含量较高。

第二节　土壤退化

土壤是指陆地表面具有肥力，能够生长植物的疏松表层，其厚度一般在 2 m 左右，是陆地植物和陆生动物生活的基础。土壤不仅为植物提供必需的营养和水分，而且也是动物和人类赖以生存的栖息场所（方淑荣，2011）。土壤是开放系统，生态系统中很多重要的生态过程都是在土壤中进行的，特别是分解和固氮过程。通过分解过程把生物残体矿化成植物再利用的营养物质和腐殖质，固氮过程则是土壤单位的主要来源。这两个过程都是整个生物圈物质循环所不可缺少的过程，也是生物地球化学循环的主要过程。

土壤环境是有固相、液相、气相三相物质组成的多相分散体系。固相物质包括土壤矿物质和有机体（动植物残体及其转化物、土壤动物和微生物）等物质。土壤液相物质及气相物质是存在于土壤中大小不同孔隙中的水溶液和空气等物质。通常固相物质约占土壤总容积的 50%，液相和气相之和约占 50%。在正常情况下，土壤微生物、土壤动物、土壤有机胶体等都使土壤具有自身净化作用，经过一系列物理、化学和生物化学过程，也就是土壤的自然净化过程使土壤环境处于动态平衡之中，但人为活动或自然过程共同影响土壤自身环境，打破了土壤环境的自然平衡，致使土壤生产力和土壤数量减少、环境调控能力和可持续发展能力下降（毕润成等，2014）。由于土壤生态系统具有复杂性，所以研究土壤退化机制、土壤污染特点及类型，并以此判定土壤质量的标准，对于掌握污染物在土壤中的分布规律，加强土壤污染防治工作具有重要意义。

一、土壤退化的概念及内涵
1. 土壤退化的概念
一般认为，土壤退化（soil degradation）是指在各种自然和人为因素影响下，土壤生产力、环境调控潜力和可持续发展能力下降甚至完全丧失的过程。简言之，土壤退化是指土壤数量减少和质量降低。数量减少表现为表土丧失或整个土体毁坏，或是被非农业占用。质量降低表现为物理、化学、生物方面的质量下降。不同时期，关于退化有不同的表述，例如，我国南宋的《农书·粪田之宜篇》中就指出："土弊则草木不长，气衰则生物不遂。""若能时加新沃之土壤，以粪治之，则益精熟肥美。其力常新壮矣，抑何弊何衰之有？"其中所说"土弊""气衰"即是土壤退化的最早说法之一。我国近代土壤学关于防止沙漠化、改良盐碱土、开垦沼泽和保持水土的文献中也屡次提及土壤退化问题（龚子同，1983）。在俄罗斯土壤学文献中出现"退化黑钙土"、日本土壤学文献中"老朽化水稻土"都明确地提出了土壤退化的问题。加拿大在过去已将"土壤退化及其防治"列为国家重点研究项目。J. Riquier 认为（1977）土壤退化是指土壤中所进行的一种或多种能使土壤目前或潜在的生产能力（质量上或数量上）降低的过程；R. Lal 和 B. A. Stewart 在《土壤退化：全球的威胁》一文中指出，"土壤退化是土壤质量的下降""土壤退化是人类活动及其与自然环境相互作用的结果"。中国学者史德明等（1996）认为土壤退化有广义的和狭义的两种含义。前者是在不受人为活动干扰的自然条件下形成的，目前人类尚难以控制其发生和发展，如灰化作用和白浆化过程，是土壤中出现硅酸盐相对富集，而铁、铝与磷素相对匮乏的灰化层或白浆化土层；潜育化过程形成还原性物质较多、交换总量较低的潜育层；盐碱化过程是土壤中盐分含量过高、呈强碱性反应和土壤物理性质恶化；砖红壤化过程使土壤富含铁铝氧化物、强酸性和盐基交换量低而引起土壤质量下降。后者是由于人类不合理的生产活动和自然因素的综合作用，导致土壤肥力和生产力的衰减甚至完全丧失的过程。目前人们经常提及和关注的土壤退化即指这种退化现象，例如土壤侵蚀、土壤沙化、次生盐渍化、次生潜育化和土壤污染等引起的土壤退化，即都属于这种类型，均与人类活动有关。

为了正确理解土壤退化的概念，可从以下三方面进行认识：①土壤退化的原因：土壤退化是客观的自然现象，但引起其退化的原因是自然因素和人为因素共同作用的结果。自然因素包括破坏性自然灾害和异常的成土因素（如气候、母质、地形等），它是引起土壤自然退化过程（侵蚀、沙化、盐化、酸化等）的基础原因。人与自然相互作用的不和谐即人为因素是加剧土壤退化的根本原因。人为活动不仅仅直接导致天然土地的被占用等，更危险的是人类盲目地开发利用土、水、气、生物等农业资源（如砍伐森林、过度放牧、不合理农业耕作等），造成生态环境的恶性循环。例如，人为因素引起的"温室效应"，导致气候变暖和由此产生的全球性变化，必将造成严重的土地退化；水资源的短缺也加剧了土壤退化。②土壤退化的本质：就是土壤（地）资源的数量减少和质量降低。土壤资源在数量上是有限的，而不是无限的。随着土壤退化的不断加剧，土壤（地）数量逐渐减少，对于人多地少的中国，潜在危险较大的是土壤质量的降低。从这个意义上来看，改良和培肥土壤，保持"地力常新"，提高土壤质量，是一项具有战略地位的重要工作。由此可见，土壤退化和土壤质量是紧密相关的一个问题的两个侧面。因此，要正确认识人与自然的关系，按照自然规律搞好生态环境建设、区域开发、兴修水利、合理耕作、培肥土壤，以防止土壤质量的退化。③防治土壤退化的首要任务是保护耕地土壤：因为耕地土壤是人类赖以生存的最珍贵的土壤（地）资源，是农业生产最基本的生产资料，是农业增产技术措施的基础。耕地土壤退化虽然受不利自然因素的影响，但人类高强度的利用、不合理的种植、耕作、施肥等活动，是导致耕地土壤生态平衡失调、环境质量变劣、再生能力衰退、生产力下降的主要原因。因此，防治土壤退化，首先要切实保护好对农业生产有着特殊重要性的耕地土壤。

土壤退化常常和土地退化（land degradation）被混为一谈，在许多情形下，把土壤退化简单地作为土地退化来讨论，反之亦然。应该看到，土地是土壤和环境的自然综合体，它更能强调土地属性，如地表形态（山地、丘陵等）、植被覆盖（林地、草地、荒漠等）、水文（河流、湖沼等）和土壤。而土壤是土地的主要自然属性，是土地中与植物生长密不可分的那部分自然条件。对于农业来说，土壤无疑是土地的核心。因此，土壤退化即在自然环境的基础上，因人类开发利用不当而加速土壤质量和生产力下降的现象和过程，这就是说，土壤退化现象仍然服从于成土因素理论。考察土壤退化一方面要考虑到自然因素的影响，另一方面要关注人类活动的干扰。土壤退化的标志是对农业而言的土壤肥力和生产力的下降及对环境来说的土壤质量的下降，土壤退化不但要注意量的变化（即土壤面积的变化），而且更要注意质的变化（肥力与质量问题）。

2. 土壤退化的含义

土壤退化主要表现是数量减少和质量降低。数量减少可以表现为表土丧失，或整个土体的毁失，或土地被非农业占用。质量降低表现在土壤物理、化学、生物等方面的质量下降。土壤退化是基于自然环境因人类不当的开发、利用而造成土壤质量和生产力下降的现象和过程。土壤质量是土壤众多理化属性和生物学性质及其形成过程的综合体现，所以在进行土壤质量评价时必须对土壤属性指标进行筛选。虽然不能直接测量土壤质量，但可以通过测量某些土壤性质（如有机质、全氮含量、pH）或用观察土壤条件（如土壤结构）的办法进行评估。我国土壤学家建立了一个系统的土壤质量评价方法，将土壤质量指数与土壤质量对外界因素变化的易感性结合起来评价土壤的质量状况。在土壤质量指数的确定过程中包含对土壤功能、性质及与土壤质量指标密切相关的一些条件的测定，所以在这一评价方法中的土壤质量指标是联系土壤质量指数和土壤性质的桥梁。由于土壤质量评价具有多目的性，而不同的目的决定着不同的土壤功能，从而需要建立相应的评价指标。

土壤退化是一个综合复杂、具有时间上的动态性和空间上的各异性以及高度非线性特征的过程。当前，不合理的人类活动及其他原因所造成的土壤退化问题，对世界农业发展的可持续性已构成了严重威胁。地球环境 – 农业生产 – 人类生存的紧密关系凸显了土壤作为农业基石的基础地位。从历史来看，全球农业是相对较近的人类文明革新，发生在距今 10—12 世纪。人类完成首次农业革命，用了不到 200 年的时间，这在人类历史长河中仅占 0.3% 的进程。过去千年以来，从农业社会分化出了高度复杂的城镇文明。在这个进程中，通过人类智慧及其创造技术的不断进步，高强度地利用了土壤和水资源，从而维持了农业和牧业，尽管它们只是少数几个物种的生物生产。农业塑造和维持了人们的社会和生活，但也造成了对土壤和水资源的破坏。认识、评估和管理农业对土壤自然资产的损失和生态系统服务功能的受损，即对土壤、环境和气候的足迹探究是探索可持续农业的科学任务，也是人类社会可持续发展的要求。人类生态系统覆盖着62%的地球陆地面积。直至目前，农业及其他人类活动已经遍及 7 000 多万 hm^2 的地球陆地，也就是说冰雪覆盖以外地球陆地面积的一多半已经为农业利用或为与农业有一定关联的产业所利用。耕作土壤而生产粮食的土壤面积已占地表面积的 24%，加上饲养牲口的管理草地已经占了地表的 40%，与目前的森林面积相比，相当于约占陆地面积的 13%，而森林和草灌覆盖占陆地面积的 37.5%。相比之下，城镇化占地已达全球陆地面积的 1%。在人类肆意开发和强度利用下，世界范围内广泛发生着各种类型的土壤退化，最主要和普遍的是森林和湿地（包括泥炭地）土壤退化、土壤酸化、土壤盐碱化、土壤旱化、土壤薄层化和土壤紧实化以及土壤生物退化（例如连作障碍）等，这不但改变甚至破坏了土壤的基本结构及物质基础，极大地削弱了土壤的碳氮水库和生物的自然资源库，而且使生态系统服务功能严重受损，全球土壤生产力和环境容量的可持续压力和风险与日俱增，关系到未来 90 亿人口的地球是否能可持续发展。

据统计，全球土壤退化面积达 1 965 万 km^2。从区域分布来看，非洲、亚洲的热带、亚热带地区的土壤退化尤为突出，重度退化土壤中约 36.7% 分布在亚洲，约 40% 分布在非洲地区；从退化等级来看，轻度退化仅占总退化面积的 38%，土壤退化以中度、强度和极强度退化为主。国际上，FAO 于 20 世纪 70 年代首次提出"土壤退化"概念并出版了《土地退化》专著，1990 年《土壤退化》著作问世（Lal *et al.*，1990）。1994 年在墨西哥召开的第 15 届国际土壤学大会上，土壤退化问题尤其是热带、亚热带地区的土壤退化状况成为关注焦点，备受重视。此外，在建立土壤退化数据库、动态监测土壤退化状况（包括定位连续观测和遥感动态监测）、演变退化系统和动态模拟及预测其时空分布、土壤退化的发生机制、土壤退化评价指标体系及反演模型、土壤退化的恢复重建等研究领域也取得了新的突破，土壤退化真正地得到了国内外学术界的广泛关注。土壤和土地资源质量退化，直接影响地球表面系统土壤的生产力及其稳定性、土地承载力，并引发全球变化，最终能从根本上动摇人类生存和发展的物质基础。我国土壤资源严重不足，而且由于某些不合理的利用，土壤退化严重。这些退化表现为物理、化学和生物学特性的退化。在国家尺度上，依据不同利用方式、土壤属性及不同的种植年限，确定了土壤质量评价的 MDS，包括有机质、pH、容重、全钾、速效钾、速效磷等指标（李桂林等，2007）。

土壤退化制约了土壤的生态系统服务功能和价值。在认识土壤退化的概念和类型时，有人将自然成土过程中的土壤退化现象和人为破坏活动引起的土壤退化混为一谈；有人则将引起土壤退化的因子和土壤退化本身混淆起来，在客观上对治理退化土壤和预防土壤退化带来不良的效果。为了确切区分不同性质的土壤退化，根据其成因，将之划分为受自然因素影响的土壤退化和受人为因素与自然因素双重影响的土壤退化两种类型（史德明等，1996）。土壤退化将导致土壤有机质减少，而有机质可改善土壤物理性状，进而控制土壤侵蚀。因此，土壤有机质含量是反映人类活动与土壤退化程度的重要指标，其主要影响因素为开垦年限、土壤侵蚀以及肥料的施用等。

二、土壤退化的类型及原因

从退化性质看，土壤退化可分为三大类，即物理退化、化学退化和生物退化，土壤荒漠化是土壤退化的终极形式；从退化程度看，土壤退化可分为轻度、中度、强度和极强度4类；从退化的表现形式上看，土壤退化可分为显型退化和隐型退化两大类型。

土壤退化的原因非常复杂，有些完全是由于人类不合理利用所引起的，而大部分是人类活动与自然条件综合作用的结果。就土壤退化类型来看，全球土壤物理退化（包括水蚀、风蚀、土壤压实、渍水、有机土下陷等）面积 $1.73 \times 10^7 \ km^2$，占退化总面积的87.84%，其中土壤侵蚀退化（水蚀、风蚀）占总退化面积的83.56%，其结果以表土丧失为主，这是造成土壤退化的最主要因素之一；全球土壤化学退化（包括土壤养分衰退、盐渍化、污染、酸化等）面积 $2.39 \times 10^6 \ km^2$，占退化总面积的12.16%；就退化程度来看，全球土壤退化以中度、强度和极强度退化为主，其中中度退化土壤占全球土壤退化总面积的46.00%、强度退化占15.00%，而轻度退化仅占38.00%。

1. 物理退化

物理退化是指土壤受到机械及其他作用而导致其结构和质地等物理性质方面发生变化的退化形式。我国土壤物理退化相当严重，据统计，1996年我国水土流失面积已达 $1.83 \times 10^6 \ km^2$，占国土总面积的19.00%，仅南方红黄壤地区土壤侵蚀面积就达 $6.15 \times 10^5 \ km^2$，占该区土地总面积的25.00%。我国南方山区（东南丘陵区、华南丘陵区、西南高原区、四川盆地区）地跨15个省区，其土壤物理退化（水分不调、粗骨化、黏化、土层浅薄化、障碍层等）面积 $2.24 \times 10^5 \ km^2$，占该区土地总面积（$2.18 \times 10^6 \ km^2$）的10.27%。以南方红壤为例，我国红壤水蚀面积近 $8.00 \times 10^4 \ km^2$（全国总面积为 $1.80 \times 10^6 \ km^2$），风蚀面积 $5.00 \times 10^4 \ km^2$（全国 $1.87 \times 10^6 \ km^2$）。

（1）侵蚀

土壤侵蚀是在人类活动影响下，由各种引力作用而引起的土壤物质移动，从而导致土壤退化过程，它是土壤物理退化的主要表现形式。在引起土壤退化诸多因素中，土壤侵蚀是最普遍和最重要的因素，它所引起的土壤退化面积最广、危害也最严重。全球约有84%的土壤退化与侵蚀有关，土壤侵蚀的发生是在外营力（风力、水力和重力等）的作用下，土壤被剥蚀、搬运和沉积而造成土壤各组分的重新分配和组合的过程。在自然状态下，土壤的形成和侵蚀基本处于平衡状态，但人类不合理的活动，打破了这种平衡，使土壤产生侵蚀。土壤侵蚀对土粒有选择作用：首先造成黏粒和粉粒的大量流失，剩下较大的颗粒水分容量差，比表面下降，养分流失加快，土壤物理性质恶化。土壤侵蚀分为水蚀和风蚀两种。早在1971年，联合国粮农组织在"世界土地退化问题的优先次序建议"中，将土壤侵蚀及其带来的淤积过程列为第一类的第一项。土壤侵蚀发生过程分为：①土壤薄层化过程。土壤是植物生长的介质，良好的土体构型可为植物提供适宜的生长环境，使其具有较好的保水保肥、耐旱耐涝、通气透水、导热性强等特性。当土壤遭受侵蚀时，土壤层不断变薄，土壤的水肥气热条件及调节功能也随之恶化和降低，影响到植物（或作物）根系的生长发育。在土壤薄层化过程中，由于逐次出露下部的土层（发生层），引起表层土壤物理、化学和生物性质的变化，直接导致土壤性质全面劣化。土壤薄层化使土壤数量不断减少、土壤质量日益变差。②土壤养分循环失衡。土壤侵蚀过程与成土过程是同时存在和同步发展的，二者相结合的复合过程，在很大程度上决定着土壤的类型及分布，同时也决定着土壤的形成速度和肥力水平。当成土作用造就的物质量大于侵蚀量时，可以形成"正常的"土壤发生剖面，促进土壤肥力不断提高。但当土壤侵蚀量大于成土作用形成的物质量时，就会使已形成的土壤层不断地被侵蚀，从而导致土壤的物质循环过程失衡——营养元素得不偿失。土壤侵蚀速度与成土速度的比值（A/T），是衡量土壤中物质循环盈亏情况的重要指标。表9-2是我国主要侵蚀类型区土壤侵蚀量与允许流失量的比值。从中可以看出，广大流失区的土壤物质循环均处于失衡状态。③土壤性质劣化和贫瘠化。土壤性质劣化主要指物理退化、化学退化和生物退化。物理退化包括土壤性质的不良变化，如容重增加、孔隙度减少、结构性变差、渗透性降低和坚实度增大等。随着侵蚀的加剧，土壤表层逐渐变薄甚至消失、淀积层出露地表，黏粒和铁铝氧化物含量增多，导致土壤坚实度和容重增大，土壤透气孔隙减少，使渗透性降低，有机质含量减少和结构变差，也给土壤的化学性质和生物性质的改变带来不利影响。土壤贫瘠化是侵蚀土壤退化最基本的特点之一。由于养分元素含量在土壤剖面中有由上而下递减的垂直分布特点，所以随着土壤退化程度加大，土壤中有机质、全氮、全磷含量均

表9-2　我国主要流失区土壤侵蚀量与允许流失量的比值

类型区	允许土壤流失量（T）（t/km² · a）	年均土壤侵蚀量（A）		A/T值
		侵蚀等级	（t/km² · a）	
黄土高原区	1 000	轻度	1 000~2 500	1.0
		中度	2 500~5 000	2.5~5.0
		强度	5 000~8 000	5.0~8.0
		极强	8 000~15 000	8.0~15.0
		剧烈	>15 000	>15.0
东北黑土区	200	轻度	200~2 500	1.0~12.5
		中度	2 500~5 000	12.5~25.0
		强度	5 000~8 000	25.0~40.0
		极强	8 000~15 000	40.0~75.0
		剧烈	>15 000	>75.0
西南土石山区、南方红壤丘陵区、北方土石山区	500	轻度	500~2 500	1.0~5.0
		中度	2 500~5 000	5.0~10.0
		强度	5 000~8 000	10.0~16.0
		极强	8 000~15 000	16.0~30.0
		剧烈	>15 000	>30.0

相应减少，土壤动物、土壤微生物以及它们的活性均随着土壤退化程度加大而相应降低。④土壤砂质化与逆向发育过程。土壤颗粒组成在土壤剖面中的垂直分异和土体中各颗粒组成的本底含量直接影响土壤砂质化的速度和强度。当地表径流带走土体中黏粒时，表土层砂粒和砾石量相对增多，土壤质地逐渐砂质化或砾质化。当退化程度加大，底部层次的出露使砂质化程度也相应增高。发育于花岗岩母质的红壤，砂质化速度快而且严重，这与花岗岩风化层特点有关。当土壤层和红土层被侵蚀后，下部质地较粗的砂土层或碎屑层出露地表，使侵蚀红壤处于剧烈退化阶段。砂质化直接导致石英砂粒在地表积聚，有的厚达 3～5 cm，形成白茫茫的"白沙岗群"。这些地段由于切沟和崩岗侵蚀切割地表，构成千沟万壑的"劣地"景观，土壤和土地资源被严重破坏。侵蚀土壤的退化过程，实际上是一个反成土作用的过程，对土壤发育产生重大影响，不仅全面破坏原有的土壤特性，而且毁坏整个土体，使地表物质返回到矿物质的原始状态，此称为逆向发育（regressive development）。如花岗岩母质发育的红壤，在侵蚀退化过程中，出现明显的逆向发育现象。由土壤微形态可以看出，轻度退化土壤在薄片中多见植物残片和少量菌核，矿物组成以石英为主，少量长石和云母已发生明显的铁质化和黏土化现象；强度退化土壤在微孔隙壁上可见由黏粒沉淀作用形成的胶膜，长石和云母也基本上全部蚀变；剧烈退化土壤中长石和云母刚开始蚀变，具有原生矿物特性而无明显的土壤发育特征。我国土壤水蚀主要在西北黄土和南方丘陵山区，其面积为 150 万 km^2，占全国土地面积 1/6，平均流失土壤达 50 亿 t，相当于每年毁坏 1 500 万亩土地。风蚀是与沙化过程相联系的，我国干旱半干旱地区，涉及 11 个省区，面积达 149 万 km^2，其中对农牧交错区有直接影响的风沙化面积达 33.4 万 km^2。

（2）荒漠化

荒漠化是指由于自然和人类活动的影响，出现植被减少，表土裸露等造成土壤生产力下降的土壤退化形式。荒漠化是严重的土壤退化形式，是生态系统退化的最终表现。荒漠化是人为引起土地退化的过程，其严重程度可以从轻微到极严重，其原因可以是侵蚀、盐渍化、有毒化合物的积累和植被退化，而与气候无关。荒漠化过程为植被退化、水蚀和风蚀加速、盐渍化和水渍化。这些过程主要影响干旱地区的三种重要的土地利用：灌溉农业、雨养农业（旱作农业）和牧场放牧。牧场荒漠化主要指过度放牧和砍伐植被引起的植被退化。沙漠化是荒漠化的一种，也称为沙质荒漠化，主要分布于气候干旱，地表疏松的沙质土壤地区。在干旱地区，沙漠化的发展大多导致荒漠化的形成。沙漠化发生地区降雨量少而蒸发量大，常年干旱，生态环境脆弱，很容易形成退化，人为活动使这些地方风沙活动增强，进而形成沙漠化。

（3）紧实与硬化

紧实与硬化，是土壤在机械耕作及侵蚀的影响下，结构变坏、孔隙降低的过程。例如我国太湖地区曾推行三熟制，这几乎使 80% 的水稻土出现紧实和黏闭现象；东北黑土，在大型机耕下出现压实现象；热带、亚热带地区的红壤，在不良耕作与侵蚀的影响下，出现脱硅与铁结合化等。

2. 化学退化

土壤化学退化主要表现为土壤元素失衡及盐化、碱化、次生盐渍化和污染等，其实质是土壤中化学组分的失衡，在我国主要变现为"北碱南酸"。土壤肥力是由几十种元素和几百种化合物综合体现的，这些物质含量比例合理时，土壤就表现出良好的生产力和调节能力，当其中某些重要的元素不足和过多时，就发生退化。

（1）次生盐碱化

盐碱化是盐渍化（salinization）与碱化（basification）的合称，盐土的形成是可溶盐类在土壤表层中的重新分布，当盐土脱盐碱化就生成碱土，碱土的pH比盐土高，主要分布在干旱的发展中国家。土壤盐渍化是自然或人类活动引起的一种主要的环境风险，全球大约有8.31亿 hm^2 的土壤受到盐渍化的威胁，面积相当于委内瑞拉国土面积的10倍，法国的20倍。而次生盐渍化的面积大约为7 700万 hm^2，其中58%发生在灌溉农业区，接近20%的灌溉土壤受到盐渍化的威胁。次生盐碱化是指过多的可溶性盐类在土体上层或表层的积累过程中引起养分失衡而产生的退化。这一退化形式多见于干旱的新辟灌区、海滨地区。在内陆干旱地区，成土母质中的水溶性盐分随水迁移到排水不畅的低洼草地。在蒸发作用下随水上升，夏季降水较多时又随下渗水流向下淋洗。土体中水溶性盐分的积累强度和分布状况主要受上下水流相对运动的影响。土壤碱化是指超过一定数量的钠离子借盐基交换作用进入土壤吸收性复合体的过程。随着人类活动的增强，植被退化程度加重，不但使土壤盐化过程加剧，同时土壤溶液中钠离子浓度的增加，使其代换能力大大提高。钠离子进入土壤复合胶体表面的概率增多，土壤碱化过程加重。

（2）污染

由于土壤处于特殊的位置，很容易被污染。人类产生的污染物，如果不经过特殊处理，最终几乎都会进入土壤中，当土壤中的某一物质达到一定浓度后，超过土壤的自净能力，就产生了污染，土壤质量随之下降。目前，土壤污染物比较严重的有铅、汞和镉等重金属污染物和农药污染物。

（3）酸化

土壤对酸化（acidification）有一定的缓冲能力，只有外界干扰超过这一界限时，才会发生酸化。当土壤发生酸化时，土壤中的铝活化，形成 Al^{3+} 等有毒物质，同时作为植物养分的几种重要物质转变为难吸收的形态，交换性盐基离子流失，土壤的生产力无法发挥，产生退化。土壤酸化主要出现在亚洲地区。

3. 生物退化

土壤生物退化主要是有机质含量减少及土壤动物区系破坏的过程，主要表现在土壤中动物、微生物及地表植物多样性的减少。生物是土壤形成的要素之一，当生物的多样性减少时，土壤就很难发育成熟，还会引起土壤有机质的减少和土壤结构的破坏等。我国沼泽化黑土，在只用不养情况下耕垦10年后，土壤有机质含量减少31%，耕垦50年后减少55%。土壤动物区系的退化，热带地区比温带地区明显。当森林或草原开发成耕地时，不仅地表群落，那些与植物共生的微生物和土壤动物也被殃及。另外，单一的耕作制度也使得只有很少的微生物幸存。在发生污染和酸化的土壤里，强大的选择压力（selection pressure）更是淘汰了绝大多数的原生物种，土壤的生态系统遭到严重破坏。

第三节　土壤污染及其治理

一、土壤污染概念及判定依据

土壤作为生态系统中的基础因素，是一切行为开展所不可或缺的条件，土壤环境是否健康直接关乎国计民生。但是，人类社会的不合理活动却会导致土壤的污染。2018 年 8 月 31 日通过的《土壤污染防治法》第二条这样界定，"土壤污染是指因人为因素导致某种物质进入陆地表层土壤，引起土壤化学、物理、生物等方面特性的改变，影响土壤功能和有效利用，危害公众健康或者破坏生态环境的现象"。不合理的人类活动导致有害物质进入土壤，当有害物质经过长期积累达到一定程度，超出土壤自身承载能力及净化能力后，就会导致土壤质量及性质状态发生变化，并通过水、农作物等的传递危害到人类健康及生态环境。

土壤污染具有以下性质：①土壤污染具有隐蔽性，有毒物质进入土壤，经过层层不断渗透沉积，仅仅通过土壤的表面特征无法感知土壤状态。对于受到污染的土壤，人们很难发现污染物的存在，只有通过特殊的技术对土壤进行取样化验，观察土壤周围生态环境以及分析人体因其所受影响来判断。②受制于土壤污染的隐蔽特征，污染土壤带来的危害常常呈现出滞后现象。因其污染难以发觉，加上对土壤污染疏于防范和治理，在土壤污染造成实质损害之前，人们对其感知仍处于真空状态，所以从初始污染发生到损害结果出现往往相距漫长的时间间隔，这也就是生态效应的滞后性。例如，震惊全球的 20 世纪十大公害事件之一——"富山骨痛病事件"，1931 年骨痛病就已经在当地出现，当时并未发现引发该病的原因，直至 60 年代，经过医学与分析化学的长期研究才得出土壤中重金属镉超标才是根源所在，而此时距日本当地开始冶炼排放重金属已过去半个世纪。此外，由于土壤污染成因的特殊性，常常出现一地制造污染而异地出现污染损害，因此损害事实的发生常常滞后于土壤污染的产生。③土壤污染具有持久性。土壤污染物的稀释只能通过土壤间隙扩散，相比于水和大气，土壤的自身净化能力要薄弱许多，相反，污染物对固体的附着能力强于其他介质，以及有机物的螯合作用，土壤中污染物的堆积数量和速度强于水与大气。例如，某省某农业产区，一次误将农药当做化肥撒入稻田，十多年过后其有毒物质含量仍居高不下，以至于该地区作物产量持续数年下降。④土壤污染治理具有复杂性。但对于土壤治理，因其污染的持久性与顽固性，土壤自身净化能力远不及水体、大气的十之一二，但危害后果却又远超普通环境污染，因此，解决土壤污染问题，进行有效治理更为复杂与困难。

二、土壤污染的类型、特点及其驱动力

1. 工业生产对土壤的污染

工业污染物对土壤的污染主要是通过工业生产排放的废气、废水、废渣、烟气、粉尘等形成的，其中对土壤生物影响最大的主要是重金属。由于盲目认为土壤是一种良好的污水污泥储纳处理系统而不考虑土壤生态的承载自净能力，人们曾长期进行污水灌溉和把工厂污泥当肥料施用，造成土壤中重金属污染日益严重。随着社会的发展，民众的食品消费观念已发生根本转变，即从吃饱转变成吃好。我国土壤重金属污染情况较突出，据国土资源部调查结果显示：我国适宜农业种植的一、二类土壤占87.9%，存在潜在生态风险的占12.1%，其中属中度、重度污染的土壤约占3.0%，污染突出的重金属为 Cd、Ni、As、Cu、Hg 等。农田是食品安全源头的首个环节，化肥、农药的科学使用及农田污染防治需大力关注。2010 年中国食品工业产值 63 079.8 亿元（约合 9 400 亿美元），超过美国 2010 年食品工业产值（8 019 亿美元），已成为全球第一大食品工业国，约占世界总产量的 20%；多种大宗食品生产量居世界各国前列，其中，粮食、肉类、禽蛋、水产品产量居首位，奶类产品产量居全球第三（表9-3）。国家粮食局 2011 年对收获稻谷、小麦、玉米的 30 个省（自治区、直辖市）1 200 个县采样 6 123 份，重金属超标率 9.23%，其中 As 3.72%，Hg 0.13%，Pb 1.4%，Cd 4.41%；粮食品种稻谷 15.4%，小麦 2.18%，玉米 0.0%。重金属超标区域多集中在南方、西南诸省区，这与土壤重金属污染较重的区域是一致的。

表9-3　2010 年中国粮食及食用农产品的产量

产品	总产量 / 万吨	世界地位	1978 年人均占有量 /kg	2010 年人均占有量 /kg
粮食	54 647.7	第一	319	409
肉类	7 025.8	第一	8.9	59
禽蛋	2 762.7	第一	2.4	22
奶类	3 748.0	第三	1.0	26.7
水产品	5 373.0	第一	4.8	40.2

土壤环境中的重金属主要是人类生活及工农业生产活动过程中将其带到土壤环境中，其来源主要有：①污水灌溉，部分工业企业在生产过程中产生含有重金属的污水，进入土壤后造成土壤环境中重金属含量的累积，对土壤环境产生一定的污染与危害，如采矿活动、化石燃料燃烧、冶炼以及使用重金属的工业企业，特别是涉及有色金属矿产资源开发利用、工业生产等相关企业。②化肥及农药的使用也是土壤中重金属的主要来源，如磷矿石为磷肥生产的主要原料，而磷矿石中含有较高的镉，同时含有一定量的 As、Pb、Cr、Cd、Zn 等重金属元素，农业生产中长期使用磷肥则会导致土壤环境中 Cd 的累积。③固体废弃物的堆放或再利用。④大气沉降。工业生产过程中及交通工具所产生的尾气中的污染物通过大气干、湿沉降进入土壤。农用土壤中重金属含量统计表见表 9-4。

表 9-4　不同地区农用土壤中重金属平均含量（mg/kg）

	Cr	Cd	Pb	Hg	As	Zn	Ni	Cu	Sb
株洲市天元区	70.7	4.13	111	0.17	20.4	275	—	—	—
株洲市芦淞区	135	2.07	103	0.12	16.7	256	—	—	—
株洲市荷塘区	76.9	2.61	121	0.17	23.5	278	—	—	—
株洲市石峰区	67.4	10.5	302	0.22	36.7	847	—	—	—
湖北	52.12	81.34	303.69	—	—	403.2			
西华	123.7	4.22	42.84	—	—	107.3			
山东	33.6	0.116	16.3	0.038	8.36	54.3		—	
名山河小流域	—	0.3	7.75			73.2		13.04	
丹江口	46.1	1.03	27.2	—	12.44	72.82		39.2	
川中丘陵	78.49	0.43	29.9	0.058	5.451	110	46.02	34.08	—
太湖	71.87	5.42	272.55	0.2	24.52	204.2	32.77	34.83	1.08
北京东南郊	—	0.18	23.44	0.22	—	—	—	—	
崇明	64.9	0.176	21.6	0.128	9.21				

2. 农用化学品对土壤的污染

农用化学品（如农药、化肥、兽药、除草剂、地膜等）的广泛使用是土壤污染日益严重的重要因素。农药在第二次世界大战后被大量应用于作物病虫害的防治，对农产品的产量提高做出了巨大贡献，拯救了成千上万人的生命。而有机氯农药（OCPs）作为人类最早合成的一类氯代芳香烃衍生物的有机化学农药，自问世以来便被作为广谱杀虫剂在全球范围内广泛使用，对粮食作物的增产具有重要意义。有机氯农药作为持久性有机污染物，在 2001 年出台的《关于持久性有机污染物的斯德哥尔摩公约》中列出滴滴涕、六氯苯、灭蚁灵等九种有机氯农药，在 2009 年新增加了九种持久性有机污染物，其中包括六六六。滴滴涕（DDT）分子式为 $C_{14}H_9C_{15}$，为白色颗粒或黄色片状固体，无味，不溶于水，但易溶于苯、氯苯、甲苯、氯仿、乙醇等多种有机溶剂，化学性质稳定，常温下不分解，主要用于棉花病虫害的防治。六六六（HCH）化学式为 C_6HC_{16}，又称六氯环己烷，霉臭味灰白色或褐色晶体粉末，是一种杀虫谱广、杀虫能力强、具有胃毒触杀及微弱的熏蒸活性的有机氯杀虫剂。这两种有机氯农药的使用量占有农药总使用量的 50.60%。我国历史上使用的 DDT 超过 50 万 t，HCH 的生产量达 490 万 t，占世界总产量的 33%；且我国对 HCH 和 DDT 的使用量仅次于美国，位居世界第二。由于长期的大量使用，到 20 世纪 60 年代，有机氯农药在环境中的高残留、高富集以及对生物体毒性强等危害特性才被人们发现，于是各国相继禁止有机氯农药六六六、滴滴涕在农业生产上的使用，中国于 1983 年也正式禁止了 DDT 和 HCH 在农业生产上的使用。

土壤环境是农药的储藏库，其中人类农药使用量的 80% 最后都会进入土壤环境中，农药进入土壤环境后的环境行为主要有以下几种：①被土壤胶粒及有机质吸附到土壤孔隙中，由于土壤颗粒、团聚体具有极强的吸附性能，致使进入土壤中农药被大量吸附于土壤颗粒中，结合后长时间地残留、储存在土壤环境中。②随雨水或地表水径流向深层土壤淋溶。③扩散和挥发到大气中。④在土壤内部或表层发生光化学降解或微生物降解。⑤被作物吸收。通过作物的累积及食物链的富集作用，对人类健康产生威胁。虽然六六六和滴滴涕已经停用多年，但六六六和滴滴涕均属于持久性有机污染物，具有高残留、高毒性、生物富集性等特点，且对生物体的危害和对土壤生态系统结构及功能的影响不容易恢复，治理周期也相对较长，依然对人类的生产和生活造成威胁。通过文献统计，全国各地区土壤中有机氯农药含量情况如表 9-5 所示。

表 9-5　不同区域内土壤中六六六、滴滴涕调查汇总

地区	六六六 / (μg·kg⁻¹)		滴滴涕 / (μg·kg⁻¹)	
	范围	检出率	范围	检出率
黄渤海	0.53～13.94	100%	ND～126.37	100%
四川	ND～57.0	7.4%	ND～11	10%
慈溪	0.1～14.6	100%	ND～1106.6	97.9%
银川	14.56～29.43	100%	12.82～47.36	100%
北京	0.31～74.22	100%	0.284～1068.43	100%
广州	ND～17.96	100%	ND～292.4	88.90%
武汉	0.2～5.48	95.80%	ND～327.87	92.40%
福州	0.58～66.9	—	ND～6.53	—
沈阳	ND～37.3	100%	0.78～110.0	100%
武威	ND～0.62	76.2%	ND	85.70%
珠江三角洲	5.66～22.87	72.70%	1.51～11.7	0

注：ND 代表未检出。

三、土壤中主要污染物及其危害

当土壤中重金属含量累积到一定浓度时便会对作物的生长发育、生理过程等产生影响，并危及人类健康。如 Pb 进入植物体内可以使植物改变细胞膜渗透性，改变线粒体、叶绿体等器官结构，进而丧失部分功能，并且 Pb 通过影响植物体内某些酶的分泌，导致其光合作用、呼吸作用、氮代谢等一系列生理生化过程紊乱；Pb 进入人体后则会对人体机体造血、中枢神经、外部神经及泌尿等生理系统造成影响（宇妍，2013）。Cd 对植物的影响只表现在对钾元素运移能力的影响，进而导致植株体一系列的病理变化；Cd 通过呼吸与消化系统进入人体后影响机体各大系统的稳定，且 Cd 具有致畸、致癌、致突变的作用进而引起肌肉疼痛及各种不适症状，并影响部分基因、蛋白质的表达。Ni 是植物体内腺酶的组成成分，与氮代谢关系密切，因此微量的 Ni 对植物生长有促进作用，但 Ni 浓度过高时作物则表现出根系生长受阻，植株矮小，叶片卷曲，严重者呈斑点状坏死，细胞硬化等中毒现象；而 Ni 对人体危害则在于其对肿瘤生长的促进作用。低浓度 As 对作物生长有促进作用，但超过一定浓度时便会与蛋白酶中的巯基、

蛋白质中胱氨酸产生极强的亲和力，并替代 DNA 中磷酸基团，进而影响作物对水分、养分的吸收；无机 As 进入人体后形成有机 As，破坏人体 DNA 结构，诱发癌症，并引起多种器官组织和功能上的变异（陈向红等，2009）。Cd 对作物的危害主要表现在对营养元素吸收运输的干扰；而对人体的危害主要表现在对机体内氧化还原等过程的影响，干扰酶分泌系统，导致蛋白质变性等一系列问题。

有机氯农药被称为环境内分泌干扰物，能干扰人体内分泌系统，影响体内正常激素的合成、释放、运输、代谢和结合等过程，被认为是许多内分泌系统相关疾病如乳腺癌、婴幼儿生长发育障碍、糖尿病等疾病的危险因素。有机氯农药虽然为外源性污染物，但是其与内源性雌激素在结构上相似，进而与下丘脑、垂体、子宫等组织中雌激素受体结合，干扰内源性雌激素的结合，造成"雌性化"现象。有机氯农药的慢性中毒症状主要表现为头痛、头晕、肌肉无力、食欲不振，或伴随上腹及右肋部疼痛、疲乏、失眠、视力及语言障碍、震颤、贫血、四肢深反射减弱，并会损害肝肾、皮肤，会造成心脏窦性心动过缓、心律不齐和心音弱及心肌受损等严重后果。此外，滴滴涕还具有潜在的基因毒性、致癌性，对生物的神经系统、生殖系统、免疫系统均会产生影响，已有研究表明，滴滴涕会增加患子宫癌的危险，高浓度的滴滴涕还能导致睾丸癌。

四、土壤污染对社会发展的制约

当农作物生长在污染土壤环境中，有害物质通过"土壤－植物－人体"，间接被人体吸收，对健康产生不同程度的影响。我国土壤重金属的污染分布特点为中小城市低于大城市，非工业城市小于工业城市，长江以北城市小于长江以南，快速发展的二线城市土壤污染程度高于一线城市。2014 年环保部和国土资源部发布《全国土壤污染状况调查公报》，文中指出我国土壤污染以无机型为主。在我国土壤重金属污染中 Cd 污染是最普遍的，污染土地面积达 $1.3 \times 10^4 \, hm^2$，分布在全国的 11 个省（自治区、直辖市）。受到 Hg 污染的耕地面积为 $3.2 \times 10^4 \, hm^2$，分布在 15 个省（自治区、直辖市），农田里得到的粮食和蔬菜等农作物中不同程度出现 As、Pb、Cd、Cr、Cu 和 Zn 等重金属超标现象。每年由于重金属污染导致粮食减产超过 1 000 万 t，约有 1 200 万 t 的粮食中重金属超标，经济损失达到 200 亿元。

全国大约 10% 的粮食、24% 的农畜产品和 48% 的蔬菜存在质量安全问题；污染环境养殖的母鸡，在其鸡蛋中可以检测出铅、汞、铊、二氧（杂）芑和 DDT 等污染物。植物根系分泌物可以活化或有效化存在于土壤中的惰性污染物，使作物吸收大量的污染物。由于重金属在环境中移动性差，不能或不易被生物体分解转化，只能沿食物链逐级传递，在生物体内浓缩放大，当累积到较高含量时，就会对生物体产生毒性效应。2000 年监测表明，我国有 7 个城市农产品重金属污染超标率达 30% 以上，全国 $3.0 \times 10^5 \, hm^2$ 基本农田保护区粮食抽样重金属超标率大于 10%。土壤中农药可造成农产品中硝酸盐、亚硝酸盐、重金属及其他有毒物质大量积累于农产品中，危害时间长。中国有机氯农药禁用约 20 年后，在各种农产品中仍有残留，2000 年国家监测表明，蔬菜中农药污染超标率高达 31.1%，2001 年第 3 季度蔬菜中农药残留超标率达 47.5%，并有逐年加重之趋势。

农药污染对人畜禽具有潜在的威胁。

五、解决土壤污染问题的措施

美国环保局（EPA）将土壤自然消减能力定义为，在没有人类干扰的情况下，土壤中污染物的总量、浓度和体积减小，污染物的毒性降低，迁移能力削弱的一系列物理、化学和生物过程，是土壤重要的生态系统服务功能。土壤自然消减能力与土壤复杂的生态过程密切相关，不同的土壤因子对土壤净化功能发挥着不同的作用。例如，土壤有机质可以通过固定重金属离子，显著降低土壤重金属有效性；土壤微生物能够将土壤中有机污染物吸收、转化并降解为其他无害的物质。因此，土壤对污染物的净化功能与土壤自身的物理、化学和生物特征之间的相互作用密切相关。通过土壤理化指标对土壤净化功能进行定量评价，是当前城市土壤净化功能研究的热点。但是，通过自然之力恢复土壤的时间较为漫长，加之我国耕地资源宝贵，所以目前采取物理修复、化学修复、生物修复、综合修复等手段。

物理修复主要途径就是土壤置换。土壤置换是指用非污染土壤替代或部分替代污染土壤，目的是稀释土壤中的重金属含量，增加土壤环境容量，从而达到修复土壤的目的，该方法适用于面积小的污染土壤。此外，被更换后的土壤应进行有效的处理，否则会导致第二次污染。土壤置换还可以通过铲土和新土壤导入来进行。在铲土过程中，通过深挖污染部位，将污染物扩散到深部部位，达到稀释和自然降解的目的。新土壤导入是在污染土壤中添加洁净土壤，增加的土壤覆盖在表层或与原来的土壤混合使金属浓度降低。土壤置换可以有效地隔离土壤和生态系统，从而降低对环境的影响。低碱度湿土条件下采用玻璃化方法进行修复。玻璃化是一种利用热量将污染土壤转化为玻璃状固体的热修复技术，它能在原子水平上把各种各样的有毒物质结合成玻璃基质，而且通常能显著减少废物量。该技术自 1980 年以来一直在开发和测试中。玻璃化可以应用于大多数被重金属污染的土壤，主要有 3 种类型：电气玻璃化、热玻璃化和等离子玻璃化。利用微波能量对土壤中有毒金属离子污染进行原位修复，在部分土壤被玻璃化的过程中，用 35% 的热（70℃）硝酸萃取 4.5 h，结果表明：Cd、Mn、Cr 可被完全固定，使其几乎可以释放，然后要么就地销毁，要么挥发并被截留。该技术可用于小型重金属污染场地的修复，在野外条件下或大规模使用时，这种技术可能非常昂贵。总的来说，玻璃化是不稳定的，经过处理的土壤不再能够支持农业用途。电动修复是一种新型且经济有效的土壤重金属修复方法。当插在地下的电极施加低密度直流电时，受污染土壤溶液相中的阳离子在电场的引力作用下迁移到阴极，而阴离子则迁移到阳极，然后通过电镀、沉淀、溶液抽吸或离子交换树脂络合等多种物理化学方法去除聚积在电极上的金属污染物。

化学修复的主要途径就是化学固定。化学固定是在污染土壤中加入试剂或材料，与重金属结合形成不溶性或难以移动的低毒性物质，从而减少重金属向水、植物等环境介质的迁移，实现土壤的修复。该领域最常用的改性剂包括黏土矿物、磷酸盐化合物、石灰材料、有机堆肥、金属氧化物和生物炭等。在过去的十年中，磷酸盐化合物在固定重金属方面的大规模应用获得了越来越大的发展势头。Qayyum 等（2017）报道，在 Cd 污染的田间施用磷酸铵和石膏显著增强了土壤中 Cd 的固定化作用，降低了土壤中 Cd 的生物利用度，提高了小麦的生长和产量，降低了秸秆和谷物中 Cd 的积累。化学固定是一种有效的、经济的方法，既适合原位修复又适合非原位修复的土壤修复技术。化学淋洗是指利用多种试剂或萃取剂从土壤基质中浸出重金属的过程。通常，受污染的土壤会被挖出来，并根据金属和土壤的类型与合适的萃取剂溶液混合一定时间。萃取剂可以通过沉淀、离子交换、螯合或吸附，将土壤中的重金属转移到液相中，然后从渗滤液中分离出来。化学淋洗具有效益快、选择性高、操作灵活、修复性能稳定、提取试剂方便等优点。然而，处理后的土壤由于理化性质的改变，养分和土壤有机质的流失，可能不适合植被恢复；再者，经处理的土壤中含有化学制剂，可能会造成潜在的不良影响；同时，天然萃取剂的获取途径较少，高效萃取剂的价格难以承受，因此，开发低成本和绿色冲洗萃取剂将有助于解决这些问题。

生物修复是修复和重建受污染土壤自然条件的最环保措施之一。它利用自然或基因工程的微生物或植物，从土壤中去除重金属，改善土壤质量和恢复土壤功能。虽然它可能需要很长的修复时间，但通常是相当经济有效和非侵入性的，并可用于增强自然衰减过程。利用特定的植物修复或吸附污染物，去除土壤中的污染物或减少其对环境的影响，从而修复和恢复受污染土壤。一般包括植物稳定、植物挥发和植物吸取三种主要类型。例如，对于富 Cd 土壤一般采用植物吸取。植物吸取又称植物积累、植物吸收或植物平衡，利用植物对重金属的耐受性和富集能力进行吸附，然后转移、贮存在地上部分。植物吸取可成功将污染土壤净化到符合环境法规的水平，其成本低于使用其他可选技术或不采取行动的成本。然而，植物吸取适用于低中度金属污染的场所，因为大多数植物物种无法在严重污染的土壤中生长。微生物修复是一种从污染地区去除和回收重金属离子的创新技术，包括利用活生物体、藻类、细菌、真菌的活性，将重金属污染物减少或回收成危害较小的形式。微生物不能降解和破坏重金属，但可以通过改变重金属的理化性质来影响重金属的迁移和转化。修复机制包括细胞外络合、沉淀、氧化还原反应和细胞内积累。例如，从枝菌根真菌的根外菌丝能将 Cd 从土壤中转移到植物体内，但真菌的固定化限制了 Cd 从真菌向植物的转移。典型的微生物修复技术包括生物吸附、生物沉淀、生物浸出、生物转化和生物挥发，其中以生物浸出最具有一定的应用潜力。微生物修复被认为是一种安全、简便、有效的技术，具有能耗低、运行成本低、无环境和健康危害、可回收重金属等优点。然而，微生物修复容易受到温度、氧气、水分、pH 等因素的影响，如一些微生物只能降解特殊的污染物，微生物或酵素可能引起第二次污染等。

综合修复可能比单独的方法效果更好。最常用的综合修复方案包括综合生物修复、物理化学综合修复以及物理、化学和生物综合修复。植物对重金属吸取通常受到低金属利用率、吸收和易位以及生物量的限制。与螯合剂辅助植物吸取一样，动物辅助微生物提取重金属也是一种很有前景的污染土壤修复方法。例如，李明等（2018）在淋洗修复的基础上加入 3% 玉米秸秆炭稳定化 15 天后，发现土壤中有效态 Cd 含量从 8.13 mg/kg 下降到 0.42 mg/kg。

思考与讨论

1. 结合当今社会发展趋势，谈谈未来土壤污染治理主要集中在哪些方面。

2. 在全球气候变化的背景下，论述土壤退化与气候变化的关系。

3. 结合生态学原理，如何确定土壤生态系统净化的阈值？

4. 结合我国土壤重金属污染现状，查阅相关资料论述土壤重金属修复方法优点及其可能产生的环境风险。

第十章
我国生态环境建设理论与实践

生态文明制度是生态文明建设的制度基础。我国关于生态环境建设理论的探索历史悠久，已初步形成正式环境制度和非正式环境制度。正式环境制度以管制为主体，包括法律、规则和管制，是管制性制度环境；非正式环境制度指以规范和认知为主体，包括文化、道德和规范，是规范性和认知性的制度环境。二者的有效结合是确保我国走生态良好道路、建设美丽中国的重要基础。在制度体系的保障下，我国实施了系列生态环境工程，对经济、政治、文化、社会、生态发挥了不可磨灭的作用，也产生了巨大的生态效益、经济效益和社会效益。

第一节　我国生态环境建设理论

一、正式环境制度

我国正式环境制度的起源要追溯到 20 世纪 70 年代。从广义上来讲，环境制度包括正式的制度背景、国家政治体制和政府政策等政府层面的内容和非正式的制度背景。从狭义上来讲，环境制度主要包括正式的制度背景、国家政治体制和政府政策等政府层面的内容。国务院于 1973 年成立了环保领导小组及其办公室，在全国开始"三废"治理和环保教育，这是我国环境保护工作的开始。1983 年，国家提出环境保护是基本国策，正式确立了环境保护在经济和社会发展中的重要地位。经过 40 多年的发展，我国的环境制度已形成一个较为完整的体系，推动着环境保护从认识到实践变化与发展。

1. "五位一体"总体布局

1982 年 9 月，党的十二大报告提出两个文明建设一起抓，即物质文明建设和精神文明建设一起抓。2002 年 11 月，党的十六大报告提出"三位一体"布局，即物质文明建设、精神文明建设、政治文明建设"三位一体"。2007 年 10 月，党的十七大提出"四位一体"布局，即经济建设、政治建设、文化建设与社会建设"四位一体"。2012 年 11 月，党的十八大报告提出"五位一体"总体布局，即经济建设、政治建设、文化建设、社会建设与生态文明建设"五位一体"。

"五位一体"总体布局，把生态文明建设融入经济建设、政治建设、文化建设和社会建设的各方面和各过程，是更好地推进社会全面进步、人的全面发展的任务书，是总揽国内外大局，贯彻落实科学发展观的一个新部署。

2017年10月，党的十九大，从经济、政治、文化、社会和生态文明五个方面，制定了全面推进"五位一体"总体布局的战略目标，并作出了战略性部署。首先，落实"五位一体"总体布局，以习近平新时代中国特色社会主义思想为指导，并将其落实到部署的各环节和过程，使之成为推进新时代中国特色社会主义建设，实现"两个一百年奋斗目标"和"中国梦"的伟大思想武器。其次，落实"五位一体"总体布局，要在具体实践中加以落实。在经济建设方面，以供给侧结构性改革为主线，推进我国经济发展的效率变革、动力变革和质量变革，发展和解放生产力；在政治建设方面，坚持人民当家做主，巩固民族团结和谐的局面；在文化建设方面，要坚持社会主义核心价值体系，不断增强文化软实力、创新力和凝聚力；在社会建设方面，在发展中要保障和改善民生，促进人的全面发展；在生态文明建设方面，要坚持绿色发展，顺应自然、尊重自然、保护自然。

2. 主体功能区战略规划

自新中国成立，特别是改革开放以来，我国区域经济取得了较大发展，但同时也暴露了一些矛盾和问题。其中，最突出的问题是空间开发失序，资源要素的空间配置效率较低，生态环境遭到破坏。

2006年3月，第十届全国人民代表大会第四次会议通过了《中华人民共和国国民经济和社会发展第十一个五年规划纲要》，首次提出推进形成主体功能区，主要描述了：①优化开发区域的发展方向。②重点开发区域的发展方向。③限制开发区域的发展方向。④禁止开发区域的发展方向。⑤实行分类管理的区域政策。

2010年6月，国务院颁布了《全国主体功能区规划》，推进了主体规划区建设。《全国主体功能区规划》对我国国土进行了重新勾勒，根据不同区域的资源环境承受能力、人口分布、经济增长、工业化和城市化水平，将国土空间划分为优化开发、重点开发、限制开发和禁止开发四类。

2011年3月，第十一届全国人民代表大会第四次会议通过了《中华人民共和国国民经济和社会发展第十二个五年规划纲要》，提出了实施主体功能区战略，继续推进主体功能区建设，主要描述了：①优化国土空间开发格局。②实施分类管理的区域政策。③实行各有侧重的绩效评价。④建立健全衔接协调机制。

3. 生态文明体系建设

面对我国资源约束越来越紧、环境污染问题越来越严重、生态系统日趋退化的严峻形势，党的十八大把生态文明建设纳入中国特色社会主义事业总体布局。生态文明建设就是把可持续发展提升到绿色发展层面，为后人留下更多可以利用的生态资源，要求我们必须树立尊重自然、顺应自然、保护自然的生态文明理念，坚持走可持续发展道路。2018年5月，习近平总书记在全国生态环境保护大会的讲话中指出生态文明建设包括五个方面：生态文化体系、生态经济体系、目标责任体系、生态文明制度体系和生态安全体系。其中，生态文化体系是基础，生态经济体系是关键，目标责任体系是抓手，生态文明制度体系是保障，生态安全体系是底线。这五大生态体系，系统界定了生态文明体系的基本框架，指出了构建生态文明体系的思想保证、物质基础、制度保障以及责任和底线。同时，加快实施主体功能区战略是生态文明建设的重要支撑，而生态文明建设又是统筹推进"五位一体"总体布局的重要内容。

（1）生态文化体系。生态文化是人与自然和谐共处、协调发展的文化，包含生态伦理、生态精神、生态价值观、生态制度等内容。生态文化体系以生态价值观念为准则。坚持尊重自然、顺应自然、保护自然，坚持绿色发展，促进人与自然和谐共处以及可持续发展。构建生态文化体系，第一，坚持习近平生态文明思想、人与自然和谐共生、绿水青山就是青山银山等理念。第二，构建人与自然和谐的物质生态文化。第三，树立大力弘扬人文精神的生态伦理观。第四，建立健全生态制度机制，倡导绿色消费。

（2）生态经济体系。生态经济就是低碳经济、绿色经济、循环经济、环保经济，即以保护环境、尊重自然、顺应自然、促进资源循环利用为基本特征，促进人与自然协调发展，实现可持续发展的文化。生态经济体系以产业生态化和生态产业化为主体，促进经济绿色发展和人与自然友好相处，研究生态系统和经济系统相结合的复合系统的运动规律。构建生态经济体系包括：第一，促进生态与产业的结合。第二，促进绿色牵引与创新驱动相结合。第三，推动发挥优势与彰显特色结合。第四，"有形的手"与"无形的手"结合，推动体制机制创新。

（3）目标责任体系。目标责任体系指以生态文明建设为目标，对政府部门相关主体明确权责配置并实行问责的体制机制。目标责任体系以改善生态环境质量为核心，明确目标责任，以坚决打赢蓝天白云保卫战、明显改善空气质量为重点，强化联防联控，基本消除重污染天气。建立科学合理的目标责任考核评价体系，考核结果要作为领导干部提拔和奖惩的重要依据，要真追债、敢追债、严追债，确保各攻坚战的各项数据都是真实可靠的，以实际成效取信于民。

（4）生态文明制度体系。生态文明制度指在面对资源约束越来越紧、环境污染日趋严重、生态系统退化的趋势下，保护生态环境所需要依靠的制度。生态文明制度以治理体系和治理能力现代化为保障，根据"源头严防、过程严管、后果严惩"的思路，从源头、过程、后果的全过程，用最严格的制度和最严密的法治保护生态环境，加快制度创新，加强制度落实，补齐制度短板，为生态文明建设夯实保障。

（5）生态安全体系。狭义的生态安全指生态系统的安全，包括自然生态系统、人工生态系统、生物链的安全。生态安全体系以生态系统良性循环和环境风险的有效防范为重点，构建全过程、多层次的生态环境风险防范体系。建设和维护生态安全体系，需要建立健全生态环境的法律法规体系和保护制度，加强舆论宣传和环境伦理教育，切实落实绿色发展理念，坚持绿色发展，倡导绿色消费观，培养公民的生态道德责任感，推动生产生活方式的绿色变革，为国家安全和全球生态安全做出贡献。

4. 现代环境治理体系构建

为了贯彻落实党的十九大部署，2019年11月，中央全面深化改革委员会第十一次会议审议通过了《关于构建现代环境治理体系的指导意见》（以下简称《意见》），《意见》指出以推进环境治理体系和治理能力现代化为目标，建立健全环境治理领导责任体系、环境治理企业责任体系、环境治理全民行动体系、环境治理监督体系、环境治理市场体系、环境治理信用体系、环境治理法律法规政策体系七大体系，为推动生态环境好转、建设美丽中国提供有力的制度保障。

（1）环境治理领导责任体系。为了提升政策合力，在环保领域健全权、责、利相匹配的央地关系等，国家从政府的角度出发，提出了环境治理领导责任体系，《意见》指出了该体系要求：第一，完善中央统筹、省负总责、市县抓落实的工作机制。党中央、国务院统筹制定生态环境保护的大政方针，谋划重大战略措施；省级党委和政府对本地区环境治理负总体责任，组织落实目标任务和政策措施，加大资金投入；市县党委和政府承担具体责任，做好监督执法、市场规范、宣传教育等工作。第二，明确中央和地方财政支出责任。制定中央与地方在生态环境领域的财政事权和支出责任划分改革方案。按照财力与事权相匹配的原则，进一步理顺中央与地方收入划分和完善转移支付制度改革中考虑地方环境治理的财政需求。第三，展开目标评价考核。着眼环境质量改善，各地区可以制定符合实际、体现特色的目标，完善生态文明建设目标评价考核体系。第四，深化生态环境保护督查。实行中央和省两级生态环境保护体制。

（2）环境治理企业责任体系。由于企业履行治理责任的力度不够，国家从企业的角度出发，提出了环境治理企业责任体系，《意见》指出了该体系要求：第一，依法实行排污许可管理制度。妥善处理排污许可与环评制度的关系。第二，推进生产服务绿色化。坚持从源头防治污染，积极践行绿色生产方式，大力开展技术创新，提供资源节约、环境友好型的产品和服务。第三，提高治污能力和水平。全面推进企业环境治理责任制度建设，督促企业严格执行法律法规，积极接受社会监督。第四，公开环境治理信息。排污企业应通过企业网站等途径依法公开主要污染物名称、排放方式、执行标准以及污染防治设施建设和运行情况，并对信息真实性负责。

（3）环境治理全民行动体系。由于公众参与度较低，国家从公众的角度出发，提出了环境治理全民行动体系，《意见》指出了该体系要求，第一，强化社会监督。完善公众监督和举报反馈机制，畅通环保监督渠道。第二，发挥各类社会团体作用。工会、共青团等群团组织要积极动员广大职工、青年参与环境治理。加强对社会组织的管理，鼓励环保志愿者的参与。第三，提高公民环保素养。加强公益环保广告的宣传力度，引导公民自觉保护环境、爱护环境。

（4）环境治理监督体系。为更好地实现环境治理的监督功能，国家从监督的角度出发，提出了环境治理监督体系，《意见》指出了该体系要求：第一，完善监管体制。整合有关部门的生态环境保护和污染防治执法职责、队伍，统一实施生态环境保护执法。第二，加强司法保障。建立生态环境保护的综合行政执法机关案情通报、案件移送制度及公安机关、检察机关、审判机关信息共享机制。第三，强化监测能力建设。实行"谁考核，谁监测"，完善生态环境监测技术体系，推进构建陆海统筹、上下协同、信息共享、天地一体的生态环境监测网络。

（5）环境治理市场体系。国家从市场的角度出发，坚持市场导向的原则，建立健全了环境治理市场体系，《意见》指出了该体系要求：第一，构建规范开放的市场。全面推进"放管服"改革，规范市场秩序，推进市场良性竞争，促进形成公开透明、规范有序的环境治理市场环境。第二，强化环保产业支撑。加强环保产业的自主创新，提高环保产业的技术装备水平。第三，创新环境治理模式。加大推行环境污染第三方治理的力度，开展园区污染防治的第三方治理示范，加强系统治理，实行按效付费。第四，健全价格收费机制。根据企业和居民的承受能力，实行差别化电价。

（6）环境治理信用体系。为更好地实现环境治理的服务功能，国家从信用的角度出发，提出了环境治理信用体系，《意见》指出了该体系要求：第一，加强政务诚信建设。建立健全环境治理政务失信记录，并收集相关信用信息分享到共享平台，依法依规逐步公开。第二，健全企业信用建设。完善企业环保信用评价制度，根据评价结果实行分级分类监管。建立健全排污企业黑名单制度，按照相关规定将环境违法企业纳入全国信用信息共享平台，依法向社会公开。

（7）环境治理法律法规政策体系。为坚持依法治理的原则，国家从法律的角度出发，提出了环境治理法律法规体系，《意见》指出了该体系要求：第一，完善法律法规。建立健全长江保护、生态环境监测、环境影响评价等方面的法律法规。第二，完善环境保护标准。根据实际国情和生态环境现状，制定环境质量标准、环境监测标准等，做好生态环境保护规划。第三，加强财税支持。制定有利于推进产业机构、能源结构、用地结构和运输结构调整优化的有关政策，严格实行环境保护税法。第四，完善金融扶持。推进环境污染责任保险发展，建立健全环境高风险领域的环境污染强制责任保险制度，设立国家绿色发展基金。

（8）环境风险管理制度。我国现行的8项环境管理制度虽然在控制污染恶化等方面发挥了较大的作用，但是在环境风险的管理上仍然有一些不足，在对环境风险的科学评估、预防和预警性、综合决策性方面不足。有学者提出，要尽快健全环境风险管理制度。建议科技部、生态环境部、财政部等有关部门将环境风险管理科学研究作为重点支持方向，开展对全国范围内环境风险的调查和评估、符合我国国情的环境风险管理模式的研究，开展环境风险管理的一些试点和示范，推动管理对象、监测预警、评价体系到综合决策的创新，发现问题，积累经验，为实现全国范围内的环境风险管理打下基础。

（9）环境影响评价制度。环境影响评价制度指对项目实施过程中可能会对环境造成的影响进行预测、分析和评价的一项制度规范。通过环境影响评价工作的开展，便于相关工作人员制订对应的预防方案或减轻举措，通过实时跟踪监测达到保护环境的目的。完善环境影响评价制度，要求各级环保部门要推进两项制度的衔接，在环境影响评价管理中，切实完善管理的内容，促进环境影响评价更科学，对污染排放要求更严格；在排污许可管理中，核发排污许可证需严格根据环境影响报告书以及审批文件要求，保证环境影响评价的有效性。

5. 其他

除了上述国家层面颁布的文件外，各主管部门协同发力，相继颁布部分环境保护条例或方案。2017 年 2 月，针对大气污染，环保部等发布了《京津冀周边地区 2017 年大气污染防治工作方案》，对"2+26"城市空气质量改善情况实行按月排名、按季度考核。2017 年 3 月，针对我国生活垃圾产生量增长迅速所引发的环境隐患和问题，发改委、住房城乡建设部联合颁布《生活垃圾分类制度实施方案》，这在一定程度上改善了城乡环境，促进了资源回收利用，并引导居民进行生活垃圾分类以及加强相关部门的生活垃圾分类的配套体系建设。

二、非正式环境制度

1. 原生态农耕文化

（1）水文化

"水者何也？物之本原，诸生之宗室也"。我国水资源总量丰富，但是随着用水需求量持续增长，水质不断发生恶化，我国水体遭受严重污染，水资源的供需矛盾逐渐突出。因此水资源的保护开始得到重视。除了颁布一系列法规政策从法律层面约束人们行为外，"水文化"也扮演着重要角色。

关于水文化，1989 年我国学者李宗新首次提出"水文化"的概念；1992 年，冯广宏初步指出水文化是人们在认识、开发、利用、保护水资源的过程中产生出的文化现象。2008 年，《中华水文化概论》将"水文化"广义定义为：人们在水事活动中创造物质财富和精神财富的能力和成果的总和。狭义上，水文化是指与水有关的各种社会共识，如与水有关的价值观念、道德规范、宗教信仰、民风习俗等。水文化的出现，不仅体现了尊重自然、顺应自然与保护自然的基本准则，而且在保护山水林田湖草系统上起到重要作用。随着社会发展，水文化发展到后期，逐渐有形化。水井是水文化不断发展的重要见证者，体现了民间用水文化对地方小环境的保护至关重要的作用。

水井是人们利用自然、尊重自然、顺应自然的文化符号。水井的出现，不仅为人们解决了生活、生产用水等问题，更促进了人们形成自觉利用和保护水资源的环境意识。我国的少数民族中，侗族、苗族等民族水井发展迅速，以此形成的水文化尤为显著。贵州省黔东南苗族侗族自治州是侗族人民的主要聚居地，这里多洞穴、落水洞、地下河，"靠水吃水"是侗族人民最主要的生活方式。但是随着水资源逐渐匮乏，河岸边的水已经不能满足人民的生活生产需要，几乎每个寨子都会修建一口水井，或者几个寨子修一口井共用。一般水井的选址都在参天古树旁，因为当时人们认为古树有树神保护的寓意，同时古树旁的水土涵养好，其岩石或砂石等可以对泉水起到过滤作用，使水质保持清洁。当然由于不同民族所处的地域和文化环境不同，水文化也具有表现形式多样和内容丰富的特点。总之，水文化源远流长，其对于保护水资源、实现可持续发展具有重要作用。

（2）梯田文化

梯田是古代劳动人民在农业生产实践中创造的一种行之有效的水土保持措施。梯田的出现，不仅是古代农业发展的一个显著进步，更体现与反映了人与自然、人与人、人与社会和谐共处的文化关系，也是人们在长期的农耕实践中形成的认识自然、适应自然、善待自然的理念与思想。梯田能保持至今并得到广泛的运用，主要是植根于中国早期人民的智慧，并在后续发展中得到了较好的传承和创新发展。中国是人口和农业大国，国土面积中一半以上是山地，迫于生存压力，各地都十分重视梯田开发与经营，从而形成了历史悠久、独具特色的梯田文化。其中，上堡梯田是中国梯田文化的代表。

上堡梯田位于江西省崇义县，梯田分布在罗霄山脉与诸广山脉之间。上堡梯田始建于南宋，盛建于明末，完工于清初，距今已有 800 多年的历史。最初在南宋时期，原著居民对山麓及沟谷中较低缓的坡地进行拓荒开垦，随着越来越多客家人的迁入，依山修田建房成为当时普遍的生活方式，再加上将修筑梯田与治山治水相结合的方法，这一时期上堡梯田不仅能给人们带来良好的经济收益，更是进一步发挥了梯田的保水固土作用。上堡梯田在长期的生产实践过程中形成了"森林—村庄—梯田—水系"为一体的生态山地农业体系。该体系以水系统为核心，通过物质流动和能量循环系统形成了一个具有良好景观空间结构和动态协调性的生态系统。发展至今，上堡梯田作为一种水土保护措施，不仅具有保水保土、防治水土流失的功能，同时还具有较高的景观价值和丰富多彩的文化价值，具有良好的旅游开发前景。

2. 生态环境习惯法

（1）神话史诗和民族禁忌

① 神话史诗。神话史诗是特定的民族时代的集体意识的呈现，它保留着古代民族某个特定时期真实生活的图景，诸如对聚会、比赛、婚娶、丧葬、饮食、服饰等各方面的描绘，以及当时的历史、地理、军事、法律、早期农业、手工业等多方面的载述。我国西部少数民族如彝族、白族、壮族、苗族、纳西族、藏族等都有流传久远的关于生命主体与生存环境间关系的神话，蕴含着人与自然和谐共处的生态智慧。

② 民族禁忌。民族文化作为一种意识形态，给社会道德、风尚习俗以及行为规范都带来了根深蒂固的影响，加上民族村落人们常将禁忌视为自己的行为准则，某些禁忌便演化成一种不成文的社会规范，在某种程度上比一般的村规民约更具约束性和操作性。这些独特的民族禁忌涉及自然万物，其中与人类接触最多的山水、动植物等是人们禁忌的主要对象。

（2）自然崇拜和村规民约

① 自然崇拜。自然崇拜是一种人们在生产力极低的情况下，将自然物作为膜拜对象的原始宗教形态。它形成并盛行于原始社会，留存于人类历史发展的各个社会形态，无形中影响着人们的社会生活与生产。常见的自然崇拜一般有四类：天体崇拜，如太阳、月亮等；无生物崇拜，如土、火、水等；植物崇拜，如树木、竹等；动物崇拜，如蛇、牛等。

自然崇拜常见于少数民族地区。在傣族地区，几乎每勐都有勐神林，每寨都有寨神林，也就是"竜林"。傣族人认为，"竜林"里的一切动植物都是神的家园里的生灵，是神的伴侣。因此，林内的动植物、土地、水源都是神圣不可侵犯的。这种自然崇拜不仅反映了傣族人民对人与自然关系的朴素心理认同，也反映了人们对自然的敬畏、感恩之情。

② 村规民约。在中国，村规民约古已有之。村规民约的发展经历了一个不断转型的过程，既有传统社会中的"村规民约"，也有适应新的治理需要的现代"村规民约"。

传统村规民约是中国传统农村普遍存在的一种行为规范，它最初是由士人阶级提倡、乡里村民之间相互合作，在道德方面、教化方面去裁制社会失范行为，为大众谋求利益的共同规范。据《宋史·范仲淹传》记载，北宋仁宗天圣八年（1030年），范仲淹"为环庆路经略安抚、缘边招讨使"，为当地羌人立条约。这是有关少数民族乡规民约的最早历史记载。

现代的村规民约被一些地方政府视为"柔性的治理方式"，可以配合国家"硬法"，填补基层农村的法治洼地。当代村规民约之所以能够被吸收、改造成为农村治理的工具，主要在于中国城乡之间和区域之间的巨大差异以及与此相关联的一系列制度安排。《中华人民共和国村民委员会组织法》第27条规定，"村民会议可以制定和修改村民自治章程、村规民约，并报乡、民族乡、镇的人民政府备案"。黔东南苗族侗族自治州《羊排村村规民约》第二章中明确指出：禁止乱砍、偷砍树木。这一系列村规民约在村寨中不仅有较广的适用性和较严的强制性，同时其作为一种言行准则，还能有效地规范村民行为，进一步保护生态环境。

3. 人与自然和谐共处的生态观

力求和谐是中国传统文化发展的主旋律和总趋势。协调好完整的生态系统和多样化的生物之间的关系，就是"和谐"。中国古代先贤儒家、道家、佛家学派中一些杰出的思想家提出了许多极其宝贵的人与自然和谐关系理论，形成了各成一派的生态伦理观。"天人合一"是其中具有中国特色的人与自然关系思想，是具有世界性影响的思想，其内含着人们追求人与自然和谐的高尚境界，以及良好的人际关系、物我关系的态度。如战国时期，著名思想家孟子认为，对待万物应采取友善爱护的态度，天地万物是人类赖以生存的物质基础，如果随意破坏浪费这些资源，就会危害人类自身。老子提出"人法地，地法天，天法道，道法自然"，以自然无为的态度去对待万物，顺乎自然规律，万物自有发展。

在新时代的中国，习近平新时代中国特色社会主义思想内涵着丰富的生态观，并将生态环境的地位提升到新的高度。习近平同志为全球生态治理分享了中国智慧和治理方案："推动构建人类命运共同体，建设持久和平、普遍安全、共同繁荣、开放包容、清洁美丽的世界。只有在生命共同体、生态共同体的基础上，才有'人类命运共同体'。"正如习近平同志提出的"两山论"辩证论点，"绿水青山"与"金山银山"同等重要，甚至"绿水青山"就是发展的根本所在。因此，把生态环境保护摆在更加突出的位置，清晰明了地表达了保护生态环境和发展社会经济之间最本质的联系，为人与自然的和谐发展提供了科学的理论指导。自然生态的恢复与重建需要每一个个体的自觉努力，自发地维护生态安全、保护生态环境。

三、正式制度与非正式制度的冲突和调和

1. 正式制度与非正式制度的冲突

（1）价值追求冲突。非正式制度是人们在处理生产实践、日常生活和社会交往中对思维模式和行为规则进行沉淀而形成的，约束自己行为且具有极为鲜明的地域特征和文化心理基础的规范体系，又被称为非正式约束、非正式规则等。正式制度指人们有意识创造的一系列政策法规，包括国家中央和地方的法律、法规、合同等。从根本上看，二者在目标和价值上是具有对立性和偏差性的，在不断推进法制化建设过程中，正式制度和非正式制度的价值追求冲突越发明显。比如，在国家林改政策实施时，要求不宜承包到户的林地，可以通过均股和均利的方式开展。但事实上，在某些少数民族地区，很多山和树林是被视为神灵庇佑的，绝对不允许分割。

随着社会的快速发展，正式制度的效力空间不断扩展，原有的部分非正式制度有了"生存风险"。因为当非正式制度不可避免地接受正式制度的重新选择时，那些与国家意志和社会发展趋势不一致的非正式制度就会不断受到国家权力的排挤，甚至"消灭"。这便是二者价值取向上不一致造成的冲突。

（2）适用范围和稳定性不同。正式制度是以政治、经济与社会发展的外部条件为基础的，注重构建全民族的整体社会秩序，具有普遍性和强制性，但只要外部基础发生变化，就会引起正式制度的修改或者废立，稳定性不佳。而非正式制度一般都与宗教文化、民族禁忌等密切相关，一般只对本地群众或者同民族有约束效力，适用范围小，且非正式制度是人们长期生活实践积累的成果，稳定性较好。因此，当国家颁布的旧的正式制度发生新变化时，如修改、新增或废除时，旧的非正式制度并未随之调整，故而新的正式制度与旧的非正式制度就很容易产生冲突。

2. 正式制度与非正式制度的调和

（1）确立法制统一，国法至上原则。在对正式制度和非正式制度进行协调时，需要坚持将国家正式制度（如宪法等）作为核心，保持其主导地位，维护其权威。国法至上的理念应获得全社会普遍认同，非正式制度要与国法相一致。如果非正式制度与正式制度存在冲突，该非正式制度就得服从于国法规范，不得与国法相抵触。根据宪法规定，少数民族习惯法在和国家制定法之间出现冲突时，虽然在具体的司法实践中可以对国家制定法加以调整适用，但是也必须符合宪法规定。政府和村委都有责任引导习惯法功能的发挥，以促进习惯法和国家法的协调和包容，发挥各自优长，推进社会的治理。

（2）实现正式制度和非正式制度的互动。在强调国家治理体系和治理能力的背景下，从国家层面发挥效率的正式制度与特定的村规民约、人伦礼法、风俗习惯等非正式制度之间的结合与互补，通过社会文化机制的渗透，达到两者之间的遏制和推动。一方面，立法机关通过立法程序认可部分非正式制度，使之成为正式法律，在法律实施的过程中，加以科学适用。另一方面，在开展司法实践过程中，要关注重视非正式制度的应用。比如在少数民族地区的基层法院，在处理相关的法律案件时，可以适当引用少数民族习惯法来调解矛盾、解决纠纷，以实现

构建和谐社会的重要目标。另外，针对部分与现存正式制度的内涵和制度导向不匹配的非正式制度，要对其进行改进。在改进过程中，要对这些地方传统给予足够的尊重，对当地人民进行合理引导与情感疏通，方能避免增加改革和执法的成本，也可避免群众不满和社会冲突的出现。构建起有效支撑正式制度的公共舆论和信仰体系，实现非正式制度从"特殊信任"向"普遍信任"的转变。比如营造稳定的政治认同、开放的公民意识、共享的理想信念等。

（3）加大立法的执行力，提高公众参与感。非正式制度与正式制度都具有约束力，非正式制度的约束力是内在的，正式制度的约束力是外在的。外在约束通过内在自觉起作用。除了政府外，农村社会中的各种社会组织、乡村精英、农民群体均应成为制度文化的主要推动力量。国家应该为各种社会主体参与的制度变迁提供更多的政策和政治空间，激活社会主体参与社会建设、推动社会变革的动力和意识，形成国家和社会的良好互动。

比如，在环境保护的宣传上，围绕创作一批以保护环境为主题的艺术作品，将文艺宣传纳入工作方案，跳好文艺创作"环境治理"民间舞。可以将农村环境保护相关工作编排成小品等文艺作品，并组织巡演活动。或以反映农村环境治理等为重点内容，推出"美丽乡村建设"的摄影比赛，筹划创作动漫公益广告和海报，并通过在电视台黄金时段滚动播出，鼓励公众参与，提高全民环境意识责任感。

第二节　我国生态环境工程建设实践

一、生态环境工程的概念及分类

1. 生态环境工程概念

工业文明以来，人与环境的矛盾逐渐尖锐，人类文明演进的同时伴随一系列生态问题，生态环境的破坏由局部性问题上升至全球性危机。全球性生态环境问题日益凸显，森林破坏严重、土地资源丧失、淡水资源紧缺、生物物种消失、人口激增、大气质量恶化、全球气候变暖、水土流失与荒漠化等。生态环境问题不仅是时代问题，更是现实问题，是人类共同面临的生存危机，因为人类是休戚与共的命运共同体。中国也面临着生态环境困境，自然环境先天脆弱、水土流失严重、荒漠化扩大、水资源紧缺、污染严重、森林覆盖率低、气温呈上升趋势等。新中国成立之后，我国开始关注环境问题，陆续推出一系列生态环境工程治理生态问题。

《世界经济学大辞典》将环境工程定义为：指与环境保护相关或旨在保护环境的工程，诸如：卫生供水，垃圾处理，防止水、空气、土壤污染，防止疫病传染等方面的工程。在此基础上，一些学者对环境工程定义进行了丰富和完善，认为生态环境工程，是指运用环境科学、工程学和其他学科的有关理论的方法，研究和保护生态环境、合理利用自然资源、治理和预防生态破坏、环境污染，进而在生态学原理指导下，为使受损生态系统恢复进行重建和保护的人类干预性工程措施。

2. 生态环境工程类别

生态环境工程是围绕环境修复、环境保护等展开的一系列环境保护工程，该工程可运用现代技术或者利用自然生态环境先天优势改善或保护人类赖以生存的生态环境，保护、改善和持续利用现有的生态资源，促进社会经济生态环境协调发展。按照工程所采用的方法，可将生态环境工程分为环境技术工程和环境社会工程。

（1）环境技术工程

① 环境噪声与振动控制工程。环境噪声与振动控制工程主要是解决噪声与振动的影响控制问题，营造安静、舒适、文明、温馨的环境。环境噪声与振动控制工程涉及的污染要素主要是环境噪声和环境振动，属于物理污染。该工程首先是源强控制；其次是确定污染源，采取污染源传输途径的控制技术措施；再次，必要时考虑敏感点防护措施；达到降噪、减振。源强控制，根据设备噪声、振动的产生机制，合理采用针对性的降噪减震技术，尽可能选用低噪声设备和减振材料，避免或减少噪声或振动的产生。源强控制无法实现时，考虑传输途径控制，应在传输途径上采取隔声、吸声、消声、隔振、阻尼处理等有效技术手段及综合治理措施，以抑制噪声与振动的扩散。环境噪声与振动控制工程是为了消除噪声污染，因为噪声不仅影响人们正常的工作、学习和休息，而且危害到人的身体健康。

② 水污染治理工程。《水污染治理工程技术导则》将水污染治理工程定义为：为保护环境、防治水环境污染所建设的污（废）水收集、输送、净化的工程设施。该工程建设的依据和要求：依据当地总体规划、水环境规划、水资源综合利用规划以及排水专项规划等，合理规划与布局工程建设，优先安排污水收集系统的建设。水污染治理工程遵循的原则：综合治理、再生利用、节能降耗、总量控制。水污染治理工程适用于企业污水、生活污水治理等，旨在保护、修复水生态环境。

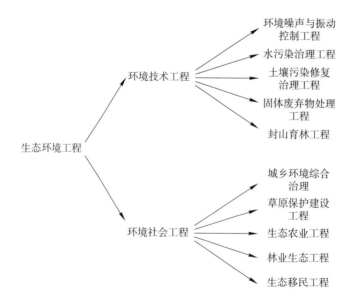

③ 土壤污染修复治理工程。土壤污染修复治理工程是指利用物理、化学和生物等技术方法对土壤中的污染物进行转移、吸收、降解和转化，进而使遭受到污染的土壤逐渐恢复正常功能的技术措施。土壤污染修复治理工程大致可分为物理、化学和生物三种方法。其中物理方法主要包括使用未受到污染土壤替换已污染土壤的直接更换土壤法，通过土壤加热方式加速土壤中可挥发性的污染物气化过程的土壤热化法，以及通过土壤通电实现污染物集聚的电极驱动法等。化学修复治理主要通过采取改变污染物化学行为的改良措施，利用改良剂、抑制剂等化学物质达到吸附、吸收、迁移、淋溶、挥发、扩散和降解土壤污染物的目的。而生物修复治理主要是利用动植物以及微生物吸收、降解和转化土壤污染物。

④ 固体废弃物处理工程。固体废弃物可分为共轭废物、矿业废物、城市垃圾、农村垃圾、放射性废物等。固体废弃物含有有害物质，造成环境污染、农作物减质减产、水体污染等；更有甚者，废弃物含有一些病原微生物，可能会对人类健康造成威胁，所以对固体废弃物的处理迫在眉睫。为应对废弃物带来的危害，固体废弃物处理工程应需而生。固体废物处理是指将固体废物转变成适于运输、利用、贮存或最终处置的过程。固体废弃物处理工程包括物理处理、化学处理、生物处理、热处理、固化处理等。依据产生源控制优先、完善资源化体系、有害废物的分流管理、最终处置无遗漏固体废物管理原则，采用新技术、新工艺，将废物变废为宝、使垃圾重新走上市场。

⑤ 封山育林工程。封山育林是指利用森林的自然更新能力，在条件适宜的山区，实行定期封山和禁止垦荒、放牧、砍柴等人为的破坏活动，以恢复森林植被的一种育林方式。封山育林是我国增加森林资源的重要手段，具有投资少、成本低、见效快、效益高等优点，对加快绿化速度、扩大森林面积、提高森林质量和促进社会经济发展发挥着重要作用。封山育林孕育的植被种类多样化，生物更加多元化，涵养水源、保持水土能力提高，森林病虫害显著减少。封山育林工作过程中，育林类型主要包括封禁型、封育型、封造型、育灌育草型。依据的做法和原则：建立组织机构，制定规划和封山公约，因地制宜、灵活封育，以封为主、封育结合。

（2）环境社会工程

① 城乡环境综合治理。城乡环境治理是乡村振兴的重要内容，指改善人居环境，提升群众生活质量，建设宜居美丽乡村。按照以人为本、和谐共享、统筹安排、标本兼治、因地制宜、分类指导的原则，以治理涉及民生的环境卫生、容貌秩序为切入点，以环境基础设施建设为突破口，以"清洁化、秩序化、优美化、制度化"为治理标准，创造环境舒适优美、宜居的美丽乡村。主要工作：治理垃圾渣土，净化环境卫生；治理白色污染；取缔占道经营、无照经营，治理建筑材料占道；规范户外广告标语，清理非法广告、乱摆摊点和支架搭棚，规范设置摊点和支棚搭架；加强村对垃圾分类工作的推进等。

② 草原保护建设工程。草原保护建设项目最早源于 1978 年，草原是重要的生态屏障，党中央逐步重视草原保护建设，推出一系列草原保护建设工程。在全国草原保护建设利用"十三五"规划中，草原保护建设工程包含三部分：草原生态保护建设、草原合理开发利用、草原防灾减灾与支撑。草原建设工程项目的特

点有建设工程项目类型多而复杂，涉及的地域范围大；内容多，综合性强，所需投资多，建设周期长，见效慢；外部效益明显，公益性强。按建设时间长短，分为长期、中期和短期建设项目；按投资额大小，分为大型、中型和小型建设项目；按建设项目投资来源，分为国家投资、地方投资和混合投资建设项目；按建设项目实施的地域大小，分为全国性、区域性和本地性建设项目；按建设项目内容的多少，分为综合性和单一性建设项目；按建设工程项目体系，分为天然草原保护、人工草地和草业发展支撑保障建设工程体系等。近年来，国家在 31 个省（自治区、直辖市）和新疆生产建设兵团陆续实施退牧还草、环京津风沙源治理、西南岩溶地区石漠化综合治理等生态工程。

③ 生态农业工程。生态农业是运用生态和经济协调发展的原则指导农业生产、农村经济全面发展的可持续发展的农业模式，是现代农业新发展模式，是农业可持续发展的必然选择。而生态农业工程的建设目标是使农业具有强大的自然再生产和社会再生产的能力，是中国生态农业模式与技术的具体体现，它随着我国生态农业的建设和发展而日新月异。生态农业旨在推进农业全面发展，拉动农村经济，助力乡村振兴。西部地区生态农业建设可重点开发以下四大工程：农田生态建设工程、林业建设工程、绿色食品开发工程和旅游农业开发工程。2020年是全面小康和乡村振兴交汇推进的重要时期，发展生态农业是产业振兴和脱贫攻坚的关键举措。全国各地积极发展生态农业，转变发展方式、推进农业现代化：山东省积极实施节水农业、绿色农业、循环农业等各种新型生态农业工程；河南省打造一批集特色高效农产品生产基地、休闲观光旅游和"菜篮子"工程为一体的都市生态农业工程。

④ 林业生态工程。王礼先教授提出林业生态工程的概念：林业生态工程是生态工程的一个分支，是根据生态学、生态经济学、自然生态学、系统科学与生态工程原理，针对自然资源环境特征和社会经济发展现状所进行的以木本植物为主体，并将相应的植物、动物、微生物等生物群相匹配结合而形成的、稳定高效的人工复合生态系统的过程，其目的在于保护、改善与持续利用自然资源与环境。林业生态工程与传统的植树造林是两个概念，林业生态工程包含了植树造林技术，但与简单的植树造林又有区别：该工程是包含了植树造林、森林资源保护等内容的综合性工程。林业生态工程的完整定义为：以生态学、生态经济学、自然生态学、系统科学与生态工程原理等为理论基础，目标是保护、改善与持续利用自然资源与生态环境，提高人类生产、生活与生存的环境质量，促进生态环境改善与社会经济可持续发展，涵盖生物措施、工程措施、科技措施和综合措施等治理措施，以设计、建造与调控以木本植物为主体的人工复合生态系统。林业生态工程根据不同的划分依据，有不同的分类。根据投资主体的不同可分为政府投资的政策性工程和国际合作工程两类；根据工程建设对象的不同，可分为天然林工程、人工林工程、种苗基地工程、野生动植物保护和自然保护区管理工程、森林防火工程等。我国近几年林业生态工程主要包括：国家天然林保护工程、退耕还草还林工程、环京津风沙源治理工程等。

⑤ 生态移民工程。生态移民又称环境移民，是指将居住在自然生态环境恶劣、资源自然严重受损及生态脆弱地区的人类，转移到自然、经济及社会环境宜

居的地区，以此改善人类居住环境，保护和修复生态系统。生态移民是一项事关千家万户利益的民生工程，也是一项错综复杂的系统工程，政府参与并起主导作用，以保护和修复生态脆弱区的脆弱环境为目的，将生计脆弱、生活困难的贫困人口从生态脆弱区整体迁出，迁入生态、社会、经济发展更好的地区，以实现生态环境保护以及贫困人口脱贫两大目标，促进生态系统得以恢复和重建，逐步改善贫困人口的生存状态，统筹推进人口、资源、环境与经济协调可持续发展。

二、生态环境工程的影响

生态环境是关系到社会和经济持续发展的复合生态系统。现代生态环境工程建设对我国的经济、政治、文化、社会、生态发挥了不可磨灭的影响，也产生了巨大的生态、经济和社会效益。生态环境工程建设的目的就是遵循自然界物质循环的规律，保护、改善和适度利用现有的生态资源，充分发挥资源的生产潜力，以达到经济、社会和生态效益，从而促进生态环境、经济社会和政治文化等方面的可持续发展。

目前，我国的生态环境工程项目建设主要包含水利水电工程、大气污染防治、水污染防治和固体废弃物再利用处理等多个方面，这些都与新时代生态环境工程的建设有着密切的关系，以下就对生态环境工程的影响进行深入分析。

1. 生态环境工程对生态环境的影响

（1）水利水电生态环境工程

水利水电工程建设与生态环境之间关系密切，近年来随着经济和人口的发展，我国水利水电工程建设步伐加快，在长江、黄河等大江大河都开发修建了数十个大型水利水电工程，以达到防洪防汛、调节水量、开发水资源、改善航运等目的，但也导致了水生环境、水生生物、区域气候等方面的生态问题。

在水生环境方面。水利水电工程建设是对江河湖水进行人为干预改造的活动，在一定程度上会改变水资源自然流动的状态。在水生生物方面。无论是工程的施工建设还是建设完成后的运行，不同生物种群都会因工程的修建而受到不同程度的影响，更甚之，个别物种因此濒临灭绝。尤其是水库蓄水后，陆地淹没，破坏库区生物的栖息地和产卵地，导致流域鱼类资源生存空间减小，不利于水生生物繁衍生存。在区域气候方面，大中型水利水电工程的建设，使原来"大气-陆地"的空间接触模式变为了"大气-水体"模式，蓄水后，水面面积增大，积水大量蒸发，使周围的空气湿度增大，对局部地区气温、降雨等自然环境产生影响。但总体而言，水利水电工程在很大程度上发挥了自身防旱防涝的优势，减少了自然灾害给人类带来的各方面损失。

（2）污染防治工程

污染治理是一项系统的工程，是环境问题，更是社会问题。城市建设步伐加快，城市人口聚集，污染物排放增多，导致我国城市大气污染、水污染和固体废弃物污染越发严重，环境日益恶化。为打赢污染防治攻坚战，我国近年来对污染防治工程越发重视，通过宣传教育、立法、治理等手段对污染进行智慧化、差别化、精细化的管控，以打赢污染防治攻坚战。

① 水污染防治工程。水污染防治要以预防为主、防重于治。近年来，我国

水污染防治工程取得巨大进展，尤其是自 2017 年以来全面推行河长制、湖长制，全国各地因地制宜，持续强化责任、不断创新举措，加快形成水生态环境共建共治共享格局，为维护江河湖海健康生命、实现河湖功能永续利用提供坚实的制度保障，使河流湖泊水质得到全面提升，水生生态环境质量持续改善。此外，我国也陆续进行污水管网和污水处理厂建设，提升了生活污水处理能力。

② 大气污染防治工程。相关部门对大气污染防治整改工作等相关情况展开监督检查，全面落实各地区、各部门大气污染防治工作责任，集中开展环境综合治理专项行动，有力地震慑了各类环境违法行为。进而推动改善了全国空气质量，减少雾霾、扬尘等重污染天气，"蓝天白云、繁星闪烁"的空气质量优良天数明显增加，城市环境管理水平有所提高。

③ 固体废弃物防治工程。固体废弃物一般都是多种物质结合而成，通常含有复杂的污染分子，自然条件下，这些物质很难分解，且极易溶解于水、大气和土壤，因此会直接残留在生态系统循环中，将会对生态环境产生潜在性、长期性、间接性的危害。因此，进行固体废弃物治理有利于促进清洁、绿色生产生活方式的形成，为从根源上减少固体废弃物污染，减少或避免废弃物的排放，部分企业会选择开发和推广先进的技术和设备。

2. 生态环境工程对社会经济的影响

（1）水利水电生态环境工程

水利水电工程建设是一项关乎国计民生的基础性工程，水利水电工程是国民经济基础设施的重要组成部分，是国民经济和社会发展的重要保障，是实现经济可持续发展的需要。

① 防洪防汛。洪涝灾害一直是我国主要气象灾害之一，危及国家和人民生命财产安全。水利工程在防洪减涝方面发挥着积极作用，修建水库以削减洪峰，调节干支流径流量，储蓄洪水，减少洪涝灾害带来的损失，有力地保障了人民的生命财产安全。例如，我国最大的水利枢纽工程——三峡工程，它最大的防洪库容量高达 222 亿米³，有效地控制了 95% 以上荆江地区洪水的来源，降低了长江中下游流域遭受洪灾的风险。

② 缓解水资源短缺难题。水利工程汛期蓄水、枯水期防水，有效地缓解我国水资源时空分配不均等问题。例如，我国著名的南水北调、引黄入京、引滦入津、引黄济青等跨流域调水工程，有效缓解了北方地区生产生活用水短缺问题。

③ 调整能源结构，开发利用绿色能源。水电事业是我国电力系统的重要组成部分，水力发电站利用流域内天然梯级落差，将巨大的重力势能转变为发电量大、效率高、清洁的电能，水电工程的建设在很大程度上促进了电力行业的发展。2019 年，我国水力发电量高达 13 044.40 亿 kW·h，占我国发电总量的 17.38%，为我国生产生活提供了源源不竭的动力，不仅缓解了以往我国依靠火力发电问题，也缓解了电力紧缺难题。

④ 航运事业的发展。水利工程的建设可以调节水库下游航道丰水期与枯水期水位，保证枯水期航道宽度和深度，使江河水位抬高，航道加深，增加船只吃水量，改善航运条件，延长通航时间，提高航运的安全性，有利于大型船只在流域上中游通航。此外，水运作为一种价格低廉、运量巨大的交通运输方式，能有

效地降低运输成本，方便流域上中下游产品的流通，联通流域上中下游社会经济协调发展。

（2）污染防治工程

实现经济增长与生态环境保护的协调发展是新时代社会主义现代化建设的重要任务，推进污染防治工程建设，有利于改善基础设施，扩大劳动就业机会，促进地区环保事业的发展，更好地改善人居环境。

① 水污染防治工程。水污染防治工程的推进，在各级政府企业不断加大水污染防治建设投入的同时，通过关键技术研究开发、系统集成和应用示范，将有效解决我国水污染防治的重大技术瓶颈问题，健全水污染控制的支撑体系，提升政府部门行政能力。并通过水环境改善来倒逼经济产业结构调整，关停并转重污染企业，开发水污染控制与治理技术，建立设备产品体系，为环保产业的发展腾出市场、环境空间，以水生态资源创造新的绿色财富，带动水污染控制与治理行业的技术升级和产业发展，为国家和地方水污染控制与治理规划和重大工程建设提供强有力的技术支撑和科学示范，有利于转变经济社会发展方式，助力构建和谐社会，实现可持续发展。

② 大气污染防治工程。大气污染治理工程的推进在短期内会在一定程度上限制地区经济发展状况，不利于我国部分重工业、重污染企业的日常生产经营活动。部分重污染企业或因沉重的环保费、环保税而导致利润下降。但从长远看来，大气污染治理有利于促进我国经济结构和经济发展方式的转型升级，推动经济绿色可持续发展。我国通过污染治理工作的推进，倒逼企业进行设备、技术改革，提升环保科研技术的研发力度，积极开发可再生能源，取缔高能耗、高污染企业，创新经济增长路径，优化产业结构，变阻碍为动力，优化调整能源消费结构，促进经济转型。

③ 固体废弃物防治工程。有利于推动工业农业绿色生产、践行绿色生活方式、培育产业发展新模式。尤其"无废城市"的建设，使提升固体废物综合管理水平与推进城市供给侧改革相衔接，与城市建设管理有机融合，开展绿色设计和绿色供应链建设、推动农业废弃物多途径利用、推动生活垃圾源头减量和资源化利用、强化危险废物全面安全管控、培育固体废物相关产业发展新模式等任务，将有效推动发展方式和生活方式的绿色化发展，有利于推动城市加快形成节约资源和保护环境的空间格局、产业结构、工业和农业生产方式、消费模式，提高城市绿色发展水平。另一方面，有利于农村固体废弃物资源化，固体废弃物分类处理，对固体废物实行充分回收和合理利用，使生产生活固废由"污染源"向"资源"转变，缓解因焚烧、掩埋等不恰当处理方式对环境造成的危害，也有利于资源的可持续发展。

3. 生态环境工程对政治文化的影响

第一，有利于促进移民与迁入地的生产适应、生活融入与文化认同。在生态环境工程建设过程中，难免会涉及移民问题，移民不仅仅是人口地域位置的变更，更涉及文化迁徙与融合。随着我国水利水电工程进入快速发展阶段，越来越多的库区移民进入城市，加快农村城镇化，产生了城市新的移民群体，有利于移民与迁入地生产生活方式、风俗习惯等文化的融合，形成和谐的社会关系，构筑稳定的社会环境。第二，有利于完善我国移民政策与制度。移民安置问题的良好处理对国家安稳起着重要作用，国家设立专门库区基金，解决库区移民遗留问题。第三，有利于提高城镇化水平，构建绿色和谐美好社会，维护良好的公共秩序。在生态工程建设过程中，有利于城乡基础设施建设，也为农民工提供许多就业机会，实现农民增收。第四，有利于构建现代化国家治理体系，创造适合政治文化发展的环境。第五，生态环境工程建设有利于保障人民享受绿色生活空间的权益，保护人民身心健康的状态。

三、典型区域生态环境工程建设案例

1."三北"防护林工程

20 世纪 70 年代以前，三北地区森林植被稀少、生态系统脆弱、风沙危害严重，沙漠化土地面积以每年 15.6 万 hm² 的速度扩展，年风沙天数长达 80 天以上；水土流失最严重地区每年每平方千米侵蚀模数达数万吨，土地生产力远低于全国平均水平，每公顷农田粮食产量仅 2 000 kg 左右。1978 年，在邓小平等老一辈中央领导同志的大力倡导下，党中央、国务院从中华民族生存与发展的长远大计出发，作出了建设三北工程的重大战略决策，开启了这项具有划时代意义的伟大事业。根据总体规划，三北工程建设范围涵盖我国北方 13 个省（自治区、直辖市）的 725 个县（旗、市、区）和新疆生产建设兵团，涵盖我国 95% 以上的风沙危害区和 40% 以上的水土流失区，建设总面积 435.8 万 km²，占我国国土面积的 45.3%。从 1978 年开始到 2050 年结束，历时 73 年，分 3 个阶段 8 期工程进行。三北防护林体系作为我国在改革开放元年启动的大型生态建设工程，拉开了绿色发展的序幕。2018 年中国科学院发布《三北防护林体系建设 40 年综合评价报告》，报告显示，三北工程建设 40 年来，工程区林草资源显著增加，风沙危害和水土流失得到有效控制，生态环境明显改善，发挥出了巨大的生态、经济和社会效益。

在生态效益方面，区域生态环境质量得到明显改善。截至 2018 年，三北工程 40 年累计完成造林面积 4 614 万 hm²，占规划造林任务 118%；森林面积净增加 2 156 万公顷，森林蓄积量净增加 12.6 亿 m³，森林覆盖率由 1977 年的 5.05% 提高到 2018 年的 13.57%；水土流失治理成效显著，水土流失面积相对减少 67%，其中，防护林贡献率达 61%；农田防护林有效改善了农业生产环境，提高低产区粮食产量约 10%；在风沙荒漠区，防护林建设对减少沙化土地的贡献率约为 15%，工程区年均沙尘暴天数由 6.8 天下降为 2.4 天，有效遏制了风沙蔓延趋势；生态系统固碳累计达到 23.1 亿 t，相当于 1980 至 2015 年全国工业二氧化碳排放总量的 5.23%。

在经济效益方面，通过建设一批经济林、用材林、薪炭林、饲料林基地，大力发展特色林果种植、木材加工、林下种/养殖、休闲观光等产业，使三北工程区广大农民增加经济收益。40 年间，三北工程区经济林累计达 4.63×10⁶ hm²，干鲜果品年产量增加 30 倍，吸纳农村劳动力 3.13 亿人，约 1 500 万人实现了稳定脱贫；累计接待游客 3.8 亿人次，旅游直接收入达 480 亿元。特色林果业、森林旅游经济等对群众稳定脱贫贡献率达到 27%。

在社会效益方面，三北工程40年共建立起以8 572处森林公园、324个国家湿地公园、90个国家沙漠公园等为主体的生态驿站、公共营地和体验基地，极大挖掘和提升了独具特色的森林文化、荒漠绿洲文化，有力促进了三北地区生态文化的繁荣和发展。同时，三北人民在工程建设过程中凝聚成"三北"精神，为实现美丽中国生态文明建设汇聚了精神财富，将普世的生态价值观、生态发展观、生态消费观、生态政绩观等生态文明理念纳入社会主义核心价值观，成为共同遵守的精神准则、文化修养和道德标准。2018年，三北工程被联合国授予联合国森林战略规划优秀实践奖，三北工程对全球生态安全建设贡献了中国智慧与经验。

2. 新安江流域生态补偿

新安江流域是长三角地区的重要生态屏障，它发源于黄山市休宁县六股尖，干流总长359 km，出境水量占千岛湖年均入库水量的60%以上，是安徽省内第三大水系，又是浙江省最大的入境河流。然而近年来，新安江的水质问题越发严重，保护水质不受污染是新一期新安江治理的重点。

2012年，在国家支持下，安徽、浙江两省联合开展我国首个跨省流域生态补偿两轮试点，每轮试点为期3年。旨在以政策和经济激励机制为杠杆，推动上游地区主动保护、下游地区支持上游发展，最终实现互利共赢。2012年9月，环境保护部、财政部、安徽省、浙江省正式签署《新安江流域水环境补偿协议》，在国家发展改革委等部委协调和皖浙两省推动下，新安江流域生态补偿机制试点正式启动，经过几年先行先试，新安江流域生态补偿取得扎实成效。两轮试点以来，中央财政及皖浙两省共计拨付补偿资金39.5亿元。据环保部环境规划院2018年编制的《新安江流域上下游横向生态补偿试点绩效评估报告（2012—2017）》，与皖浙两省联合监测数据，显示2012年至2017年，新安江上游流域总体水质为优，千岛湖湖体水质总体稳定保持为Ⅰ类，营养状态指数由中营养变为贫营养，与新安江上游水质变化趋势保持一致。其中安徽省黄山市投入资金120.6亿元，实施农村面源污染防治、城镇污水和垃圾处理、工业点源污染整治、生态修复工程等项目225个，共拆除6 379只渔网网箱，关停淘汰企业170多家，拒绝污染项目180多个，并设立新安江绿色发展基金，促进产业转型和生态经济发展；实施植树造林、退耕还林还草等工程，新增林地、草地4.126 km²，新安江上游流域的自然生态景观占比达85%以上。一江清水溢出的生态效益逐渐明显。

在经济效益上，有效促进经济转型发展。通过实施这些项目，不但产生了良好的生态效益，而且拓展和提升了连带效益、后续效益、经济效益，实现了良性循环。同时，安徽省黄山市把新安江流域生态补偿试点作为打造黄山经济升级版的重大契机，利用改善环境质量、增进民生福祉的倒逼机制，创新性推进生态脱贫、旅游脱贫工程，在实施退耕还林项目以及天然林保护、公益林管护、护林防火等用工岗位招聘时，优先安排符合退耕条件的贫困村以及建档立卡贫困户，仅村级保洁公益性岗位就解决了近3 000农村人口就业问题。另外，引导群众发展有机茶等精致农业，推广泉水养鱼、覆盆子种植等特色产业扶贫模式，发展农家乐、农事体验、乡村休闲等乡村生态旅游新业态，使绿色产业成为上游群众脱贫致富奔小康的重要支撑。不但如此，黄山市实行严格的环境保护制度和产业发展政策，把生态环境保护要求传导到经济转型上来，有力促进了绿色发展、循环发展、低碳发展。

在社会效益上，进一步完善了流域治理机制，包括综合协调、考核奖惩、项目管理、断面水质考核、"河长"管理、村庄清洁、河道打捞、项目管护运行以及舆情信息沟通机制等，为建立可复制、可推广的水环境生态补偿制度积累了宝贵经验。如建立生态补偿考核评价机制，把生态补偿试点工作成效纳入区县政府的绩效考核，完善目标体系、考核办法、奖惩机制；在生态补偿考核评价中，把入河排污口及区县出入境地表水考核断面监测结果作为补偿资金投入及补偿项目绩效考评的依据之一；在全省首创"河长制"管理机制，根据河流的行政区域分段划分、分片包干，形成了上下联动、齐抓共管的河道整治新局面。

3. 长江上游生态屏障建设

习近平总书记2016年1月、2018年4月、2020年11月分别在重庆、武汉、南京召开长江经济带发展座谈会，明确提出"要坚持共抓大保护、不搞大开发"。牢固树立和践行绿水青山就是金山银山的理念，要把建设长江上游生态屏障、维护国家生态安全放在生态文明建设的首要位置。近年来，长江上游各省市坚持生态优先、绿色发展的核心理念，在改善生态环境方面取得了积极进展。

作为三江汇流、山水相依、植被茂密、风光旖旎的"万里长江第一城"——四川省宜宾市，在实践上，宜宾市正扛起"守住一江清水"的政治责任，坚定不移地践行生态绿色发展理念，全力构建长江上游重要的生态屏障，建设宜居、宜业、宜游的幸福美丽城市。在战略部署上，坚持"一张蓝图绘到底"。2015年12月，宜宾市委、市政府作出《关于加快建设绿色宜宾的决定》，明确绿色宜宾建设的指导思想和目标任务，决定实施绿色宜宾十大行动计划；2016年，宜宾市委、市政府作出了《关于进一步推进绿色发展建设美丽宜宾的决定》，而后相关部门先后编制了《绿色宜宾发展规划》《宜宾市建设长江上游绿色生态市规划纲要》《宜宾市生态工业园区建设规划》《宜宾市"十三五"节约能源规划》等，逐步形成"一张蓝图绘到底"的绿色发展工作格局。生态系统服务功能不断增强，实施城市森林、农村森林、水系森林、通道森林、种苗基地等"五大森林"工程和大规模绿化宜宾行动，于全省率先开展了城市20余座山体的生态修复，成功创建"国家森林城市"。2017年底，宜宾市森林面积达913.3万亩、活立木蓄积达2 188万 m^3、森林覆盖率45.83%，中心城区建成区绿化覆盖面积达4 000余 hm^2，95%以上的珍稀物种得到有效保护。在绿色经济上，对火电、建材、造纸、轻工、电石、炼铁、化工、焦炭、纺织、电子等10个行业72户企业的高耗能、高污染落后产能进行淘汰，关闭、兼并重组关闭，淘汰各类小煤矿矿井88个，淘汰落后产能841万 t/ 年。

重庆作为"一带一路"与长江经济带的联结点，更是长江上游生态屏障的最后一道关口，对长江中下游地区生态安全承担着不可替代的作用。近年来重庆积极融入并努力推动长江经济带高质量发展。2018年，山水林田湖草生态保护修复项目已申报国家工程试点，获得国家正式批准。试点工程位于重庆市一岛、两江、三谷、四山区域（一岛，即广阳岛；两江，即长江、嘉陵江；三谷，即缙云山与中梁山之间的西部槽谷、中梁山与铜锣山之间的中部宽谷，铜锣山与明月山之间的东部槽谷；"四山"即缙云山、中梁山、铜锣山、明月山。）"一岛、两江、三谷、四山"是重庆推进长江上游生态屏障建设的总体布局。据统计，2018年度试点区域已累计投资 19 亿元，先后启动近 100 个项目。完成历史遗留和关闭矿山恢复治理与土地复垦 262 公顷，完成沿江地质灾害防治 3 处，完成土地整理 2 612 公顷，完成土壤治理 30 亩，实施退耕还林还草、植树造林、森林抚育 13.2 万亩，有害生物防治 30 万亩，湖库水质管控点 7 个，建设改造污水管网 108 km，拆除"四山"违法违规建筑复绿面积 8.9 万 m^2，长江国控寸滩断面与嘉陵江北温泉断面水质达到 Ⅲ 类，城市集中式饮用水水源地水质达标率 100%。2018 年，长江干流（重庆段）总体水质为优，15 个监测断面中，Ⅰ ~ Ⅲ 类水质的断面比例为 100%。

4. 京津冀跨域协同治理

2014 年 2 月 26 日，习近平同志对京津冀协同发展做出了重大决策及部署，将京津冀协同发展上升到国家战略层面。2015 年 4 月，中共中央政治局审议通过《京津冀协同发展规划纲要》，明确推动京津冀协同发展的指导思想、基本原则、主要目标和重点任务，指出推动京津冀协同发展是一个重大国家战略，要在京津冀交通一体化、生态环境保护、产业升级转移等重点领域率先取得突破。

协同生态环境保护是京津冀三大率先突破重点领域之一。近年来，三地在完善协作机制、统一规划、统一立法、统一标准、联合执法等方面不断突破、深入合作，协同治理成效明显。在加强大气污染联防联控方面，2016 年京津冀三地率先统一了空气重污染应急预警分级标准，修订了重污染天气应急预案，进一步加强联合应对，实现区域空气重污染过程"削峰降速"；在深化水污染联防联控方面，京津冀三地生态环境部门根据《京津冀水污染突发事件联防联控机制合作协议》要求，三省市环境应急管理部门采取轮值方式开展联防联控工作，联合编制首个跨区域突发环境事件应急预案。组织开展京津冀联合突发水环境污染事件应急演练，为跨界突发环境事件的妥善处置奠定坚实基础。同时，为进一步改善雄安新区上游水环境质量，京冀两地生态环境部门多次协调对接，联合印发《白洋淀流域跨省（市）界水污染防治工作机制》，建立联合监测、信息共享、联合执法、应急联动等机制；房山区与保定市生态环境部门签订了《跨省（市）界河流水污染防治工作机制》，开展大石河流域水污染问题专项执法，督促属地提高精细化管理水平。另外，在环境执法上，三省市共同建立联动机制，推动联动执法机制下沉。2019 年，印发《关于进一步加强京津冀交界地区生态环境执法联动工作的通知》，将联动执法机制进一步向区（市、县）一级下沉。在采取一系列区域合作治理措施后，京津冀地区环境质量明显改善，其主要污染物平均浓度值明显下降。

在环境治理成效上，2014—2019 年，京津冀三地空气质量进一步改善，细颗粒物（PM2.5）年均浓度均呈下降趋势，其中，北京市从 2014 年的 85.9 $\mu g/m^3$ 降至 2019 年的 42 $\mu g/m^3$，下降 51%。这一历史性的成绩，归功于京津冀压减燃煤、控车节油、清洁能源改造等各项减排任务的合力推进及持续加强的大气污染治理。京冀生态水源保护林建设合作项目累计营造林 80 万亩，京津风沙源治理二期工程建设任务共计 122 万亩，张家口坝上地区退化林分改造任务、京津保地区造林绿化试点项目圆满完成。

在经济效益上，三省市协同发展成效显著，北京创新辐射带动明显，津冀产业承接持续增强。天津积极引入北京中关村科技创新成果，产业集聚效应初显。滨海 – 中关村科技园自成立以来新增注册企业 1 241 家，来自北京有 280 余家；中关村智能制造科创中心项目投入运营。河北雄安新区实施创新驱动发展战略，集聚北京创新要素资源，积极布局高端高新产业。截至 2019 年，累计登记进驻雄安新区的企业达 3 069 家，大多来自北京。首批入驻市民服务中心的 26 家高端高新企业有 90% 来自北京。

在社会效益方面，城乡一体化发展取得成效。城镇化率从 2013 年的 60.1% 上升到 2018 年的 65.9%，年均提高 1.16 个百分点。在精神文明与物质文明协调上，京津冀逐渐加大文体娱乐投入，丰富居民精神文化生活。同时，随着公共服务设施建设和居民生活水平的提高，区域互联网普及率由 2013 年的 54% 上升到 2018 年的 61%，提高 7.0%。

第三节　环境与发展未来展望

一、讲好中国故事，提升中国在全球影响的理论话语权

近年来，绿色发展已逐渐成为国际竞相追逐的大势。无论以美国为代表的国家选择生态行政主义模式，还是以欧盟为代表的共同体组织选择生态现代化的发展模式，抑或是以日本为代表的后起发达国家选择绿色技术模式，均试图在新一轮转型发展中开启制高点的争夺。在这样的全球性生态危机和国际政治经济格局背景下，习近平总书记在十九大报告中豪情满怀地向世界宣示了积极参与全球环境治理的中国主张和方案。人类命运共同体思想的提出，是新时代全球环境治理的价值指引，是推动更加公正合理的国际治理体系建设的正确导向，更是应对全球性环境问题的必由之路。在未来，我国将更加致力于创建更加公平、民主与有效的全球生态环境治理体制，将我国环境建设提升至全球视野，这样更有利于在比较中认识自身的发展性内涵。对此，我们要更加准确、科学地把握生态文明建设的真实内涵，要回归历史，从历史性角度把握生态文明内涵及其理论内容的动态性和复杂性，走出或克服当前生态文明认识的管道式视野，解决新发展语境下生态文明建设理论的弹性与张力问题，并在此过程中能够讲好中国故事，提升中国生态文明国际传播的有效性，掌握全球环境治理的话语权。

二、加快构建新型环境治理体系，形成政府 – 企业 – 公众三方齐发力新局面

在我国生态环境治理进程中，以政府行政命令控制为主的政府管制型环境治理举措居多，相比之下，公众共同参与类的关键性骨干社会工程却少得多。从根本上讲，生态环境问题说到底是人的问题，要想解决好生态环境问题，不仅需要

我们党和政府提高对生态问题的重视程度，更重要的是需要亿万公民的共同参与和支持。与政府供给主导、自上而下的环境措施相比，社会力量主导的"自下而上"的治理举措则以社会民众自主建设为载体，更能充分发挥社会民众在环境保护、生态文明建设中的积极性和主体作用，从根本上提高我国生态文明建设项目的精准度和运行效率。在未来，绿色消费、绿色生产、绿色生活将是社会发展的主旋律，构建政府为主导、企业为主体、社会组织和公众共同参与的环境治理体系是实现绿色发展的重要基石。首先，自然环境发展要切实守住三条红线，保护好基本农田、重要自然人文资源和生态保护区、环境脆弱区，尽可能保留天然林草、河湖水系、滩涂湿地、自然地貌及野生动物等自然遗产，努力维护自然环境的生态平衡；其次，企业发展要在政府主导作用下，以资源环境承载力为基础，按照节约资源、集约发展的原则，积极向生态经济发展模式转变，实现绿色生产；最后，公众生活方式上，要倡导生态消费模式，借助广播电视、报纸杂志、互联网多种媒体，采用各种宣传手法，通过举办专题讲座、学术活动、文艺汇演等各种方式，大力宣传倡导节俭文明的绿色生活方式，继续推进"生态维护、节能减排进家庭、进社区、进学校"的活动，开展"节能环保、生态维护示范家庭""节能减排、生态维护行动示范社区、学校"的创建活动，促进生活方式绿色化。

思考与讨论

1. 大数据时代，我们如何更好地继承和发展少数民族地区生态环境保护习惯？

2. 要解决新污染物问题，生态环境制度和生态环境工程该如何发力？

3. 与西方国家相比，中国式生态环境制度建设与生态环境保护工程有什么样的特色？

4. 在实施重要生态系统保护和修复重大生态工程过程中，我们需要警惕哪些潜在风险点？如何化解这些风险？

5. 全面建设社会主义现代化国家，中国生态环境制度还存在哪些不足？如何进一步完善？

主要参考文献

[1] Bang C, Faeth S H. Variation in arthropod communities in response to urbanization: Seven years of arthropod monitoring in a desert city. Landscape and Urban Planning, 2011, 103 (3/4): 383-399

[2] Begon M, Harper J L, Townsend C R. Ecology: Individuals, Populations, and Communities. Oxford: Blackwell Scientific Publications, 1996.

[3] Botterell Z L, Beaumont N, Dorrington T, et al. Bioavailability and effects of microplastics on marine zooplankton: a review. Environmental Pollution, 2019, 245: 98-110.

[4] BP. BP Statistical Review of World Energy 2019. London, June, 2019.

[5] Brette F, Machado B, Cros C, et al. Crude oil impairs cardiac excitation-contraction coupling in fish. Science, 2014, 343 (6172): 772-776.

[6] Bunke D, Moritz S, Brack W, et al. Developments in society and implications for emerging pollutants in the aquatic environment. Environmental Sciences Europe, 2019, 31 (1): 1-17.

[7] Calfapietra C, Fares S, Manes F, et al. Role of biogenic volatile organic compounds (BVOC) emitted by urban trees on ozone concentration in cities: a review. Environmental Pollution, 2013, 183: 71-80.

[8] Can M K, Woodward F I. Net primary and ecosystem production and carbon stocks of terrestrial ecosystems and their responses to climate change. Global Change Biology, 1998, 4: 185-198.

[9] Chatterjee S, Sharma S. Microplastics in our oceans and marine health. Reinventing Plastics, 2019, 19: 54-61.

[10] Clare G. Mineralogy and weathering processes in historical smelting slags and their effect on the mobilization of lead. Geochemical Exploration. 1997, 58 (23): 249-257.

[11] Cohen A J, Brauer M, Burnett R, et al. Estimetas and 25-year trends of the global burden of disease attributable toambient air pollution: an analysis of data from the global burden of diseasesstudy 2015. The Lancet, 2017, 389: 1907-1918.

[12] Connell J H. Diversity in tropical rain forests and coral reefs. Science, 1978, 1990: 1302-1310.

[13] Desuqeyroux H. Short term effect of urban air polltion on respiratory disease, especially chronic obstructive pulonary. Rev Epidemiol Sante Publique, 2001, 49 (1): 61-76.

[14] FAO. Global forest resources assessment 2015—Desk Reference. Rome, 2015. (available at http:// www.fao.org/ forest-resources-assessment/past-assessments/fra-2015/zh).

[15] FAO. Global forest resources assessment 2010—Main report.Rome, 2011. (available at http:// www.fao.org / forest-resources-assessment /past-assessments /fra-2010/zh).

[16] FAO. Global forest resources assessment 2015—How are the world's forests changing? Second edition. Rome, 2016. (available at http://www.fao.org/ forest-resources-assessment/past-assessments/fra-2015/zh).

[17] Feng Z Z, De Marco A, Anav A, et al. Economic losses due to ozone impacts on human health, forest productivity and crop yield across China. Environment International, 2019, 131: 1-9.

[18] Forouzanfar N H, Alexander L, Anderson H R, et al. Global, regional, and national comparative risk assessment of 79 behavioural, environmental and occupational, and metabolic risks or clusters of global burden of disease study 2013. The Lancet, 2015, 386: 2287-2323.

[19] Guerranti C, Martellini T, Perra G, et al. Microplastics in cosmetics: environmental issues and needs for global bans. Environmental Toxicology and Pharmacology, 2019, 68: 75-79.

[20] Häder D, Banaszak A T, Villafñne V E, et al. Anthropogenic pollution of aquatic ecosystems: Emerging problems with global implications. Science of the Total Environment, 2020, 713: 136586.

[21] IPCC. Climate Change 2013: the Physical Science Basis. Cambridge: Cambridge University Press, 2013.

[22] Kovalakova P, Cizmas L, McDonald T J, et al. Occurrence and toxicity of antibiotics in the aquatic environment: A review. Chemosphere, 2020, 2511: 26351.

[23] Li X, Chi W, Tian H, et al. Probabilistic ecological risk assessment of heavy metals in western Laizhou Bay, Shandong Province, China. PLoS One, 2019, 14 (3): e0213011.

[24] MacArthur R H, Wilson E O. The Theory of Island Biogeography. Princeton: Princeton University Press, 1967.

[25] Meng Z Q, Qin G H, Zhang B, et al. Oxidative damage of sulfur dioxide inhalation on lungs and hearts of mice. Environmental Research, 2003, 93: 285-292.

[26] Mori A S, Lertzman K P, Gustafsson L. Biodiversity and ecosystem services in forest ecosystems: A research agenda for applied forest ecology. Journal of AppliedEcology,

2017, 54: 12–27.

[27] Pan B F, Wang W, Li L, *et al*. Analysis of the reason of formation and the characteristic of pollution about fog or haze at key cities in autumn and winter in China. Environment and Sustainable Development, 2013, 38 (1): 33–36.

[28] Paraschiv S, Paraschiv L S. A review on interactions between energy performance of the buildings, outdoor air pollution and the indoor air quality. Energy Procedia, 2017, 128: 179–186.

[29] Piao S, Ciais P, Huang Y, *et al*. The impacts of climate change on water resources and agriculture in China. Nature, 2010, 467: 43–51.

[30] Réu P, Svedberg G, Hässler L, *et al*. A 61% lighter cell culture dish to reduce plastic waste. PLoS One, 2019, 14 (4): e0216251.

[31] Sabah A A, Stephen C F E, Ali E, *et al*. A review of standards and guidelines set by international bodies for the parameters of indoor air quality. Atmospheric Pollution Research, 2015, 6 (5): 751–767.

[32] Sharma S, Blagrave K, Magnuson J J, *et al*. Widespread loss of lake ice around the Northern Hemisphere in a warming world. Nature Climate Change, 2019, 9 (3): 227–231.

[33] Woodruff J D, Irish J L, Camargo S J. Coastal flooding by tropical cyclones and sea-level rise. Nature, 2013, 504 (7478): 44–52.

[34] Woolway R I, Merchant C J. Worldwide alteration of lake mixing regimes in response to climate change. Nature Geoscience, 2019, 12 (4): 271–276.

[35] Wu T, Hou X, Xu X. Spatio-temporal characteristics of the mainland coastline utilization degree over the last 70 years in China. Ocean & Coastal Management, 2014, 98: 150–157.

[36] Wurtsbaugh W A, Miller C, Null S E, *et al*. Decline of the world's saline lakes. Nature Geoscience, 2017, 10 (11): 816–821.

[37] Zhang H. Research on the strategy for improving cultivated land quality in China. Strategic Study of Chinese Academy of Engineering, 2018, 20 (5): 16–22.

[38] Zheng B, Tang D, Li M, *et al*. Trends in China's anthropogenic emissions since 2010 as the consequence of clean air actions, Atmospheric Chemistry and Physics, 2018, 18 (19): 14095–14111.

[39] 毕润成, 张直峰, 苗艳明. 土壤污染物概论. 北京: 科学出版社, 2014, 7–8.

[40] 蔡晓明. 生态系统生态学. 科学出版社, 2000.

[41] 曾维华. 环境承载力理论、方法及应用. 北京: 化学工业出版社, 2014.

[42] 陈超然, 王刊. 世界森林面积正日益缩减. 生态经济, 2018, 34 (9): 2–5.

[43] 陈家新, 杨红强. 全球森林及林产品碳科学研究进展与前瞻. 南京林业大学学报（自然科学版）, 2018, 42 (4): 2–8.

[44] 陈江风. 天文与人文. 北京: 国际文化出版公司, 1988: 93–106.

[45] 陈龙, 谢高地, 盖力强, 等. 道路绿地消减噪声服务功能研究——以北京市为例. 自然资源学报, 2011, 26 (9): 1526-1534.

[46] 陈平, 陈鑫, 李文攀, 等. 日本水环境质量监测管理概述. 中国环境监测, 2019, 35 (2): 29-34.

[47] 陈书军, 陈存根, 曹田健, 等. 降雨特征及小气候对秦岭油松林降雨再分配的影响. 水科学进展, 2013, 24 (4): 513–521.

[48] 陈桃金, 刘维, 赖格英, 等. 江西崇义客家梯田的起源与演变研究. 江西科学, 2017, 35 (2): 213-218, 257.

[49] 陈向红, 胡迪琴, 廖义军, 等. 广州地区农田土壤中有机氯农药残留分布特征. 环境科学与管理. 2009, 34 (6): 117-120.

[50] 陈永生. 全国野生动植物保护及自然保护区建设工程启动. 野生动物, 2002, 23 (2): 37-37.

[51] 丛鑫. 环境化学. 徐州: 中国矿业大学出版社, 2018: 5-6.

[52] 崔民选. 中国能源发展报告（2009）. 北京: 社会科学文献出版社, 2009.

[53] 崔晓阳, 方怀龙. 城市绿地土壤及其管理. 北京: 中国林业出版社, 2001.

[54] 德内拉·梅多斯, 乔根·兰德斯, 丹尼斯·梅多斯. 增长的极限. 李涛, 王智勇, 译. 北京: 机械工业出版社, 2013.

[55] 段昌群, 杨雪清. 生态约束与生态支撑——生态环境与经济社会关系互动的案例分析. 北京: 科学出版社. 2006.

[56] 段昌群. 环境生物学. 2版. 北京: 科学出版社, 2010.

[57] 段俊国. 中西医结合眼科学. 北京: 中国中医药出版社, 2005: 121-125.

[58] 樊宝敏, 董源, 张钧成, 等. 中国历史上森林破坏对水旱灾害的影响——试论森林的气候和水文效应. 林业科学, 2003, 9 (3): 136-142.

[59] 范边, 马克明. 全球陆地保护地60年增长情况分析和趋势预测. 生物多样性, 2015, 23 (4): 507-518.

[60] 范国睿. 教育生态学. 北京: 人民教育出版社, 2000: 28.

[61] 方淑荣. 环境科学概论. 北京: 清华大学出版社, 2011: 125-126.

[62] 高广阔, 王佳书, 吴世昌, 等. 上海市雾霾污染物对人群健康影响的统计研究. 环境监测管理与技术, 2019, 31 (6): 17-22.

[63] 高敏. 21世纪环境问题及其对策. 福建质量技术监督, 2010 (1): 24-26.

[64] 戈峰. 现代生态学. 北京: 科学出版社, 2000.

[65] 龚子同. 防治土壤退化是农业现代化建设中的一个重大问题. 农业现代化研究, 1982, 2: 1-8.

[66] 巩固. 环境伦理学的法学批判——对中国环境法学研究路径的思考. 北京: 法律出版社, 2015.

[67] 关凯. 从花粉症看过敏性疾病的整体诊疗策略. 山东大学耳鼻喉眼学报, 2019 (1): 13-19.

[68] 郭文, 孙涛. 人口结构变动对中国能源消费碳排放的影响——基于城镇化和居民消费视角. 数理统计与管理, 2017, 36 (2): 295-312.

[69] 郭新彪. 空气污染与健康. 武汉: 湖北科学技术出版社, 2015: 12.

[70] 国家林业和草原局. 中国森林资源报告（2014—2018）. 北京: 中国林业出版, 2019.

[71] 国家林业和草原局. 第八次全国森林资源清查主要结果（2009—2013年）. 国家林业和草原局网站.

[72] 国家林业局. 我国林业一年贡献近6亿吨碳汇. 国家林业和草原局网站.

[73] 国家能源局. 页岩气发展规划（2016—2020 年）. 北京：国家能源局，2016.

[74] 国家统计局城市社会经济调查司. 中国统计年鉴 2016. 北京：中国统计出版社，2016.

[75] 郝吉明，许嘉钰，吴剑，等. 我国京津冀和西北五省（自治区）大气环境容量研究. 中国工程科学，2017，19（4）：13-19.

[76] 侯文若. 全球人口趋势. 北京：世界知识出版社，1988.

[77] 侯宇光，杨凌真，黄川友. 水环境保护. 成都：四川大学出版社，1989：31-68.

[78] 胡毅，李萍，杨建功，等. 应用气象学. 北京：气象出版社，2007.

[79] 环境保护部. 中国生物多样性保护战略与行动计划：2011—2030 年. 北京：中国环境科学出版社，2011.

[80] 环境保护部自然生态保护司. 土壤污染与人体健康. 北京：中国环境科学出版社，2013：346-379.

[81] 黄昌勇. 土壤学. 北京：中国农业出版社，2000.

[82] 黄端农. 环境土壤学. 北京：高等教育出版社，1987：211-213.

[83] 黄宏文，张征. 中国植物引种栽培及迁地保护的现状与展望. 生物多样性，2012，20（5）：559-571.

[84] 黄智君. 集体林权改革中正式与非正式制度的冲突和调适. 咸阳：西北农林科技大学，2019.

[85] 霍肯. 商业生态学——可持续发展的宣言. 夏善晨，等译. 上海：上海译文出版社，2001.

[86] 江中洪. 96 例面癣临床和真菌学分析. 皮肤性病诊疗学杂志，2014，6：457-459.

[87] 蒋锦晓，何建波，陈彬，等. 城市不同源雾霾颗粒物健康风险差异评估比较. 中国环境科学，2019，39（1）：379-385.

[88] 卡森. 寂静的春天. 吕瑞兰，李长生，译. 上海：上海译文出版社，2014.

[89] 卡森. 我们周围的海. 陶红亮，译. 北京：海洋出版社，2018.

[90] 孔冬，崔绪治. 管理生态学——21 世纪的管理学. 现代管理科学，2003（2）：65-68.

[91] 孔冬. 管理生态学——理解和研究组织与环境相互关系的新范式. 经济与管理，2003（3）：8-10.

[92] 库玛. 生态系统和生物多样性经济学生态和经济基础. 李俊生，翟生强，胡理乐，译. 北京：中国环境出版社，2015.

[93] 李春华，蒋承雨，蓝琳，等. 长株潭城市群雾霾致农业损失引起的间接经济损失评估. 农学学报，2019，9（11）：72-77.

[94] 李海东，高吉喜. 生物多样性保护适应气候变化的管理策略. 生态学报，2020，40（11）：3844-3850.

[95] 李坚. 人体健康与环境. 北京：北京工业大学出版社，2015：89.

[96] 李建飞. 煤层气和页岩气开发对水资源影响的对比分析. 煤炭经济研究，2019，39（12）：71-75.

[97] 李竞能. 人口理论新编. 北京：中国人口出版社，2001.

[98] 李明，程寒飞，安忠义，等. 化学淋洗与生物质炭稳定化联合修复镉污染土壤. 环境工程学报，2018，12（3）：904-913.

[99] 李维薇，刘佳妮，桂富荣，等. 中国面临外来生物入侵挑战与防控对策研究——以草地贪夜蛾为例. 中国农学通报，2020，36（12）：120-126.

[100] 李新文，陈强强. 草原建设工程项目的特点与类型. 草原与草坪，2012，32（6）：90-93.

[101] 李新宇，唐海萍，赵云龙，等. 怀来盆地不同土地利用方式对土壤质量的影响分析. 水土保持学报，2004，18（6）：103-107.

[102] 李仲生. 欧美人口经济学说史. 北京：世界图书出版公司，2013.

[103] 李仲生. 人口经济学. 北京：清华大学出版社，2006.

[104] 梁霞. 论藏传佛教的生态理念及其践行方式. 青海师范大学学报（哲学社会科学版），2016（6）：35-40.

[105] 刘安平. 环境污染与群体健康损害因果关系评定的研究. 武汉：华中科技大学，2011.

[106] 刘泽彬，王彦辉，田奥，等. 六盘山半湿润区坡面华北落叶松林冠层截留的时空变化及空间尺度效应. 水土保持学报，2017，31（5）：231-239.

[107] 刘振，齐宏纲，戚伟，等. 1990-2010 年中国人口收缩区分布的时空格局演变——基于不同测度指标的分析. 地理科学，2019，39（10）：1525-1536.

[108] 娄钰，潘继平，王陆新，等. 中国天然气资源勘探开发现状、问题及对策建议. 国际石油经济，2018，26（6）：21-27.

[109] 卢伟. 公共健康风险评价. 上海：上海科学技术出版社，2013：57-65.

[110] 鲁文清. 水污染与健康. 武汉：湖北科学技术出版社，2015：107.

[111] 罗淳，吕昭河. 中国东西部人口发展比较研究. 北京：中国社会科学出版社，2007.

[112] 罗淳. 关于人口年龄组的重新划分及其蕴意. 人口研究，2017，41（5）：16-25.

[113] 雒文生，李怀恩. 水环境保护. 北京：中国水利水电出版社，2009：16-21.

[114] 马福，张建龙. 中国重点陆生野生动物资源调查. 北京：中国林业出版社，2009.

[115] 马世骏，李松华. 中国农业生态工程. 北京：科学出版社，1987.

[116] 马秀梅. 北京城市不同绿地类型土壤及大气环境研究. 北京：北京林业大学，2007.

[117] 马寅初. 新人口论. 长春：吉林人民出版社，1997.

[118] 毛齐正. 北京城市绿地植物多样性-土壤关系研究. 北京：中国科学院研究生院，2012.

[119] 孟紫强. 生态毒理学. 北京：高等教育出版社，2009：226-228.

[120] 莫祥银. 环境科学概论. 北京：化学工业出版社，2017：2.

[121] 欧阳雨祁，倪达辰. 中国沼气能发展现状与应用中的问题及对策. 能源与节能，2019（6）：68-70.

[122] 庞锋. 少数民族习惯法与国家制定法的冲突与调整. 贵州民族研究，2016，37（4）：22-25.

[123] 钱易，唐孝炎. 环境保护与可持续发展. 北京：高等教育出版社，2000：50-52.

[124] 邱东. 我国资源、环境、人口与经济承载能力研究. 北京：经济科学出版社，2014.

[125] 邱耕田. 对生态文明的再认识——兼与申曙光等人商榷. 求索，1997（2）：84-87.

[126] 邱耕田. 三个文明的协调推进：中国可持续发展的基础. 福建论坛（经济社会版），1997（3）：24-26.

[127] 邱胜荣.基于 logistic 模型的中国自然保护区增长动态分析.生态学报,2020,40(3).

[128] 任金萍.平凉市地产蔬菜重金属污染检测及其对人体健康风险评估.甘肃农业大学学报,2013,10(5):126-129.

[129] 申曙光.生态文明及其理论与现实基础.北京大学学报(哲学社会科学版),1994(3):31-37.

[130] 沈振国,陈怀满.土壤重金属污染生物修复的研究进展.生态与农村环境学报,2000,16(2):39-44.

[131] 世界资源研究所.生态系统与人类福祉:生物多样性综合报告.国家环境保护总局履行《生物多样性公约》办公室,编译.北京:中国环境科学出版社,2005.

[132] 盛和林,陆厚基.毛冠鹿的分布、资源和习性.动物学报,1982(3):106-110.

[133] 石碧清.环境污染与人体健康.北京:中国环境科学出版社,2006:170.

[134] 石磊,盛后财,满秀玲,等.兴安落叶松林降雨再分配及其穿透雨的空间异质性.南京林业大学学报(自然科学版),2017,41(2):90-96.

[135] 史德明,韦启璠,梁音.关于侵蚀土壤退化及其机制.土壤,1996,3:140-145.

[136] 水利部,中国科学院,中国工程院.中国水土流失防治与生态安全:水土流失数据卷.北京:科学出版社,2010.

[137] 孙儒泳,李庆芬,牛翠娟,等.基础生态学.北京:高等教育出版社,2002.

[138] 孙儒泳.生物多样性的启迪.上海:上海科技教育出版社,2000.

[139] 覃彩銮.壮族自然崇拜简论.广西民族研究,1990(4):46-53.

[140] 陶涛,杨凡.计划生育政策的人口效应.人口研究,2011,35(1):103-112.

[141] 田军.环境污染与人体健康.云南环境科学,1999,018(004):45-47.

[142] 脱脱.宋史·范仲淹传.北京:中华书局,1977.

[143] 王兵,任晓旭,胡文.中国森林生态系统服务功能及其价值评估.林业科学,2011,47(2):145-153.

[144] 王迪,李少宁,鲁绍伟,等.城市森林对氮氧化物(NOx)净化作用研究进展.环境科学与技术,2018,41(8):114-125.

[145] 王好,叶蔚,高军,等.源于文献数据库的公共建筑室内空气污染特征分析及健康风险评价.建筑科学,2019,35(2):122-128,134.

[146] 王焕校.污染生态学.北京:高等教育出版社,2000.

[147] 王姣,彭圣军,刘颖,等.上堡客家梯田的农耕文化与自流灌溉系统.江西水利科技,2020,46(1):30-37.

[148] 王立刚,邱建军.华北平原高产粮区土壤碳储量与平衡的模拟研究.中国农业科技导报,2004,6(5):27-32.

[149] 王陆新,潘继平,娄钰.近十年中国石油勘探开发回顾与展望.国际石油经济,2018,26(7):73-79.

[150] 王启涛.环境污染物对人体健康的影响.科学教育,2010(4):80-81.

[151] 王强虎.过敏性鼻炎.西安:西安交通大学出版社,2017:1-30.

[152] 王钦池.基于非线性假设的人口和碳排放关系研究.人口研究,2011,35(1):3-13.

[153] 王日明,吴天亮,曾庆鑫,等.区域森林植被覆盖率对其降水的影响.西部林业科学,2020(1):73-81.

[154] 王如松.生态文明与"五位一体".经济研究参考,2013(1):75-76.

[155] 王熹,王湛,杨文涛,等.中国水资源现状及其未来发展方向展望.环境工程,2014,32(7):1-5.

[156] 王现丽.生态学.徐州:中国矿业大学出版社,2017:215.

[157] 王兴鹏,桂莉.区域灾害系统视域下京津冀雾霾治理对策研究.环境科学与管理,2019,44(4):32-36.

[158] 王跃兵.2010—2013年云南省炭疽监测分析.疾病监测,2014,29(9):741-743.

[159] 王中凤燕,田勇,万莉莉,等.基于降低温室效应的航空器运行策略.环境保护科学,2016,42(4):126-132.

[160] 文传浩,文小勇,陈炳灿.论政治生态.思想战线,2000(6):48-52.

[161] 文志,郑华,欧阳志云.生物多样性与生态系统服务关系研究进展.应用生态学报,2020,31(1):340-348.

[162] 吴楚材.森林·人类健康的摇篮.北京:中国旅游出版社,2013:57-60.

[163] 吴大付,吴艳兵,任秀娟.农业集约化对生物多样性的影响.吉林农业科学,2010,35(2):61-64.

[164] 吴丹,朱嫣红,夏俊荣,等.南京市不同交通工具内部颗粒物污染状况的研究.环境科学与技术,2016,39(12):117-123.

[165] 舒尔茨.教育的经济价值.长春:吉林人民出版社,1982.

[166] 袭奕,魏晨.雾霾能见度对车辆碰撞概率影响分析.中国安全科学学报,2019,29(7):97-103.

[167] 夏征农.辞海.上海:上海辞书出版社,2009:2024.

[168] 谢光前,王杏玲.生态文明刍议.中南民族学院学报(哲学社会科学版),1994(4):19-22.

[169] 徐冬,黄震方,黄睿.基于空间面板计量模型的雾霾对中国城市旅游流影响的空间效应.地理学报,2019,74(4):814-830.

[170] 徐峰,曹林奎.中国西部地区生态农业工程的开发与建设.中国农学通报,2005(11):347-351.

[171] 徐吉洪,郑进烜,余昌元,等.云南省自然保护区管理现状与成效评估.林业调查规划,2018,43(5):120-125.

[172] 徐江兵,李成亮,何园球,等.不同施肥处理对旱地红壤团聚体中有机碳含量及其组分的影响.土壤学报,2007,44(4):675-683.

[173] 许欧泳.环境伦理学.北京:中国环境科学出版社,2002.

[174] 许萍,杨晶.2018年中国能源产业回顾及2019年展望.石油科技论坛,2019,38(1):8-19.

[175] 闫欣荣.公路运输有毒物泄漏造成水体污染的数学模型及求解方法研究.数学的实践与认识,2013,43(17):149-153.

[176] 严登才, 施国庆. 人口流动对农村水环境的影响——以皖南 M 村为例. 绿叶, 2009 (12): 113-119.

[177] 颜京松, 王美玲. 城市水环境问题的生态实质. 现代城市研究, 2005, 8: 7-10.

[178] 孟子, 杨逢彬, 杨伯峻, 译注. 长沙: 岳麓书社, 2002.

[179] 杨金玲, 张甘霖, 赵玉国, 等. 城市土壤压实对土壤水分特征的影响——以南京市为例. 土壤学报, 2006, 43 (1): 33-38.

[180] 杨京平. 生态农业工程. 北京: 中国标准出版社, 2009.

[181] 杨琴名. 山河小流域土壤重金属污染特征及生态风险评估. 雅安: 四川农业大学, 2010.

[182] 杨琼梁. 花粉过敏的研究进展. 中国农学通报, 2015 (24): 163-167.

[183] 杨维萍. 实用临床外科常见病理论与实践. 北京: 科学技术文献出版社, 2018: 496-528.

[184] 叶立贞, 单忠健. 中国煤炭工业百科全书. 加工利用·环保卷. 北京: 煤炭工业出版社, 1999.

[185] 宇妍. 天津市近郊叶菜类蔬菜和菜地土壤重金属含量调查及风险评估. 咸阳: 西北农林科技大学, 2013.

[186] 张保伟. 生态学理论应用于社会科学研究的思考. 科技管理研究; 2008 (12): 522-524.

[187] 张景环. 环境科学. 北京: 化学工业出版社, 2016.

[188] 张乐乐. 论西部民族地区环境侵权案件的法律适用. 贵州民族研究, 2014 (8): 48-51.

[189] 张利国, 陈苏. 中国人均粮食占有量时空演变及驱动因素. 经济地理, 2015, 35 (3): 171-177.

[190] 张露, 程杰. 以 2015 年中国耕地变化情况谈耕地保护. 西部大开发: 土地开发工程研究, 2018, 228 (3): 62-66.

[191] 张群智, 黄小平. 气候变化对水文水资源影响的研究进展. 环境与发展, 2019, 31 (4): 220-221.

[192] 张艳军, 黄云超, 周永春. 宣威地区室内污染物与肺癌发病关系的研究. 现代肿瘤医学, 2016, 24 (5): 837-839.

[193] 张永利, 扬锋伟, 王兵, 等. 中国森林生态系统服务功能研究. 北京: 科学出版社, 2010.

[194] 中华人民共和国自然资源部. 中国矿产资源报告 (2019). 北京: 地质出版社, 2019.

[195] 中华人民共和国环境保护部. 中国履行《生物多样性公约》第五次国家报告. 北京: 中国环境科学出版社, 2014.

[196] 第一次全国水利普查公报. 中华人民共和国水利部网站.

[197] 周德民. 环境与水安全. 北京: 中国环境科学出版社, 2012: 195-245.

[198] 周怀东, 彭文启. 水污染与水环境修复. 北京: 化学工业出版社, 2005: 222-223.

[199] 周林军, 张芹, 石利利. 欧盟优先水污染物与环境质量标准制定及其对我国的借鉴作用. 环境监控与预警, 2019, 11 (1): 1-9.

[200] 周亚萍, 安树青. 生态质量与生态系统服务功能. 生态科学, 2001 (20): 85-90.

[201] 朱娅玲. 过敏: 什么情况下必须远离宠物. 大众健康, 2015 (4): 88-89.

[202] 祝光耀, 张塞. 生态文明建设大辞典: 第二册. 南昌: 江西科学技术出版社, 2016.

[203] 宗桦. 森林乔木冠层雨水再分配特征及机制研究综述. 世界林业研究, 2019, 32 (1): 28-35.

[204] 宗建坤, 刘生强, 许海龙, 等. 西双版纳自然保护区勐腊子保护区亚洲象种群数量与分布变迁. 林业调查规划, 2014 (1): 89-93.